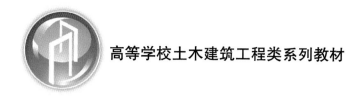

高等学校土木建筑工程类系列教材

土木工程概论

■ 主　编　刘红梅
■ 副主编　周　清
■ 参　编　王　喆　赵玉新　宣　飞
　　　　　刘云平　范占军　邱龄仪

WUHAN UNIVERSITY PRESS
武汉大学出版社

图书在版编目(CIP)数据

土木工程概论/刘红梅主编;周清副主编．—武汉:武汉大学出版社,2012.5(2020.7 重印)
高等学校土木建筑工程类系列教材
ISBN 978-7-307-09675-2

Ⅰ.土… Ⅱ.①刘… ②周… Ⅲ. 土木工程—高等学校—教材 Ⅳ.TU

中国版本图书馆 CIP 数据核字(2012)第 054693 号

责任编辑:李汉保　　责任校对:刘　欣　　版式设计:支　笛

出版发行:**武汉大学出版社**　(430072　武昌　珞珈山)
(电子邮箱:cbs22@ whu.edu.cn 网址:www.wdp.com.cn)
印刷:广东虎彩云印刷有限公司
开本:787×1092　1/16　印张:18.25　字数:437 千字　插页:1
版次:2012 年 5 月第 1 版　2020 年 7 月第 3 次印刷
ISBN 978-7-307-09675-2/TU · 106　定价:39.00 元

高等学校土木建筑工程类系列教材

编　委　会

内容简介

本书系统地介绍了土木工程材料，基础工程，建筑工程，道路铁路与桥梁工程，隧道工程与地下工程，土木工程设计与施工，建设项目管理与建设法规，房地产与物业管理，工程防灾抗灾及鉴定加固，土木工程数字化技术应用与发展前景。

本书可以作为高等学校土木建筑工程类各专业高年级本科生，硕士生的教材，也可以供高等学校教师及相关工程技术人员参考。

序

建筑业是国民经济的支柱产业，就业容量大，产业关联度高，全社会50%以上固定资产投资要通过建筑业才能形成新的生产能力或使用价值，建筑业增加值占国内生产总值较高比率。土木建筑工程专业人才的培养质量直接影响建筑业的可持续发展，乃至影响国民经济的发展。高等学校是培养高新科学技术人才的摇篮，同时也是培养土木建筑工程专业高级人才的重要基地，土木建筑工程类教材建设始终应是一项不容忽视的重要工作。

为了提高高等学校土木建筑工程类课程教材建设水平，由武汉大学土木建筑工程学院与武汉大学出版社联合倡议、策划，组建高等学校土木建筑工程类课程系列教材编委会，在一定范围内，联合多所高校合作编写土木建筑工程类课程系列教材，为高等学校从事土木建筑工程类教学和科研的教师，特别是长期从事土木建筑工程类教学且具有丰富教学经验的广大教师搭建一个交流和编写土木建筑工程类教材的平台。通过该平台，联合编写教材，交流教学经验，确保教材的编写质量，同时提高教材的编写与出版速度，有利于教材的不断更新，极力打造精品教材。

本着上述指导思想，我们组织编撰出版了这套高等学校土木建筑工程类课程系列教材，旨在提高高等学校土木建筑工程类课程的教育质量和教材建设水平。

参加高等学校土木建筑工程类系列教材编委会的高校有：武汉大学、华中科技大学、南京航空航天大学、南昌航空大学、湖北工业大学、汕头大学、南通大学、江汉大学、三峡大学、孝感学院、长江大学、昆明理工大学、江西理工大学、江西农业大学、江西蓝天学院15所院校。

高等学校土木建筑工程类系列教材涵盖土木工程专业的力学、建筑、结构、施工组织与管理等教学领域。本系列教材的定位，编委会全体成员在充分讨论、商榷的基础上，一致认为在遵循高等学校土木建筑工程类人才培养规律，满足土木建筑工程类人才培养方案的前提下，突出以实用为主，切实达到培养和提高学生的实际工作能力的目标。本教材编委会明确了近30门专业主干课程作为今后一个时期的编撰，出版工作计划。我们深切期望这套系列教材能对我国土木建筑事业的发展和人才培养有所贡献。

武汉大学出版社是中共中央宣传部与国家新闻出版署联合授予的全国优秀出版社之一，在国内有较高的知名度和社会影响力。武汉大学出版社愿尽其所能为国内高校的教学与科研服务。我们愿与各位朋友真诚合作，力争将该系列教材打造成为国内同类教材中的精品教材，为高等教育的发展贡献力量！

高等学校土木建筑工程类系列教材编委会

2008年8月

前　言

1998年国家教育部颁布了新的本科土木工程专业目录，构建了“大土木”的框架，包括原来的建筑工程专业、交通土木建筑工程、矿井建设、城镇建设、工业设备安装工程、涉外建筑工程等专业。土木工程概论课程是随着新的土木工程专业目录的实施而诞生的，主要介绍土木工程的总体情况，使土木工程专业的学生入学后能及早了解本专业的概况性内容，让学生较全面地了解土木工程所涉及领域的内容和发展情况，初步构建专业基础；为学生提供一个清晰的、具有逻辑性的工程学科的基本概念，初步树立专业思想和方法；有助于学生尽早结合自己的特点和兴趣，对大学四年作出合理的考虑和安排。

2007年初，全国高等学校土木工程学科专业指导委员会按照国家教育部高教司及国家住房和城乡建设部人事司的相关要求，启动了《高等学校土木工程专业本科指导性专业规范》的研制工作，2011年10月，由中国建筑工业出版社出版发行。专业规范主要规定了土木工程本科学生应该学习的基本理论、基本技能和基本应用，对实践教学、创新训练等都提出了具体的指导性意见。与过去相比较，土木工程专业要求的基本学时少了，拓宽专业口径的要求更加明确了，办特色、树品牌的空间也更大了。

我们在编写《土木工程概论》一书时，既注重相关知识体系的科学性、完整性，又注重了实践性，并将专业理论知识、实践技能与土木工程师的能力素质要求等融为一体，内容涉及上述专业规范所提的建筑工程、道路与桥梁工程、地下工程和铁道工程四个方向，适合于高等学校本科(包括三本)土木工程专业及工程管理专业学生使用，也可以为从事设计、施工、管理、咨询、投资、教育、研究、开发等技术工作或管理工作的工程技术人员、高等学校教师和研究人员等提供参考。

本书内容包括绪论、土木工程材料、基础工程、建筑工程、道路铁路与桥梁工程、隧道工程与地下工程、其他土木工程、土木工程设计及施工、建设项目管理与建设法规、房地产与物业管理、工程防灾抗灾及鉴定加固、土木工程数字化技术应用与发展前景。

本书由刘红梅、周清主编。第1章、第2章由刘红梅编写，第3章、第11章由周清编写，第4章由范占军编写，第5章、第6章由王喆编写，第7章由赵玉新编写，第8章、第9章、第10章由宣飞编写，第12章由刘云平编写。全书由刘红梅统稿，邱龄仪统一编排。

本书在编写过程中，借鉴和参考了许多兄弟院校的相关书籍和维基百科等网络资源，主要参考书目统一列于全书后参考文献中，在此谨向上述作者表示衷心的感谢！限于作者水平，书中错误与不妥之处在所难免，敬请读者批评斧正。

作　者

2011年12月

前　言

目　　录

第1章 绪 论

§1.1 土木工程概论课程的任务

1.1.1 土木工程与土木工程专业

对于选择了土木工程专业，刚刚跨进大学校园的同学而言，什么是“土木工程”？“土木工程”包括哪些内容？到这个专业来学习，要学会哪些知识，掌握哪些基本技能？又如何培养“土木工程”方面的综合能力？都是首先需要关注的问题。

中华人民共和国国务院学位委员会在学科简介中定义：“土木工程是建造各类工程设施的科学技术的总称，它既指工程建设的对象，即建在地上、地下、水中的各种工程设施，也指所应用的材料、设备和所进行的勘测设计、施工、保养、维修等技术。”中国把大量建造房屋称为大兴土木，“土木”一词在中国是个古老的名词，古代建房的主要材料来自泥土和木料，所以称为土木工程。在国外，“土木工程”一词于1750年被设计建造艾德斯通灯塔的英国学者J. 斯米顿首先引用，意为民用工程，以区别于当时的军事工程。即除了服务于战争的工程设施以外，所有服务于生活和生产需要的民用设施均属于土木工程，后来这个界限也逐渐模糊。现在已经把军用的战壕、掩体、防空洞、碉堡和浮桥等防护工程也归入土木工程的范畴。

土木工程的范围极为广泛，包括房屋建筑工程，公路与城市道路工程，铁路工程，桥梁工程，隧道工程，机场工程，地下工程，给水排水工程，港口、码头工程等。国际上，运河、水库、大坝、水渠等水利工程也包括于土木工程之中。土木工程具有以下四个基本属性：

1. 土木工程随着社会不同历史时期的科学技术和管理水平而发展，具有社会性。

2. 土木工程是运用多种工程技术进行勘测、设计、施工工作的成果，具有综合性。

3. 由于影响土木工程的各种因素错综复杂，使得土木工程对实践的依赖性很强，因而具备实践性。

4. 土木工程是为人类需要服务的，土木工程必然是每个历史时期技术、经济、艺术统一的见证，从而具备技术、经济和艺术的统一性。

人们的衣、食、住、行都直接或间接地与土木工程有关，土木工程极其重要。所以国家将工厂、矿井、铁道、公路、桥梁、农田水利、商店、住宅、医院、学校、给水排水、煤气输送等工程建设称为基本建设，大型项目必须由国家统一规划建设，中、小型项目也归口各级政府相关部门管理。

土木工程专业是运用物理学、化学、数学、力学、材料学等基础学科和相关工程技术知识来研究、设计、建造土木工程的一门学科。

我国高等学校土木工程专业的培养目标是：培养适应社会主义现代化建设需要，德、智、体全面发展，掌握土木工程学科的基本理论和基本知识，获得土木工程师基本训练的，具有创新精神的高级工程技术人才。毕业生能从事土木工程的设计、施工与管理工作，具有初步的工程项目规划能力和研究开发能力。

1.1.2 土木工程概论课程的任务

面对充满挑战的现代社会，知识经济的发展对人才及人才培养的模式的要求越来越高，土木工程学科同样面临着全面的改革。土木工程概论课程的主要任务是：

1. 使学生较全面地了解土木工程所涉及领域的内容和发展情况，初步构建专业基础。

2. 为学生提供清晰的、有逻辑性的工程学科的基本概念及方法，初步树立专业思想和方法。

土木工程概论课程必须始终体现专业结合时代发展的实际，提出创新思维和应用型人才的发展要求，希望能全方位、多角度地启发学生大胆创新的思维能力。为学生的个性发展提供条件、创造空间。

§1.2 土木工程的学习指导

1.2.1 科学、技术与工程的关系

在日常交往及报刊文章中，“科学技术”常作为一个词来应用，科学与技术的关系非常紧密，但仔细分辨起来，科学与技术还有很大区别。

科学是关于事物的基本原理和事实的有组织、有系统的知识。科学的主要任务是研究世界万物发展变化的客观规律，科学解决一个为什么的问题，如解释电灯为什么会亮。

技术则是将科学研究所发现或传统经验所证明的规律发展转化为各种生产工艺、作业方法、操作技能、装置设备等。其主要任务为生产某种满足人类需要的产品服务，解决的是一个如何实现的问题，如怎样使电灯发光。

在高等学校入学考试、选择志愿时，理工科属于一个大类。选择理科（如数学、物理、化学、生物、力学等）的学生侧重学习科学，当然也要学习技术，以便应用；而选择工科（如土木、机械、化工、计算机等）的学生在学习中则更侧重于学习技术，而掌握技术的前提是掌握其科学原理。

工程的含义则更为广泛，工程是指自然科学或各种专门技术应用到生产部门而形成的各种学科的总称，其目的在于利用和改造自然来为人类服务。通过工程可以生产或开发对社会有用的产品。工程不仅与科学和技术有关，而且受到经济、政治、法律、美学等多方面的影响。例如，基因工程的克隆技术，有些国家已经掌握了克隆动物的技术，并且克隆羊、克隆牛、克隆鼠等均已问世，但是克隆人，至今则没有一个国家被法律所允许。可见，工程是科学技术的应用与社会、经济、法律、人文等因素结合的一个综合实践过程。

工程师就是从事工程活动的技术人员。工程师必须具备创新精神，是工程的原动力、启动者；工程师的核心职能是革新和创造。工程师有三种类型：技术实施型、研究开发

型、工程管理型。在工程实践中，这三种类型的工程师往往因工作需要而互换。每个成为工程师的人都应该胜任这三类工程师的工作。

1.2.2　知识要求

在土木工程学科的系统学习中，广大同学应努力掌握土木工程学科的基本理论知识、土木工程专业知识与技术以及其他相关知识和技能。

基本理论包括基础理论和应用理论两个方面。基础理论主要包括高等数学、物理和化学；应用理论包括工程力学（理论力学、材料力学）、结构力学、流体力学（水力学）、土力学与工程地质学等。

土木工程专业知识与技术，包括土木工程结构（如钢结构、木结构、混凝土结构、砌体结构等）的设计理论和方法、土木工程施工技术与组织管理、房屋建筑学、工程经济、建设法规、土木工程材料、基础工程、结构检验、土木工程抗震设计等。

其他相关知识和技能有，给水排水、供暖通风、电工电子、工程机械、工程制图、工程测量、材料试验与结构试验、外语及计算机在土木工程中的应用等。

1.2.3　能力与素质要求

学生在不断的学习中，不仅应注意知识的积累，更应注重能力的培养。从成功的土木工程师的实践经验中可以得出以下几点。

1. 自主学习能力

大学只有四年，所学的东西有限，而土木工程内容广泛，新的技术层出不穷，因此通过自主学习，来不断扩大知识面的自我成长方式非常重要。专业知识之外，加强人文素质教育和拓宽专业知识也不能忽略，要向书本学习，向老师、同学学习，善于在网上学习，查阅文献，并且在实践中学习总结，逐步提高。

2. 综合解决问题的能力

大学期间的课程大多数是单科教学，但有些集中实践环节如生产实习、毕业设计等，是训练学生综合解决实际问题能力的重要阶段，学生应特别珍惜。实际工程问题的解决总是要综合运用各种知识和技能，学生在学习过程中要注重培养这种综合能力，尤其是设计、施工等实践工作的能力。

3. 创新能力

社会进步、经济发展，对人才创新能力的要求也日益提高。创新是社会进步、科技发展的动力，创新能力是人才能力的核心。创新不仅是指创造发明新理论、新技术、新材料等，也包括解决工程问题的新思路、新方法、新方案。学生在课程设计、毕业设计等实践教学环节中，要注重加强方案阶段训练，本着精益求精的工作态度，设想出多种方案并努力寻求最佳结果、开拓创新能力。

4. 协调、管理能力

土木工程不是一个人能完成的，一项土木工程少则数十人，多则成千上万人共同努力才能完成，工程中的管理与协调工作相当重要。同学们毕业后走上工作岗位，作为土木工程管理体系中的一分子，往往会管理一部分人同时也受人管理，在工作中一定要处理好人际关系。对上级要尊重，有不同意见应当面提出讨论，努力负责地完成上级交给的任务；

与同事相处，比学赶帮，团队合作精神牢记在心；对待下级，严格要求的同时也关心体贴。做事合情、合理、合法，厚德载物，共求事业发展。

除此之外，土木工程的学生还应具备质量意识和坚毅的意志。对质量方针、政策、现象、原因、危害有全面的认识并能确保质量，能克服困难、调节行动，顽强实现预定目标。在学风上要勤奋、严谨、求实、进取；在作风上要谦虚、谨慎、朴实、守信；要锻炼出良好的体魄、保持旺盛的精力和活跃的思维。一个人素质的养成具有“不可替代性”，自觉地、积极地接受后天环境与学校教育的影响，是形成优秀要素的必要条件。

1.2.4 学习方法与建议

土木工程专业大学教学的主要教学形式有课堂教学、实验教学、设计训练和施工实习。下面对这几个环节的教学给出简要介绍和学习方法建议。

1. 课堂教学

课堂教学是最主要的教学形式，即通过老师的讲授、学生听课而学习。不同于中学的课堂教学，一是大学教学内容多、进度快，学生要及时适应，跟上节奏；二是大学上课合班普遍，老师未必熟悉大班中每位学生，听课效果的好坏主要靠学生自主努力；三是大学教学内容，尤其是专业知识更新较快，教师可能随时对教材的内容补充或删减，学生要注意教师的讲解，及时做好笔记。

课堂教学后，要及时复习巩固、对课程的重点或难点内容加深理解，对于不懂的问题不要放过，先自己思考，也可以与同学切磋，或在适当的时候请老师答疑讨论。

2. 实验教学

通过实验手段掌握实验技术，弄懂科学原理，熟悉国家相关试验、检测规程，熟悉实验方法及学习撰写试验报告。在土木工程专业中开设有材料试验、结构检验等实验课，同学们一定要认真对待，做好每次实验，不能重理论轻实验。

3. 设计训练

设计是综合运用所学知识，提出自己的设想和技术方案，并以工程图及说明书来表达自己设计意图的集中训练过程，这在根本上培养学生自主学习、自主解决实际问题的能力。所有的土木工程项目都要经过设计环节，然后才能交付施工。

设计土木工程项目不是一般的课堂练习或课后作业，只有简单的一两个已知约束条件，而是受到多方面的约束，并且不局限于科学技术本身，还涉及人文经济等诸多方面。“满足功能需要、结构安全可靠、成本经济合理、造型美观悦目”是土木工程项目设计的总体目标。要达到这样的目的，必须综合运用各种知识并发挥人的主观能动性，且答案并不唯一。这样的训练过程对培养学生的综合应用能力和实践创新能力很有裨益。

4. 施工实习

在土木工程专业的各项实践环节中，除了毕业设计（或毕业论文）之外，实践时间最长的就是生产实习，据此也可以判断出生产实习的重要程度。这是让学生理论联系实际，到施工现场或管理部门学习生产技术和管理知识的一项实践。一般在统一要求下分散进行，学生在施工一线师傅或管理部门技术人员指导下不仅学习知识技能，也经历敬业精神、劳动纪律及职业道德等方面的综合检验。

同学们要针对大学不同课程以及教师的授课特点，不同实践环节的训练目标，认真分析、总结自己的学习方法，敢于吃苦、勇于实践，才有可能成为土木工程方面的优秀人才。

§1.3　土木工程发展简史

土木工程大约从公元前 5000 年算起至今，其发展经历了古代、近代和现代三个阶段。

1.3.1　古代土木工程

古代土木工程从新石器时代（约公元前 5000 年起）开始到公元 17 世纪中期，经历了漫长的历史时期。所用材料主要取之自然，如石块、草筋、土坯等，所用工具也相当简单，只有斧、锤、刀、铲和石夯等手工工具。但留下来许多具有历史价值的建筑，有的即使现在看来也非常伟大，甚至难以想象。

西方古代留下来的宏伟建筑（或建筑遗址）主要大多为砖石结构。如埃及金字塔，建于公元前 2700 年至公元前 2600 年间，其中最大的一座是胡夫金字塔，如图 1.1 所示，塔基为边长 230.5m 的正方形，高 146.59m，用 230 余万块平均重 2 000 多 kg 的巨石砌成，为埃菲尔铁塔以前的世界最高建筑物。又如被誉为“雅典的王冠”的古希腊最著名建筑帕提侬神庙、雄伟壮观的古罗马竞技场以及索菲亚大教堂都是古代西方建筑典型的代表。

中国古代建筑大多为木构架加砖墙建成。如图 1.2 所示，山西应县木塔（佛宫寺释迦塔）于公元 1056 年建成，塔身横截面呈八角形，9 层高 67.31m，底层直径达 30.27m。木塔用料超过 5 000m^3，而构件只有 6 种规格，历经数次大地震，历时近千年仍完整耸立，足以证明当时木结构的高超技术。

图 1.1　埃及胡夫金字塔
（http：//image. baidu. com/）

图 1.2　中国山西应县木塔
（http：//image. baidu. com/）

中国古代的砖石结构也拥有伟大的成就。最著名的万里长城，东起山海关，西至嘉峪关，全长 5 000 余 km，是世界上修建时间最长、工程量最大的工程，也是人类历史上最伟大的军事防御工程，如图 1.3 所示。

图 1.3　中国万里长城
（http：//image. baidu. com/）

1.3.2　近代土木工程

近代土木工程的时间跨度一般认为从公元 17 世纪中叶到第二次世界大战前后，历时 300 多年，这一时期土木工程有了革命性的发展。主要特点表现在以下三个方面：

第一，土木工程有了比较系统的理论指导，成为一门独立的学科。1683 年意大利学者伽利略发表了“关于两门新科学的对话”，首次用公式表达了梁的设计理论；1678 年牛顿总结出力学三大定律，为土木工程奠定了力学分析的基础；1744 年瑞士数学家欧拉建立了柱的压屈理论，给出了柱的临界压力计算公式，为结构稳定计算奠定了理论基础；1825 年法国纳维建立了土木工程中结构设计的容许应力法。从此，土木工程成为具有比较系统的理论指导的一门独立学科。

第二，新的土木工程材料不断发明并得到应用。1824 年英国学者阿斯普丁发明了波特兰水泥；1859 年贝塞麦的转炉炼钢法获得成功；1867 年法国学者莫尼埃用钢丝加固混凝土制成了花盆，并于 1875 年主持修建了一座长达 16m 的钢筋混凝土桥；1928 年预应力混凝土被发明。所有这些新材料的发明与应用，使得土木工程师有条件创造新型的土木工程，有条件建造规模更庞大、构造更为复杂的工程设施。

第三，施工机械和施工技术的巨大进步为土木工程的建造提供了有力手段。由于这一时期的产业革命促进了工业、交通运输业的发展，对土木工程设施提出了更广泛的要求，同时也为土木工程的建造提供了新的施工机械和施工方法。如打桩机、压路机、挖掘机、起重机以及吊装机等机械的纷纷出现，为快速高效地建造土木工程设施提供了有力保证。

这一时期有历史意义的代表性土木工程有，1889 年法国建成的埃菲尔铁塔，1825 年和 1863 年英国分别修建的世界上第一条铁路和地铁，1869 年开凿成功的苏伊士运河，1931 年美国建成的纽约帝国大厦，1936 年建成的金门大桥，德国于 1931—1942 年间修筑的长达 3 860km 的高速公路网等。

1.3.3　现代土木工程

从第二次世界大战结束到目前的阶段为现代土木工程时期。在此期间，现代科学技术飞速进步，从而为土木工程的进一步发展提供了强大的物质基础和技术手段。这一时期的土木工程具有以下几个特点：

1. 功能要求多样化

土木工程和其使用功能或生产工艺紧密结合，日益超越本来意义上的挖土盖房、架梁为桥的范围。公共建筑和住宅建筑要求周边环境，结构布置，水、电、煤气供应与室内温度、湿度调节控制，通信网络，安全报警等现代化设备协调配套，融为一体。由于现代高新科技的飞速进步，许多工业建筑提出了恒湿、恒温、防微振、防腐蚀、防辐射、防磁及无微尘等要求。土木工程日趋功能化，如安全度要求极高的核反应堆与核电站；研究微观世界所需的建造技术要求极高的加速器工程；多功能的海上钻井平台、海上炼油厂、海底油库等。

2. 城市建设立体化

随着经济发展和人口增长，城市人口密度迅速加大，造成城市用地紧张、交通拥挤、地价昂贵，迫使建筑物向空间发展，高层建筑的兴建几乎成了城市现代化的标志。美国的高层建筑最多，其中高度在200m以上的就有100余幢。近10余年来，中国、马来西亚、新加坡等国家的高层建筑得到空前发展。

在所有的建筑物中，于2004年9月动工的位于阿拉伯联合酋长国城市迪拜的哈利法塔（Burj Khalifa Tower）原名迪拜塔（Burj Dubai），有160层，总高828m，由韩国三星公司负责建造，2010年1月4日竣工启用，为世界最高的建筑物，如图1.4所示。2004年底建成的中国台北的101大厦，101层，高508m，为目前世界上第二高建筑物，如图1.5所示。2008年8月建成的高达492m的上海环球金融中心，共101层，为中国大陆最高的建筑物，居世界第三位，如图1.6所示。

图1.4 阿拉伯联合酋长国哈利法塔
（http：//image. baidu. com/）

图1.5 中国台北101大厦
（http：//image. baidu. com/）

图1.6 中国上海环球金融中心
(http://image.baidu.com/)

3. 交通工程快速化

交通工程快速化的标志是大规模的高速公路的建设、铁路电气化的形成与大量发展以及长距离海底隧道的出现。据不完全统计，全世界高速公路的总长度已超过17万km，到2010年底，我国建成通车的高速公路达7.4万km。铁路建设方面，在1964年出现的日本高速铁路东京—大阪的“新干线”时速为210km，而如今上海建成的磁悬浮高速铁路系统，时速高达431km以上。机场建设的规模和速度也是前所未有，居世界第一的美国芝加哥奥黑尔国际机场，年吞吐量达4 000万人次，高峰时每小时起降飞机200架次。世界上最长的海底隧道是日本的青函海底隧道，长达53.85km，我国的第一条水底隧道是1970年建成通车的上海黄浦江打浦路隧道，全长2.76km。

由于上述发展的特点，使得土木工程的三个构成要素即材料、施工和理论也出现了新的发展趋势。分别叙述如下：

(1) 建筑材料轻质高强化。混凝土向轻骨料、加气和高性能方向发展，使混凝土容重由24.0kN/m^{3}降至6.0~10.0kN/m^3，且混凝土强度大幅度提高，由20~40N/mm^{2}提高到60~100N/mm^2。钢材向低合金、高强度方向发展，铝合金、建筑塑料、玻璃钢等轻质高强材料也得到迅速发展。

(2) 施工过程工业化、装配化。为缩短工期，促进标准化生产，许多土木工程项目施工采取在工厂里成批生产各种构配件、组合体，再运至施工现场进行拼装的方式。此外，各种先进的施工机械、施工手段如大型吊装设备、混凝土自动搅拌运输设备、现场预制模板、石方工程中的定向爆破等也得到很大的发展。

(3) 设计理论精确化、科学化。表现为设计理论由线性分析到非线性分析，由平面分析到空间分析，由单个分析到系统的综合整体分析，由静态分析到动态分析，由经验定值分析到随机过程分析，由数值分析到模拟试验分析，由人工计算、比较方案并制图到计算机辅助设计、优化设计以及计算机制图。土木工程学科的理论，如可靠性、土力学理论、岩土力学理论、结构抗震理论、动态规划理论、网络理论等也取得重要进步。

复习与思考题1

1. 搜集感兴趣的土木工程资料、浏览专业网站。
2. 了解土木建筑工程方面学术论文撰写的基本要求。
3. 试结合当前形势，谈谈土木工程专业对人才素质的要求。
4. 试说明为什么一个学习工程专业的学生还必须了解非工程领域的人文社科方面的知识。
5. 根据掌握的初步知识，结合个人感性认识，试论述土木工程的发展趋势。

第 2 章　土木工程材料

§2.1　土木工程材料的一般性质

在土木工程中，建筑、桥梁、道路、港口、码头、矿井、隧道等都是用相应材料建造的，所使用的各种材料统称为土木工程材料。$1m^2$的建筑物所用的材料是1～2t，铺设1km铁路上部建筑（仅钢轨、轨枕、道床等）的材料量也与此相近。这些材料的采集、制作、运输、贮存、保管都需要大量的人力、资金和设备。更为重要的是材料的开发利用促进了土木工程的不断发展。

长期以来人类一直在从事着土木工程材料的各类研究工作，且不断开发新的材料。这些研究开发工作从为了满足建筑物的承载安全、尺寸规模、功能和使用寿命等要求上升到满足人们对生存环境的安全性、舒适性、方便性和美观性的更高追求，到现在已经发展到关注研究开发的土木工程材料其生产和使用，给生态环境和能耗等方面造成的影响及可持续发展的问题。

从远古时代的石块、树木，公元12世纪至14世纪开始创制的瓦、砖，17世纪开始被使用的生铁、熟铁及后来的钢材，到19世纪的波特兰水泥以及后来的钢筋混凝土的蓬勃发展，到20世纪的高分子有机材料的广泛应用。所有的土木工程设施都会对所采用的材料提出种种要求。“坚固、耐久”是对所有材料的共同要求；不同的土木工程设施还会对材料提出耐火、防水、耐磨、隔热、绝缘、抗冲击等多种不同的需要；甚至如“抗核辐射”这样的特殊要求。以下三项是土木工程材料所具有的重要性质：

1. 物理性质

土木工程材料的物理性质如容积密度（材料在自然状态下单位体积的质量），密度（材料在绝对密实状态下单位体积的质量），以及材料与水有关的性质如含水率、吸水性、透水性，材料的热工性质如导热性、耐火性、收缩膨胀（因温度、湿度变化或材料本身化学反应引起的变化）等。

2. 力学性质

土木工程材料的力学性质如强度（抵抗破坏的能力），变形（承受形状改变的能力），弹性（材料在外力除去后其变形能完全消失的性质），塑性（材料在外力除去后不能恢复其原有形状的性质），韧性（材料受冲击断裂时吸收机械能的能力）等。

3. 耐久性能

土木工程材料的力学性能是指材料在长期使用过程中经受各种所处环境和条件的作用（如日光曝晒、大气、水和化学介质侵蚀，温度、湿度变化、冻融循环，机械摩擦、虫菌寄生等）仍能保持其使用性能的能力。

土木工程材料按其自身组织的不同可以分为金属材料和非金属材料两类。金属材料包括黑色金属（钢、铁等）与有色金属（铝、铜、铅等）；非金属材料包括无机材料（水泥、石灰、砂石、玻璃等）与有机材料（木材、沥青、油漆、塑料等）。

若按材料在土木工程设施中所起的作用和功能分，又可以分为以下类别：

（1）承重材料——承受大自然和人为的各种作用力，典型的有各种钢材、混凝土、木材和由多种块材、砂浆组成的砌体。

（2）维护材料——保持空间和通道的使用功能，如粘土瓦、轻质混凝土、无机纤维制品和有机纤维制品。

（3）装饰材料——起创造优美和舒适环境的作用，如玻璃、油漆、墙面地面饰面材料。

（4）胶结材料——典型的胶结材料有水泥、石灰、石膏、沥青等。

§2.2　主要土木工程材料简介

在所有的土木工程材料中，最为主要和大宗的是钢材、混凝土、木材和砌体。

2.2.1　钢材

土木工程用的钢材是指用于钢结构的各种型材（如圆钢、角钢、工字钢等）、钢板、钢管和用于钢筋混凝土中的各种钢筋、钢丝等，如图 2.1 所示。型材、板材、管材可以通过焊接、铆接、螺栓连接的方式，组合成各种形状的截面，做成所需要的各种钢结构。钢材的主要成分是铁（Fe，约占 99%）和少量的碳（C，通常不超过 0.22%），称为低碳钢；若还含少量锰（Mn）、硅（Si）、钒（V）等元素，称为低合金钢。

低碳钢在结构设计中抗拉和抗压设计强度约为 $215N/mm^2$，低合金钢的抗拉和抗压设计强度可达 $310 \sim 380N/mm^2$。

钢材的优点是材质均匀、强度高、塑性好，便于加工、安装。其缺点是耐火性差、易于锈蚀、维护费用较高。

图 2.1　钢筋
（http：//image. baidu. com/）

2.2.2 混凝土

广义的混凝土包括采用各种有机、无机、天然、人造的胶凝材料与颗粒状或纤维填充物相混合而形成的固体材料，如图 2.2 所示。直到 1824 年 Aspdin 发明了波特兰水泥（硅酸盐水泥）之后，以水泥作为胶凝材料的混凝土问世，随后在 1850 年和 1928 年先后出现了钢筋混凝土和预应力混凝土，混凝土从此得到广泛应用。目前，混凝土是世界上用量最大、使用最广泛的土木工程材料。

图 2.2 施工中的混凝土

（http：//image. baidu. com/）

土木工程中所采用的混凝土，是由水泥作胶凝材料，以砂、石子作骨料，与水（经常还有各种外加剂）按一定比例配合，经搅拌、成型、养护而成的水泥混凝土（又称为普通混凝土）。普通混凝土的结构强度等级一般为 C20 ~ C40，甚至可以达 C60 ~ C80（是指边长 150mm 混凝土立方体试块的极限压应力分别达 $20N/mm^2$、$40N/mm^2$、$60N/mm^2$、$80N/mm^2$）。特种混凝土，如轻集料混凝土（轻质混凝土、轻骨料混凝土）、纤维增强混凝土（简称 FRB）、聚合物混凝土（简称 PIC）、碾压混凝土、自密实混凝土等。此外还有钢筋混凝土和预应力混凝土等。为克服混凝土抗拉强度低的特点，在混凝土中合理地配置钢筋形成钢筋混凝土。通过钢筋张拉产生预应力，这样的预应力混凝土可以提高构件的抗拉能力，防止或推迟混凝土裂缝的出现。

混凝土的优点是可模性、耐久性、耐火性、整体性都较好，易于就地取材，价格较低，强度比砖、木材高，能和钢筋粘结做成各种高强度的钢筋混凝土结构。其缺点是其自重较大，施工比较复杂，工序多，工期长，易产生裂缝。

2.2.3 木材

土木工程中所采用的木材主要取自树木的树干，如图 2.3 所示。常用的树种是针叶树如松树、杉木等；常用的木材有圆木（直径 120mm 以上）、方木（截面方形，边长 100 ~ 250mm），条木（宽度不大于厚度的 2 倍）、板材（宽度大于厚度的 2 倍；厚 35mm 以下为薄板）等。还可以以木材、木质碎料、木质纤维为原料，加胶粘剂制成木质人造板和胶合木。

木材是一种古老的工程材料，具有许多优点。如在大气环境下性能稳定、不易变质，轻质高强、易于加工（锯、刨、钻等），有高强的弹性和韧性，能承受冲击和振动作用，导电和导热性能低，木纹美丽装饰性好等。其缺点是构造不均匀，各项异性，顺纹横纹方向性能不一，易吸湿、吸水，产生较大的湿胀、干缩变形，易燃、易腐及病虫害等。不过这些缺点经过加工和处理后，可以得到很大程度的改善。

图 2.3　木材
（http：//image. baidu. com/）

2.2.4　砌体

土木工程中所采用的砌体，是由石材、粘土、混凝土、工业废料等材料做成的块材，和水泥、石灰膏等胶粘材料与砂、水混合做成的砂浆，叠合粘结而成的复合材料。砌体的品种很多，有各种石砌体、实（空）心砖砌体、中小混凝土块砌体、硅酸盐块砌体等，如图 2.4 所示。砌体的强度都很低。以常用的砖砌体为例，抗压强度只有 1.5 ~ 3.5N/mm^2，抗拉强度只有 0.1 ~ 0.2N/mm^2。

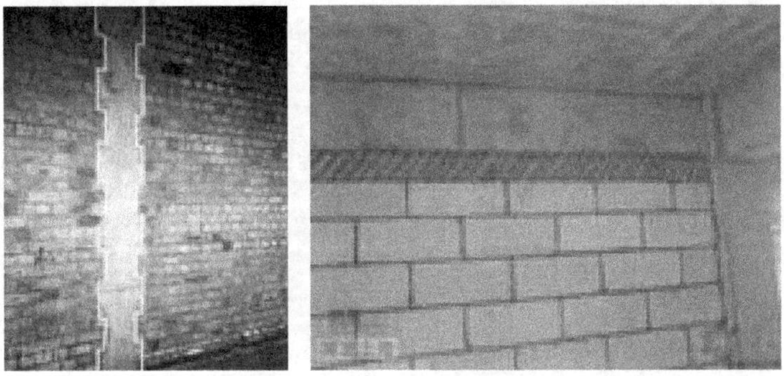

(a)　(b)

图 2.4 砌体
（http：//image. baidu. com/）

砌体结构具有易于就地取材、价格低廉、施工简便、保温隔热及耐火性能好等优点。其缺点是强度低导致结构笨重，且粘土砖毁田取土量大、能耗高，施工生产中劳动强度大、工效低、手工砌筑质量不易保证，因此被逐渐取代。推广利用的工业废料制砖可以减少环境污染，保护良田，降低燃耗。

上述4种主要材料就我国国情来看，在土木工程中应用得最广泛的是钢筋混凝土。其混凝土可以就地取材（主要是砂石骨料和水），钢筋可以因受力情况按需布置。钢筋混凝土集混凝土和钢材的优点于一体，能适应各种土木工程设施的多种功能需要。钢材的优越性高，但我国以往钢产量不高、品种较少且价格昂贵，故多用于高层、大跨度、重型建筑物，大跨度桥梁，铁路工程和大直径管道工程中，目前我国钢材的产量已有很大增长，今后钢材将会是土木工程用材的发展方向。木材在古建筑中广泛应用于寺庙、宫殿和民居中，但由于资源匮乏，目前在我国除林区外应用不广，主要用于木屋盖、木模板、枕木、门窗、家具和建筑装修。砌体虽强度低，但可以用地方性材料（砖、石、砂、混凝土等），且品种众多、价格低廉、施工简便，可以普遍用于小型房屋和桥梁以及涵洞、挡土墙等构筑物中。

近年来，利用各种材料的特点，将各种材料组合在一起，做成的组合结构发展很快。例如混凝土和型钢组合做成的压型钢板混凝土楼板、组合柱或组合大梁；砖砌体和钢筋混凝土组合做成的组合砖柱和墙梁；钢材和木材组合做成的钢木组合屋架等。

复习与思考题2

1. 试简述土木工程材料所具有的重要性质。
2. 土木工程材料按其在土木工程设施中所起的作用和功能怎样分类？
3. 土木工程中所采用的钢材有哪些？钢材如何连接？
4. 试简述混凝土中的主要成分。列举特种混凝土有哪些？
5. 试说明钢材、混凝土、木材和砌体的主要优缺点。

第3章　基础工程

任何建筑物都建造在一定的地层（土层或岩层）上。基础是建筑物向地基传递荷载的下部结构，基础应建筑在具有较高承载力的地基中。通常将基础的埋置深度小于基础宽度，且只需经过普通施工程序就可以建造起来的基础称为浅基础，如图3.1所示。反之，若浅层土质不良，必须把基础埋置于较深处的良好地层，一般埋深大于基础宽度，需要采用桩、沉井等特殊施工方法和设备建造的基础，称为深基础。

一般把直接承受建筑物荷载的那一部分土层称为地基。未经人工处理的地基称为天然地基。如果地基满足不了实际工程的要求，需要对地基进行加固处理，处理后的地基称为人工地基。天然地基施工简单，造价经济。而人工地基一般比天然地基施工复杂，造价也高，因此在一般情况下，应尽量采用天然地基。

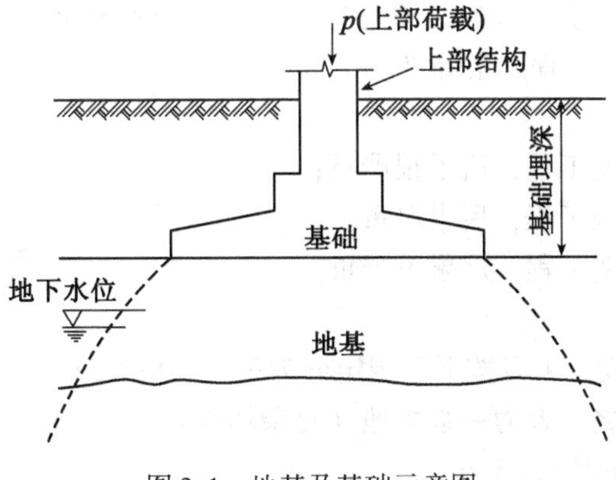

图3.1　地基及基础示意图

§3.1　基础工程的重要性

地基和基础是建筑物的根本，又属于地下隐蔽工程。地基和基础的勘察、设计和施工质量直接关系着建筑物的安危。相关实践表明，建筑物事故的发生，许多与地基基础问题有关，而且，地基基础事故一旦发生，补救非常困难。此外，基础工程费用与建筑物总造价的比例，视其复杂程度和设计、施工的合理与否，可以变动于百分之几到百分之几十之间。因此，地基和基础在建筑工程中的重要性是显而易见的。工程实践中，地基基础事故的出现固然屡见不鲜，然而，只要严格遵循基本建设原则，按照勘察—设计—施工的先后程序，切实抓好这三个环节，地基基础事故一般是可以避免的。

§3.2 岩土工程勘察

岩土工程勘察是指根据建设工程的要求，查明、分析、评价建设场地的地质、环境特征和岩土工程条件，编制勘察文件的活动。各项工程建设在设计和施工之前，必须按基本建设程序进行岩土工程勘察。岩土工程勘察应按工程建设各勘察阶段的要求，正确反映工程地质条件，查明不良地质作用和地质灾害，精心勘察、精心分析，撰写出资料完整、评价正确的勘察报告。

3.2.1 岩土工程勘察分级

岩土工程勘察任务、内容的确定，勘察的详细程度，勘察工作方法的选择与建筑场地、地基岩土性质及建筑物条件有关。场地工程地质条件和地基岩土性质因地而异，建筑物的类型和重要性也各不相同，因而，岩土工程勘察的任务和内容也因地、因建筑物而异。岩土工程的等级划分有利于对岩土工程各个工作环节按等级区别对待，确保工程质量和安全。因此，岩土工程勘察也是确定各个勘察阶段中的工作内容、方法以及详细程度所应遵循的准绳。

岩土工程勘察分级，目的是突出重点，区别对待。工程安全等级、场地和地基的复杂程度是分级的三个主要因素。首先必须对这三个主要因素分级，在此基础上进行综合分析，确定一项工程的岩土工程勘察等级。

1. 工程重要性等级

(1) 一级工程：重要工程，后果很严重；

(2) 二级工程：一般工程，后果严重；

(3) 三级工程：次要工程，后果不严重。

2. 场地等级

根据场地的复杂程度，可以按下列规定分为三个场地等级：

(1) 符合下列条件之一者为一级场地（复杂场地）：

①对建筑抗震危险的地段；

②不良地质作用强烈发育；

③地质环境已经或可能受到强烈破坏；

④地形、地貌复杂；

⑤有影响工程的多层地下水、岩溶裂隙水或其他水文地质条件复杂，需专门研究的场地。

(2) 符合下列条件之一者为二级场地（中等复杂场地）：

①对建筑抗震不利的地段；

②不良地质作用一般发育；

③地质环境已经或可能受到一般破坏；

④地形、地貌较复杂；

⑤基础位于地下水位以下的场地。

(3) 符合下列条件者为三级场地（简单场地）：

①抗震设防烈度等于或小于6度，或对建筑抗震有利的地段；
②不良地质作用不发育；
③地质环境基本未受破坏；
④地形、地貌简单；
⑤地下水对工程无影响。

3. 地基等级

(1) 符合下列条件之一者为一级地基（复杂地基）：
①岩土种类多，很不均匀，性质变化大，需特殊处理；
②严重湿陷、膨胀、盐渍、污染的特殊性岩土，以及其他情况复杂，需作专门处理的岩土。

(2) 符合下列条件之一者为二级地基（中等复杂地基）：
①岩土种类较多，不均匀，性质变化较大；
②本条第（1）款规定以外的特殊性岩土。

(3) 符合下列条件者为三级地基（简单地基）：
①岩土种类单一，均匀，性质变化不大；
②无特殊性岩土。

4. 岩土工程勘察等级划分

甲级：在工程重要性、场地复杂程度和地基复杂程度等级中，有一项或多项为一级；
乙级：除勘察等级为甲级和丙级以外的勘察项目；
丙级：工程重要性、场地复杂程度和地基复杂程度等级均为三级。

3.2.2 房屋建筑与构筑物的岩土工程勘察

岩土工程勘察是为工程设计和施工服务的，不同类型的工程由于其设计阶段划分不同，其岩土工程勘察阶段的划分和勘察要求也随之不同。

房屋建筑与构筑物的岩土工程勘察与设计阶段相适应，分为可行性研究勘察（选址勘察）、初步勘察、详细勘察及施工勘察四个阶段。可行性研究勘察应符合选择场址方案的要求；初步勘察应符合初步设计的要求；详细勘察应符合施工图设计的要求；场地条件复杂或有特殊要求的工程，宜进行施工勘察。

1. 岩土工程勘察纲要

岩土工程勘察纲要是勘察工作的指导性文件，进行某项工程的岩土工程勘察时，首先应编制该工程的勘察工作纲要，使整个勘察按纲要有计划地进行。

在编制勘察纲要之前，勘察人员需得到工程建设单位（或设计单位）提出的勘察任务书，以了解工程的特点和对勘察的要求。

在编制勘察纲要之前，勘察人员还应全面搜集并深入研究勘察地区的已有资料，进行现场踏勘，以获得场地地质条件概况，找出勘察中要解决的主要问题，确定所需采取的方法及各项工作的工作量。这样根据工程特点和场地地质条件编制的勘察纲要才能符合实际。

岩土工程勘察纲要的内容通常包括以下各点：

(1) 工程名称、建设地点及委托单位；

（2）勘察阶段及勘察目的和任务；

（3）场地地质概况及其研究程度；

（4）本阶段勘察所应解决的问题及预期达到的要求；

（5）勘察工作程序、方法及工作量布置（附布置简图）；

（6）勘察工作中可能遇到的问题及解决措施；

（7）勘察资料整理及报告书编写内容与要求；

（8）勘察人员组织、进度计划及预算等。

2. *可行性研究勘察（选址勘察）*

可行性研究勘察应满足确定场址方案的要求，若需要应取得两个以上场址的资料，对拟选场址的稳定性和适宜性做出评价与方案比较。选址勘察的主要工作内容如下：

（1）搜集区域地质、地形、地貌、地震、矿产和当地的工程地质、岩土工程和建筑经验等资料；

（2）在充分搜集和分析已有资料的基础上，通过踏勘了解场地的地层、构造、岩土性质、不良地质作用和地下水等工程地质条件；

（3）当拟建场地工程地质条件复杂，已有资料不能满足要求时，应根据具体情况进行工程地质测绘和必要的勘探工作；

（4）当有两个或两个以上拟选场地时，应进行比选分析。

在选定场址时，宜避开场地等级或地基等级为一级的地区或地段，同时应避开地下有未开采的有价值矿藏的地区。

勘察工作结束时必须对场地的稳定性和适宜性作出评价，写成报告作为选址的依据。

3. *初步勘察（初勘）*

初步勘察应满足初步设计或扩大初步设计的要求，应对场地内建筑地段的稳定性作出进一步评价，并为确定建筑总平面布置，选择主要建筑物地基基础设计方案和不良地质现象的防治进行初步论证。初步勘察前应取得以下资料：

（1）工程的可行性研究报告；

（2）附有建筑初步规划方案或工程场地范围的地形图；

（3）有关工程性质与规模的文件。

初步勘察的主要工作有：

（1）初步查明地质构造、地层结构、岩土工程特性、地下水埋藏条件；

（2）若有不良地质现象，需查明其成因、分布、规模、发展趋势，并对场地稳定性做出评价；

（3）对抗震设防烈度等于6度或大于6度的场地，应对场地和地基的地震效应做出初步评价；

（4）季节性冻土地区，应调查场地土的标准冻结深度；

（5）初步判定水和土对建筑材料的腐蚀性；

（6）高层建筑初步勘察时，应对可能采取的地基基础类型、基坑开挖与支护、工程降水方案进行初步分析评价。

当场地的范围较大或岩土工程条件较复杂时，初步勘察应进行工程地质测绘与调查。

4. 详细勘察（详勘）

详细勘察应按不同建筑物或建筑群提出详细的岩土工程资料和设计、施工所需的岩土参数，对建筑地基作出岩土工程评价，并对地基类型、基础形式、地基处理、基坑支护、工程降水和不良地质作用的防治等提出建议。详细勘察前应取得以下资料：

（1）附有坐标及地形的建筑总平面布置图，若已进行了初步勘察应附初步勘察报告；

（2）各建筑物的地面整平标高，建筑物的性质、规模、单位荷载或总荷载，上部结构特点及地下设施情况；

（3）拟采取的基础型式、尺寸及预计埋深，地基允许变形及对地基基础设计、施工方案的特殊要求等。

详细勘察阶段的主要工作有：

（1）查明建筑范围内各岩土层的种类、深度、分布、工程特性，分析和评价地基的稳定性、均匀性和承载力；

（2）对需进行沉降计算的建筑物，提供地基变形计算参数，预测建筑物的变形特征；

（3）查明埋藏的河道、沟滨、墓穴、防空洞、孤石等对工程不利的埋藏物；

（4）查明地下水的埋藏条件，提供地下水水位及其变化幅度；

（5）对抗震设防烈度等于 6 度或大于 6 度的地区，应划分场地土类型和建筑场地类别，对抗震设防烈度等于 7 度或大于 7 度的场地，应分析预测地震效应，判定饱和砂土或粉土的地震液化的可能性；

（6）判定水和土对建筑材料的腐蚀性；

（7）工程需要时应论证地基土及地下水在建筑物施工和使用期间可能产生的变化及其对工程本生和环境的影响，并提出防治方案、防水设计水位和抗浮设计水位的建议；

（8）当建筑物采用桩基础时，则应提出桩的类型、长度及单桩承载力，估算群桩的沉降量以及选定施工方法，提供岩土技术参数；

（9）若为深基坑开挖，则应提供坑壁稳定计算和支护方案设计所需的岩土参数，评价基坑开挖、降水等对邻近建筑物的影响；

（10）若场地存在滑坡等不良地质现象，则应进一步查明情况，作出评价并提供整治所需的岩土技术参数和整治方案的建议；

（11）在季节性的冻土地区，应提供场地土的标准冻结深度。

勘探工作量应按岩土工程等级和建筑物的特点确定，同时应尽可能利用初步勘察的成果。

5. 施工勘察

基坑或基槽开挖后，若发现岩土条件与勘察资料不符或发现必须查明的异常情况时，应进行施工勘察；在工程施工或使用期间，当地基土、边坡体、地下水等发生未曾估计到的变化时，应进行监测，并对工程和环境的影响进行分析评价。

不同勘察阶段的具体勘探工作方法详见《岩土工程勘察规范》(GB50021—2001)。

3.2.3　岩土工程勘察报告

岩土工程勘察报告（geotechnical investigation report）是在原始资料的基础上进行整理、统计、归纳、分析、评价，提出工程建议，形成系统的为工程建设服务的勘察技术文件。正确阅读和使用岩土工程勘察报告，是合理利用工程地质条件、正确选择基础类型、选择施工方案、避免不必要的工程事故的必要条件，是地基基础设计与施工成功的基础。

1. 岩土工程勘察报告的内容

岩土工程勘察报告的任务是，记录拟建场地的工程勘探或原位测试结果，并正确反映地基土的工程性质，通过分析，为基础设计及地基处理提供地基土性质指标和地基承载力。工程地质勘察报告的内容一般包括：

（1）拟建场地概况：说明建筑任务、建筑场地情况，勘察工程概述，说明建筑场地的地形、地貌（场地及邻近地段地形图）；

（2）勘察点平面布置：简单叙述勘探工作的内容，测试、钻孔、探坑、现场测试地点的位置图等；

（3）工程地质剖面图：地基土层分布状态，地下水位的位置、变动情况和侵蚀性等，地质柱状图；

（4）土的物理力学性质指标：室内测试结果，原位测试数据整理结论；

（5）工程地质评价：根据地质勘察结果，从地基基础设计、施工及建筑工程的其他方面，对建筑场地做出鉴定评价，提出主要土层的承载力、压缩性，基础方案或地基处理措施意见等。

一个单体工程的地质勘察报告的内容一般包括文字部分和图表部分。

（1）文字部分。

①任务要求和勘察工程概况；

②场地位置，地形、地貌特点，地质构造类型，不良地质现象及地震基本烈度；

③场地的地层分布，岩土的均匀性，物理力学性质特点，地基承载力和其他设计指标；

④地下水的类型，埋藏情况，腐蚀性和土层的冻胀特点；

⑤建筑物场地的综合工程地质评价，稳定性和适宜性结论。

（2）图表部分。

①勘探点的平面布置；

②工程地质剖面图；

③地质柱状图或综合工程地质柱状图；

④室内土工试验成果；

⑤其他测试成果。

2. 工程地质勘察报告的任务

工程地质勘察报告的使用目的不同，其勘察的侧重点有所不同。

（1）可行性研究勘察：为方案设计提供依据，范围大；

（2）初步勘察：对具体建筑物的场地初步查明其工程地质、水文地质和地基的岩土工程特征，对场地的稳定性作出最终的评价；

（3）详细勘察：在确定场地稳定的前提下进行岩土特征研究，确定持力层的力学特性，为设计人员、施工人员提供工程地质资料；

（4）施工勘察：仅在复杂的岩土工程中进行，如深基坑、地基处理等。

3. 勘察报告的阅读与使用

为了充分发挥勘察报告在设计和施工中的作用，必须重视对勘察报告的阅读和使用。阅读勘察报告时，应该熟悉勘察报告的主要内容，了解勘察结论和岩土参数的可靠程度，进而判别报告中的建议对本工程的适用性，从而正确地使用勘察报告。

在地质条件比较复杂的地区，阅读勘察报告时，首先应注意场地的稳定性，掌握地质条件和地层成层条件以及是否有不良地质现象等。对处于平原地区的场地，应了解土层在深度方向的分层情况，水平方向的均匀程度，以及各土层的物理力学性质指标。在众多的指标中，比较能说明土的工程性质的指标主要是孔隙比 e、液性指数 I_L、强度指标 c 和 φ 以及压缩性指标 α_{1-2} 或 Es_{1-2}。根据以上各种信息，就可以确定地基的承载力，从而能够选择适合上部结构及基础特点和要求的持力层，并对可能的地基沉降进行预估。

在分析与应用勘察成果时，应注意和把握以下几方面：

(1) 分析所进行的勘察工作量以及勘察点的布置是否与设计阶段相适应，是否合理，所采用的勘察方法是否可靠。

(2) 对场地土层的分布和性质是否取得清楚和完整的概念，特别应注意对工程起关键作用的土层及土工问题，了解场地的均匀性和稳定性。

(3) 分析勘察报告所提出的设计参数建议值的依据是否充分、是否合理、是否符合当地实际。

(4) 对结论意见，应注意有无事实依据。

只有经过以上分析，才能采纳勘察报告中的建议，对有关工程进行设计。当经过分析后，发现其中有矛盾或疑问，应设法进一步加以查明，以保证工程质量，必要时，应进行补充勘察或进行检验性的勘察工作。

§3.3 浅基础

3.3.1 无筋扩展基础

无筋扩展基础又称为刚性基础，是指由砖、毛石、混凝土或毛石混凝土、灰土和三合土等材料组成的墙下条形基础或柱下独立基础如图3.2，图3.3所示。

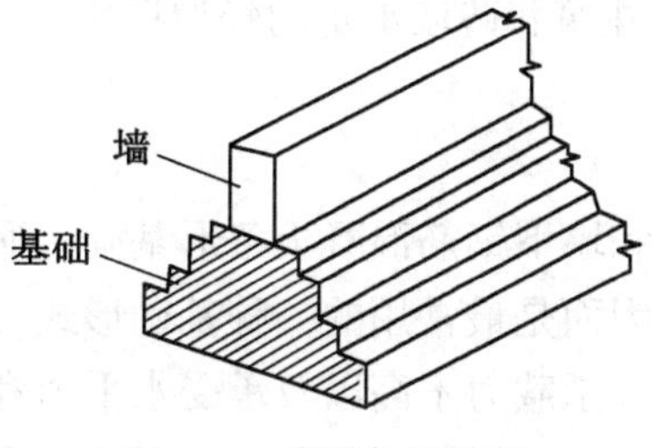

图3.2 墙下条形基础

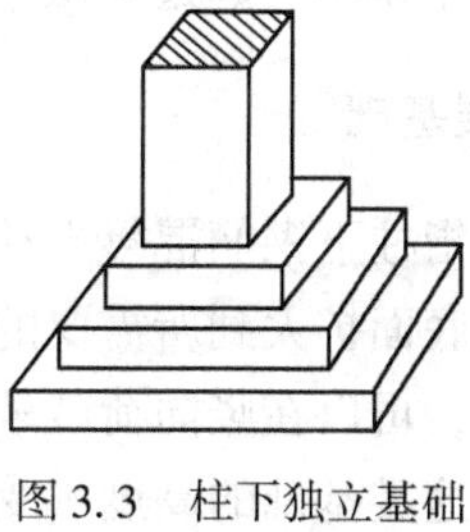

图3.3 柱下独立基础

无筋扩展基础的材料都具有较好的抗压性能，但抗拉、抗剪强度却不高，设计时必须保证发生在基础内的拉应力和剪应力不超过相应的材料强度设计值，这种保证通常是通过对基础构造的限制来实现的，即基础每个台阶的宽度与其高度之比都不得超过《建筑地基基础设计规范》(GB50007—2002) 中所规定的限值，否则基础会发生破坏。在这样的限制下，基础的相对高度都比较大，几乎不发生挠曲变形。如图 3.4 所示，设基底宽度为 b，则按上述限制，基础的构造高度应满足下列要求：

$$H_0 \geqslant \frac{b - b_0}{2\tan\alpha} \tag{3-1}$$

式中：b——基础底面宽度，m；

b_0——基础顶面的墙体宽度或柱脚宽度，m；

H_0——基础高度，m；

$\tan\alpha$——基础台阶宽高比$\frac{b_2}{H_0}$，其允许值可以按上述规范中表 8.1.2 选用；

b_2——基础台阶宽度，m。

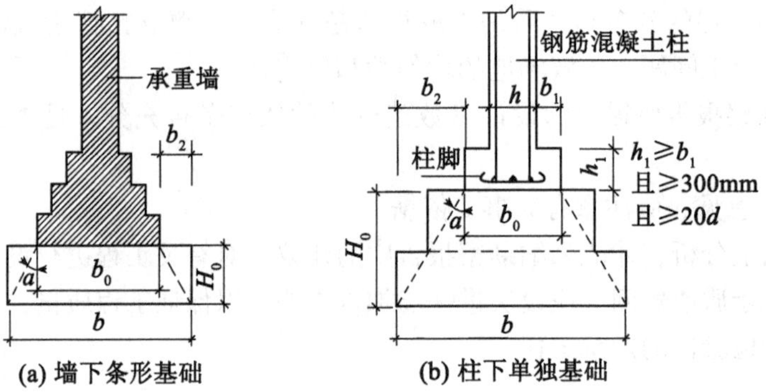

(a) 墙下条形基础　　(b) 柱下单独基础

d—柱中纵向钢筋直径

图 3.4　无筋扩展基础构造示意图

这类基础结构简单，主要承受压力，适用于建造在地基持力层土质较好且土质均匀的建筑场地。当基础荷载较大，按地基承载力确定的基础底面宽度 b 也较大时，按上式则 H_0 增大，造成用料多、自重大的缺点。如果 H_0 大于基础的埋置深度，就需要采取增大埋深的方法来满足设计要求，从而对施工造成不便。所以，无筋扩展基础可以用于 6 层或 6 层以下（三合土基础不宜超过 4 层）的民用建筑和砖墙承重的轻型厂房。

3.3.2　扩展基础

扩展基础是指柱下钢筋混凝土独立基础和墙下钢筋混凝土条形基础。通常能在较小的埋深内，把基础底面扩大到所需要的面积，因而是最常用的一种基础形式。扩展基础的抗弯和抗剪性能好，可以在竖向荷载较大、地基承载力不高以及承受水平力和力矩荷载等情况下使用。由于这类基础的高度不受台阶宽高比的限制，因此，当无筋扩展基础尺寸不能同时满足地基承载力和基础埋深的要求时，则必须选择扩展基础。扩展基础同样可以用扩大基础底面积的方法来满足地基承载力的要求，但不必增加基础的埋深，可以取得合适的基础埋深。

1. 柱下钢筋混凝土独立基础

柱下钢筋混凝土独立基础主要是柱下基础，其构造形式如图3.5所示，其中图（a）和图（b）是现浇柱基础，图（c）是预制柱（杯口）基础。

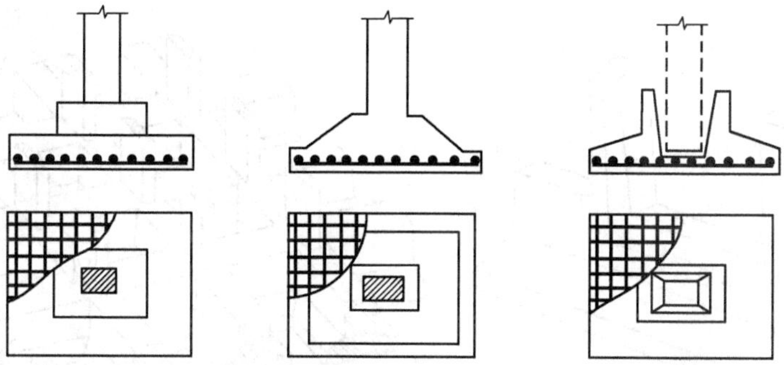

图3.5　柱下钢筋混凝土扩展基础

2. 墙下钢筋混凝土条形基础

墙下钢筋混凝土条形基础的横截面根据受力条件可以分为不带肋和带肋两种形式，如图3.6所示。若地基不均匀，为了加强基础的整体性和抗弯能力，可以采用有肋的墙下钢筋混凝土条形基础，肋部配置足够的纵向钢筋和箍筋。

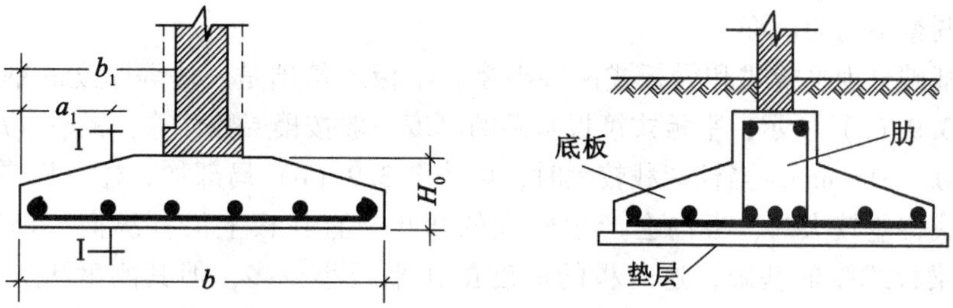

图3.6　墙下钢筋混凝土扩展基础

3.3.3　柱下钢筋混凝土条形基础

柱下钢筋混凝土条形基础是常用于软弱地基上框架或排架结构的一种基础类型，这种基础可以用于地基承载力不足，需加大基础底面面积，但在平面上受到限制的情况。

1. 柱下钢筋混凝土条形基础

当地基承载力较低且柱下钢筋混凝土独立基础的底面积不能承受上部结构荷载的作用时，常将若干柱子连成一条构成柱下条形基础，如图3.7所示。这类基础可以视为作用有若干集中荷载并置于地基上的梁，同时受到地基反力的作用。

2. 十字交叉钢筋混凝土条形基础

当单向条形基础的底面仍不能承受上部结构荷载的作用时，可以将纵柱基础横柱基础均连接在一起，构成十字交叉条形基础，如图 3.8 所示。

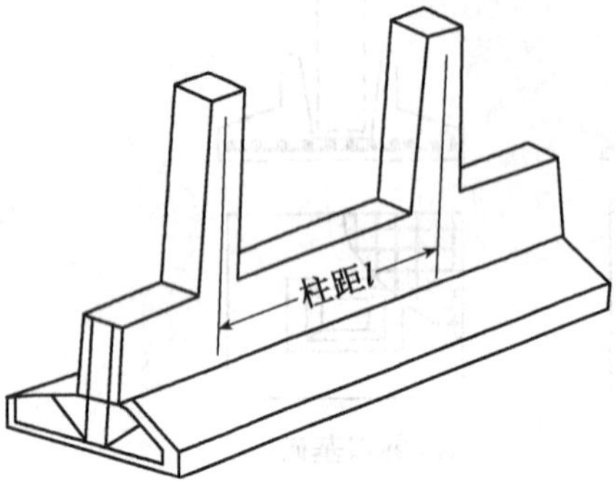

图 3.7 柱下钢筋混凝土条形基础

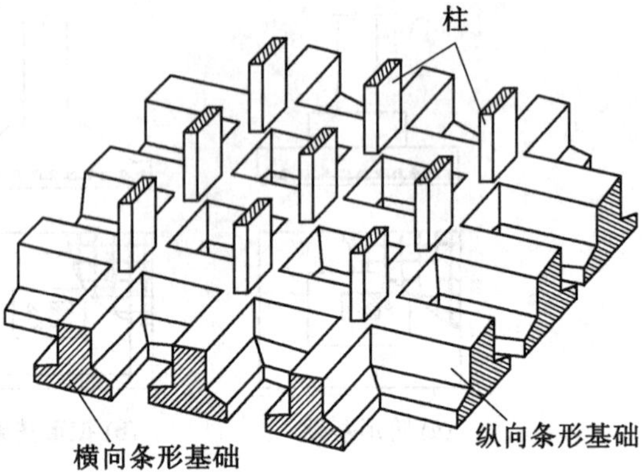

图 3.8 柱下交叉条形基础

3.3.4 筏形基础

筏形基础是指柱下或墙下连续的平板式或梁板式钢筋混凝土基础。当地基软弱且上部结构的荷载又较大，采用交叉条形基础仍不能提供足够的底面积来满足地基承载力和变形要求时，或相邻基槽间距很小时可以采用筏形基础。这种基础的特点是埋深浅，基底压力小，利于调整不均匀沉降。

筏形基础分为平板式和梁板式两种类型。平板式基础是一块等厚度的钢筋混凝土平板，如图 3.9（a）所示，平板式筏板基础的厚度一般按楼层数估算：板厚（h）= 楼层数（n）×（50～70）mm。当柱荷载较大时，可按图 3.9（b）局部加大柱下板厚。若柱距较大，柱荷载相差较大时，板内会产生较大的弯矩，宜在板上沿柱纵向、横向设置基础梁，形成梁板式筏形基础，这时板的厚度虽比平板小得多，但其刚度更大，能承受更大的弯矩，如图 3.9（c）、（d）所示。图 3.10 为在板上沿柱纵向、横向设置基础梁的筏板基础。

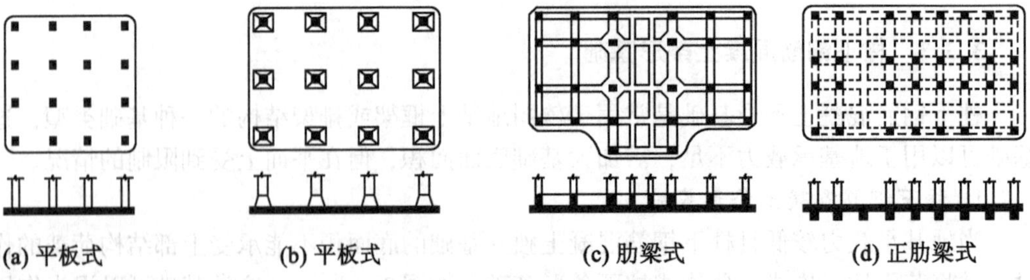

图 3.9 筏板基础

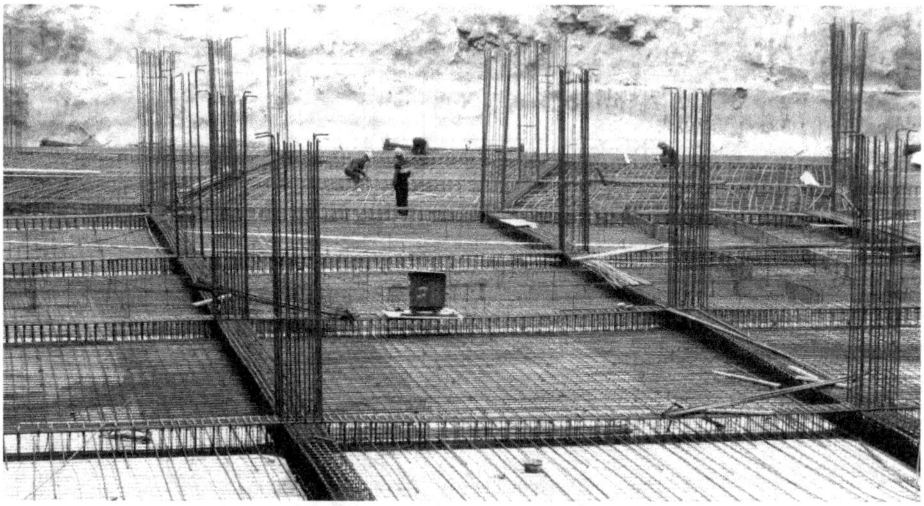

图3.10　南通市如东县某工程筏板基础

3.3.5　箱形基础

箱形基础是指由底板、顶板、侧墙及一定数量内隔墙构成的整体刚度较好的单层或多层钢筋混凝土基础，如图3.11所示。箱形基础空间刚度大，适用于软弱地基上的高层、超高层、重型或对不均匀沉降有严格要求的建筑物。

箱形基础宽阔的基础底面使受力层范围大为扩大，较大的埋置深度（≥3m）和中空的结构形式使开挖卸去的土体自重被相当的建筑重量代替，故也称之为补偿基础。顶板、底板和纵墙、横墙形成的结构整体性使箱形基础具有比筏形基础大得多的空间刚度，可以用于抵抗地基或荷载分布不均匀引起的差异沉降和架越不太大的地下洞穴，而此时建筑物仅发生大致均匀的下沉或不大的整体倾斜，而且箱形基础的抗震性能较好。

箱形基础的材料消耗量较大，施工技术要求高，且还会遇到深基坑开挖带来的诸多问题与困难，是否采用，应该慎重考虑各方面因素，通过与其他可能的地基基础方案作技术经济比较后确定。

3.3.6　基础方案选用

以上介绍了无筋扩展基础、扩展基础、条形基础、筏板基础和箱形基础等浅埋基础的受力特性、构造要求及其主要适用条件。这些浅基础的特点各异，在选取基础方案时究竟采用何种基础形式，应根据建筑物的工程地质条件、技术经济和施工条件等因素加以综合确定。

实际工程中，一般遵循无筋扩展基础→扩展基础→柱下条形基础→交叉条形基础→筏板基础→箱形基础的顺序来选择基础形式。当然，在选择过程中应尽量做到经济、合理。只有在上述选择均不合适时，才考虑运用桩基础等深基础的形式，以避免不必要的浪费。

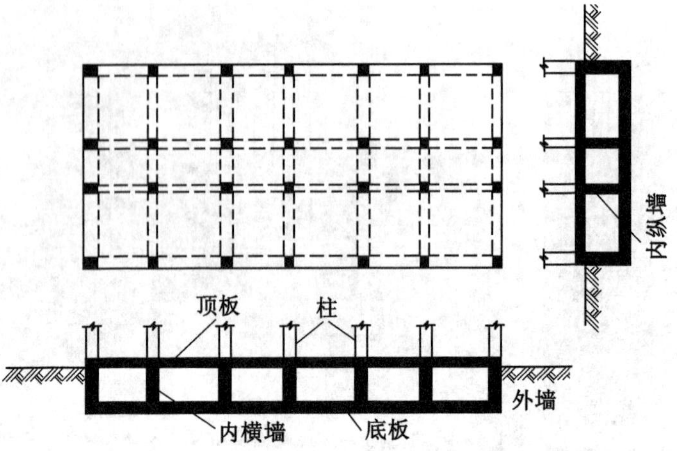

图 3.11　箱形基础

§3.4　深　基　础

如果建筑场地浅层的土质不能满足建筑物对地基承载力和变形的要求，且又不适宜采取地基处理措施时，就应考虑以下部坚实土层或岩层作为持力层的深基础方案。深基础主要有桩基础、沉井基础、墩基础和地下连续墙等若干种类型，其中以桩基础的历史最为悠久，应用最为广泛。古代不少用桩基础建造的建筑物，如杭州湾海塘工程、南京的石头城、上海的龙华塔、西安的坝桥及北京的御河桥等，至今仍情况良好，近年来，随着生产水平的提高和科学技术的进步，桩基础广泛应用于各种土木建筑工程中。

3.4.1　桩基础

1. 概念

桩基础通常又称为桩基，是一种广义的深基础，桩基础是由桩和连接桩顶的承台组成，桩是一种埋置于土中的细长构件，用来把地表的荷载传递到土体较深处，桩基可以由单根桩构成，如一柱一桩的情况，多数情况是多根桩组成的群桩，荷载通过承台传递到各桩桩顶。

桩基础是一种承载性能好、适用范围广的深基础，在高层建设、桥梁、港口以及近海结构等工程中得到愈来愈广泛的应用。桩基础作为一种工程结构在不断地向前发展，使得人们在地质条件较差的场地上修建更高更重的建筑物有了可能；与此同时，丰富的工程实践也推动桩基的设计和施工提高到一个新水平。如 2008 年 6 月建成通车的苏通长江大桥，其主塔基础采用的是高桩承台结构，其中北主塔桩基为 131 根 D2.8/D2.5m 变直径钻孔灌注桩，梅花型布置，桩长 117.4m。

2. 适用条件

桩基础在实际工程中有多方面的应用，就房屋建筑工程而言，桩基础适用于上部土层软弱而下部土层坚实的场地。具体地说，下列情况往往适宜采用桩基础：

(1) 不允许地基有过大沉降和不均匀沉降的高层建筑物或其他重要的建筑物;

(2) 重型工业厂房和荷载很大的建筑物，如仓库、料仓等;

(3) 软弱地基或某些特殊性土上的各类永久性建筑物;

(4) 作用有较大水平力和力矩的高耸结构物（如烟囱、水塔等）的基础，或需以桩承受水平力或上拔力的其他情况;

(5) 需要减弱其振动影响的动力机器基础，或以桩基作为地震区建筑物的抗震措施。

3. 桩的类型

桩基础一般由设置于土中的桩和承接上部结构荷载的承台所组成，如图 3.12 所示。根据承台与地面的相对位置．一般可以分为低承台桩基和高承台桩基。低承台桩基的承台底面位于地面以下，在工业与民用建筑中，几乎都使用低承台桩基；高承台桩基的承台底面位于地面以上，且常处于水下，多用于桥梁及港口工程。

根据桩的承载性状、施工方法、桩的设置效应及桩身材料等又可以把桩划分为各种类型。

(1) 根据桩的承载性状分类。

根据竖向荷载下桩土相互作用的特点，达到承载力极限状态时，桩侧与桩端阻力的发挥程度和分担荷载比例，将桩分为摩擦型桩和端承型桩两大类，如图 3.13 所示。

摩擦型桩：是指在竖向极限荷载作用下、桩顶荷载全部或主要由桩侧阻力承受。根据桩侧阻力分担荷载的比例，摩擦型桩又分为摩擦桩和端承摩擦桩两类。

端承型桩：是指在竖向极限荷载作用下，桩顶荷载全部或主要由桩端阻力承受，桩侧阻力相对于桩端阻力可以忽略不计。根据桩端阻力分担荷载的比例，又可以分为端承桩和摩擦端承桩两类。

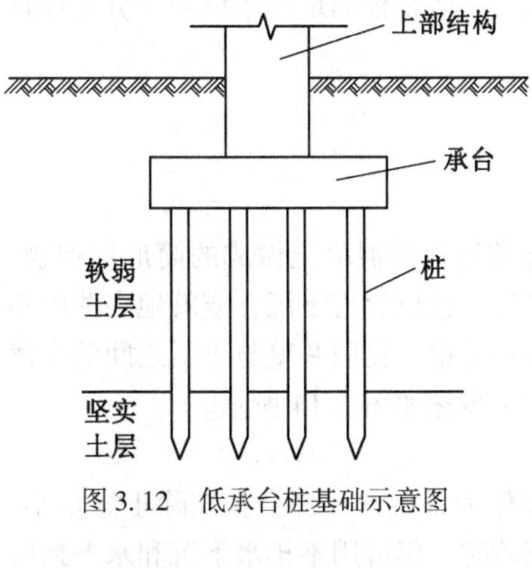

图 3.12 低承台桩基础示意图

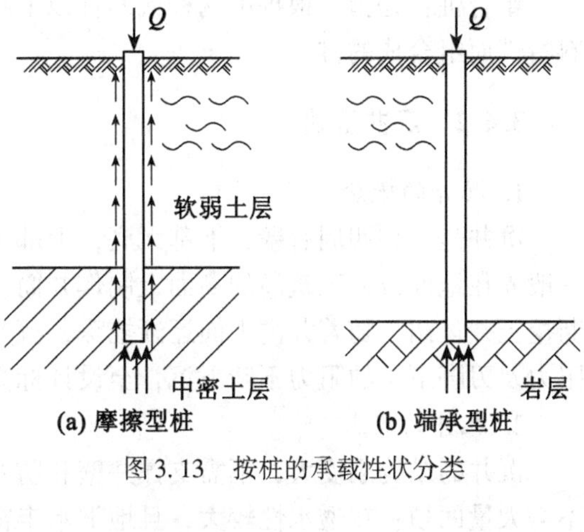

图 3.13 按桩的承载性状分类

(2) 根据施工方法分类。

根据施工方法的不同，主要桩基础可以分为预制桩和灌注桩两大类。

预制桩：预制桩桩体可以在施工现场或工厂预制，然后运至桩位处，再经锤击、振动、静压或旋入等方式将桩沉入地层至设计要求标高形成的桩。

灌注桩：通过钻、冲、挖或沉入套管至设计标高后，灌注混凝土形成的桩。

(3) 根据成桩对土层的影响分类。

根据成桩对土层的影响可以分为挤土桩、部分挤土桩和非挤土桩三类。

挤土桩：在成桩过程中，造成大量挤土，使桩周围土体受到严重扰动，土的工程性质有很大改变的桩。这类桩主要有打入或静压成桩的实心桩和闭口预制混凝土桩、闭口钢管桩及沉管灌注桩等。

部分挤土桩：在成桩过程中，引起部分挤土效应，使桩周围土体受到一定程度的扰动。这类桩主要有H型钢桩、开口管桩及冲孔灌注桩。

非挤土桩：采用钻孔、挖孔将与桩体积相同的土体排出，对周围土体基本没有扰动而形成的桩。这类桩主要有钻孔灌注桩、挖孔灌注桩、预钻孔植桩、旋挖灌注桩等。

(4) 根据桩身材料分类。

根据桩身材料，可以将桩分为混凝土桩（含钢筋混凝土桩及预应力钢筋混凝土桩）、钢桩、木桩和组合桩。

混凝土桩：混凝土桩是目前使用最广泛的桩，有预制混凝土桩和灌注混凝土桩两大类。预制混凝土桩多为配筋率较低的钢筋混凝土桩，可以在工厂集中生产或在现场预制。为提高混凝土的抗裂性能和节省钢材可以做成预应力桩，为减少沉桩的挤土效应可以做成敞口预应力桩。随着灌注桩成桩工艺的不断进步，使其能适用于各种地层，并能灵活调整桩长及桩径，从而成为目前工民建和桥梁工程中使用的主要桩型。

钢桩：目前常规的桩型有开口型或敞口管型、H型钢桩或其他异型钢桩。钢桩可以根据承载要求及减少挤土效应而灵活调整截面，并具有抗冲击性能强、接桩方便、施工质量稳定等特点，但由于造价高，我国只在少数重点工程中使用，如上海宝钢工程就采用了钢管桩。

木桩：目前工程中已趋于淘汰。

组合桩：是指一根桩由两种或两种以上材料组成，一般是根据地层条件和充分发挥材料特性而组合成的桩。

3.4.2 沉井基础

1. 沉井的概念

沉井是一种四周有壁，下部无底，上部无盖，通常用钢筋混凝土做成的筒形结构物。一般先在地面或人工筑岛的岛面上制作井筒，然后浮运，就位后再下沉，或就地在井内不断挖土并运出，随着井内土面逐渐挖深，沉井借其本身重量，克服井壁与土层之间的摩擦阻力及刃脚下土的阻力不断下沉，至设计标高，其施工步骤如图3.14所示。

2. 沉井的优点

沉井的结构刚度大，不需支撑井壁和防水，可以作为基础的一部分；挖除土方量小，不需大量回填；在透水性较大，且地下水丰富或遇流砂时，仍可用不排水下沉和水下封底施工；下沉深度大，埋深越大其优点越突出。

3. 沉井的使用范围

沉井可以作为桥梁墩台或其他建筑的基础、地下构筑物外壳及矿井的竖井。

4. 沉井的分类

沉井按平面形状分可以分为：圆形，方形，椭圆形，端圆形，棱形。

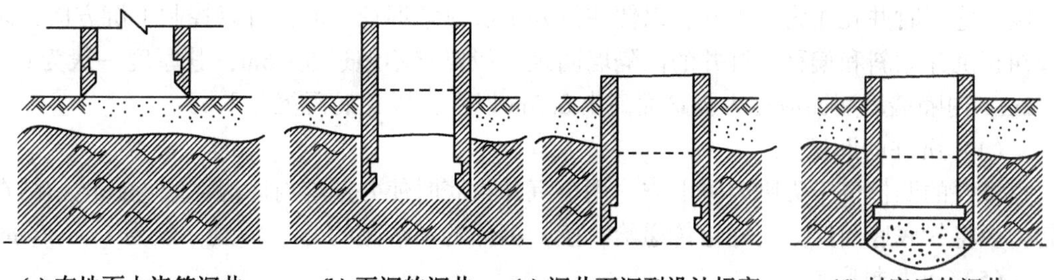

图3.14 沉井施工示意图

沉井按竖直剖面划分可以分为：柱形，外壁阶梯形，内壁阶梯形。

5. 沉井的基本构造

沉井一般由井壁、刃脚、内隔墙、凹槽、封底及顶盖等部分组成。井孔即为井壁内由隔墙分成的空腔，如图3.15所示。

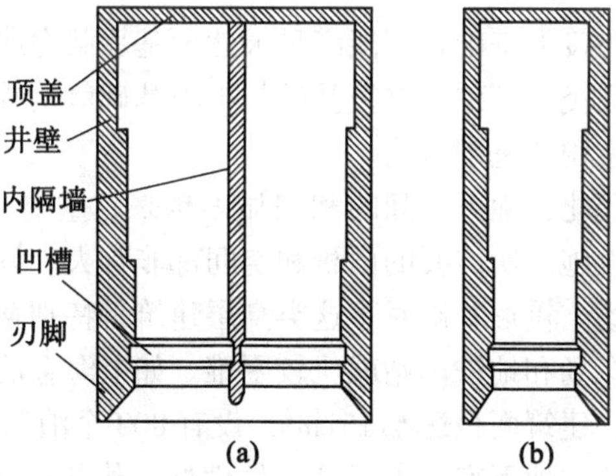

图3.15 沉井构造示意图

(1) 沉井的井壁。

沉井的井壁即沉井的外壁，是沉井的主要部分。井壁的强度应满足沉井下沉过程中最不利荷载组合下的受力要求，为使沉井在自重作用下顺利下沉，还要求沉井有足够的重量。井壁过厚是不经济的，井壁厚度应根据其强度及重量要求，并考虑可能的辅助下沉措施及施工方便等因素综合选定，井壁厚度一般为0.8～1.5m。为便于绑扎钢筋及浇筑混凝土，井壁厚度不宜小于0.4m。

(2) 沉井的刃脚。

沉井的刃脚即沉井井壁最下端的尖角部分。刃脚的作用是在沉井下沉时切入土中。刃脚是沉井受力最集中的部分，必须有足够的强度，以免产生挠曲或被碰坏。刃脚底平面称为踏面，刃脚宽度视所遇土层的软硬及井壁重量、厚度等而定，一般不大于5cm。当需通过坚硬土层或达到岩层时，踏面宜用钢板或角钢保护。

(3) 沉井的内隔墙。

沉井的内隔墙又称为内壁，其作用在于把整个沉井空腔分隔成多个井孔并加强沉井的刚度。施工时井孔作为取土井，以便在沉井下沉时掌握挖土的位置以控制下沉方向，防止或纠正沉井倾斜和偏移。沉井的内隔墙间距一般要求不超过5～6m，其厚度一般为0.5～1.2m。内隔墙墙底面应比刃脚踏面高出0.5m以上，以免妨碍沉井下沉。

（4）沉井的凹槽。

沉井的凹槽位于刃脚内侧上方，用于沉井封底时使井壁与封底混凝土更好地粘结在一起，以将封底底面反力更好地传递给井壁。沉井的凹槽高约1m，深度一般为15～30cm。

（5）沉井封底。

沉井下沉达到设计标高后，在其最下端刃脚踏面以上至凹槽处浇筑混凝土，形成封底。封底可以防止地下水涌入井内。当封底达到设计强度后，在凹槽处尚需浇制钢筋混凝土底板。

（6）沉井顶盖。

沉井封底后，根据需要或条件许可，井孔内不需充填任何物料时，在沉井顶部浇筑钢筋混凝土顶盖，以承托上部结构物。沉井顶盖厚度一般为1.5～2.0m。

3.4.3 桩筏基础和桩箱基础

高层建筑箱形基础与筏形基础若不能满足天然地基承载力或沉降变形设计要求，可以采用桩加箱形基础或桩加筏形基础。桩筏基础与桩箱基础就是置于桩上的箱形基础或筏形基础，是我国高层建筑常用的基础形式。

随着城市建设的现代化，地下空间的利用显得越来越重要。地下停车场、地铁车站、地下商业设施以及防空设施，所需要的面积和空间都非常大。许多高层建筑的地下，既是地铁车站，又是地下商场。筏形基础对于这类高层建筑是特别合适的。而箱形基础由于内隔墙较多，用做地下停车场和地铁车站就比较困难。如上海金茂大厦采用桩筏基础，地下室共有3层，局部4层，建筑面积达57151m^2，设有800个泊车位的停车场，2000辆自行车车库。箱形基础作为防空地下室，由于其整体性好，优势更为明显。有些建筑有人防、地下车库和设备层的要求，若地质条件许可，采用箱形基础或筏形基础可以一举两得，既满足了使用要求，又满足了基础的技术要求，可大大节约基础的造价。

桩筏基础与桩箱基础的受力与变形状态既不同于天然地基上的箱形基础和筏形基础，也不同于单纯的桩基础，这种基础是由箱形基础或筏形基础与桩以及地基土三者组成的、相互作用的一个受力共同体，共同承受上部结构传来的各种荷载。上部结构荷载的一部分通过桩传递到更深处的土体，另一部分由桩基或筏基底板下的土体承受。

1. 桩筏基础

（1）桩筏基础的概念。

当受地质和施工条件等限制，单桩的承载力不很高，而不得不满堂布桩或局部满堂布桩才足以支承建筑荷载时，常通过整块钢筋混凝土板把柱、墙（筒）集中荷载分配给桩。沿袭浅基础分类的方法将这块板称为筏，故称这类基础为桩筏基础。

（2）桩筏基础的适用条件。

桩筏基础适用于软土地基上的筒体结构，框架—剪力墙结构，以便借助高层结构的巨大刚度来弥补基础刚度的不足。若为端承桩基，则可以用于框架结构。

(3) 工程实例。

上海金茂大厦，其主体建筑地上88层，地下3层，高420.5m，是内筒外框结构体系，中间为由电梯、楼梯和建筑设备管道井组成的钢筋混凝土核心筒，外框有8个钢骨混凝土巨型组合柱，并且在24层至26层、51层至53层和85层至87层三个部位设置了两层楼高的钢桁架，使得中央钢筋混凝土核心筒与外围8个钢骨混凝土巨型柱连接在一起，形成主要的抵抗风荷载和地震作用的抗侧力体系。采用桩筏基础，主楼下部为一块64m×64m的方形筏板，其厚度为4m（相当于45mm/层），C50混凝土，总量为13500m^3的混凝土一次连续浇筑。由于上海地区地处冲积平原，软土深厚，主楼桩采用ϕ900mm的钢管桩一直打到地质构造中的第九层土，即地下83m处，如此深的桩基穿过淤泥层到达坚硬的沙层有效地保证了地基的稳固性。

2. 桩箱基础

(1) 桩箱基础的概念

桩箱基础是由具有底板、顶板、外墙和若干纵横内隔墙构成的空箱结构把上部荷载分配给桩。由于其刚度很大，具有调整各桩受力和沉降的良好性能，因此在软弱地基上建筑高层建筑时较多采用桩箱基础，建筑高度可达百米以上。

(2) 桩箱基础的适用条件

桩箱基础是一种可以在任何适合于桩基的地质条件下建造任何结构型式的高层建筑的基础型式。但仅就造价而言，长桩加箱形基础是最贵的，因此必须在全面的技术经济分析基础上做出选择。

(3) 桩箱基础设置要求

桩箱基础要求设置纵、横贯通的内隔墙，若不这样，有些带地下室的基础实为桩筏基础，其整体刚度比桩箱基础小得多。例如箱形基础的高度不宜小于其长度的$\frac{1}{20}$，且不小于3m；内墙、外墙、底板的厚度分别不小于200mm、250mm、300mm；墙体水平截面总面积不小于外墙外包尺寸的水平投影面积的$\frac{1}{10}$等。工程实测资料表明，符合这些规定的、整体刚度较好的箱形基础的相对挠曲值很小。在软土地区一般小于万分之三；在一般第四纪粘性土地区小于万分之一。

(4) 工程实例。

上海电信大楼，其层数为24层，总高度为151.8m，筒中筒结构，总重1 187MN，底面积为2 400m^2。桩箱基础包含两层地下室，高9.25m，埋深12.65m，底板厚1 500mm，顶板厚750mm，外墙厚600mm，在箱体内设置了纵内隔墙2道，横内隔墙8道，底板下满堂布设408根桩，桩距2.0～2.45m，桩入土45.65m，支承于粉细砂层。

§3.5 地基处理

当地基强度稳定性不足或压缩性很大，不能满足设计要求时，可以针对不同情况对地基进行处理。地基处理的目的是增加地基的强度和稳定性，减少地基变形。经过处理后的地基称为人工地基。

3.5.1 地基处理的目的

地基处理的目的是指选择合理的地基处理方法，对不能满足直接使用的天然地基进行有针对性地处理，以解决不良地基所存在的承载力、变形、稳定、液化及渗透问题，从而满足工程建设的要求。

地基问题可以归结为以下几个方面：

1. 承载力及稳定性。地基承载力较低，不能承担上部结构的自重及外荷载，导致地基失稳，出现局部剪切破坏、整体剪切破坏或冲剪破坏。

2. 沉降变形。高压缩性地基可能导致建筑物发生过大的沉降量，使其失去使用效能。地基不均匀或荷载不均匀导致地基沉降不均匀，使建筑物倾斜、开裂、局部破坏，失去使用效能甚至整体破坏。

3. 动荷载下的地基液化、失稳和震陷。饱和无粘性土地基具有振动液化的特性。在地震、机器振动、爆炸冲击、波浪作用等动荷载作用下，地基可能因液化、震陷导致地基失稳破坏，软粘土在振动作用下，产生震陷。

4. 渗透破坏。土具有渗透性，当地基中出现渗流时，将可能导致流土（流砂）和管涌（潜蚀）现象，严重时能使地基失稳、崩溃。

存在上述问题的地基，称为不良地基或软弱地基。合适的地基处理方法能够使这些问题得到解决。

3.5.2 地基处理方法分类及其适用性

现有的地基处理方法很多，新的地基处理方法还在不断发展。要对各种地基处理方法进行精确的分类是困难的。根据地基处理的加固原理，地基处理方法可以分为以下8类。

1. 置换法

（1）换填法。

换填法是地基处理方法中最为简单易行的处理方法，如图3.16所示。主要用于地基表层存在着厚度不大且易于挖除的不良土层，而下卧土层则较好。该方法就是将表层不良地基土挖除，然后回填有较好压密特性的土进行压实或夯实，形成良好的持力层。从而改变地基的承载力特性，提高地基的抗变形和稳定能力。

（2）桩式置换法。

①砂石桩法。

利用振冲和沉管等各种工艺施工砂石桩，置换加固地基。采用砂石桩法必须注意的是：砂石桩的承载力和沉降量很大程度取决于原地基土对其的侧向约束作用，该约束作用越弱，砂石桩的作用效果越差，因而该方法用于强度很低的软粘土地基时必须慎重行事。

②刚（柔）性桩置换法。

刚（柔）性桩置换法是利用长螺旋钻机等工艺排土成桩；利用沉管、夯扩等工艺，挤土成桩，由强度、刚度较高的桩式增强体，置换代替部分强度较低的地基土，通过褥垫层的变形协调作用，使桩和桩间土形成复合地基，提高地基的承载力和压缩模量。

复合地基是指部分土体被增强或被置换形成增强体，由增强体和周围地基土共同承担荷载的地基。

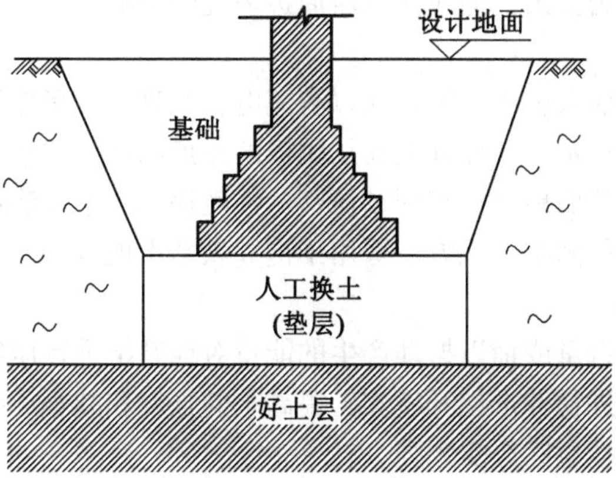

图 3.16 换填法

2. 预压法

预压法适用于处理软粘土地基，提高软粘土的抗剪强度，用于解决软粘土地基的沉降和稳定问题。

(1) 堆载预压法。

在建造建筑物之前，用临时堆载（砂石料、土料、其他建筑材料、货物等）的方法对地基施加荷载，给予一定的预压期，使地基预先压缩完成大部分沉降并使地基承载力得到提高后，卸除荷载再建造建筑物。这个临时堆载称为预压荷载。也有利用建筑物自身荷载作为预压荷载的情况，比如公路的路堤，江河海堤，既可以作为预压荷载，又是建筑物的主体而不用卸除，只需保持一定的预压期即可。

为了加速在预压荷载下地基的固结速度，可以采用增设排水通道（或称缩短排水路径）的办法实现。打砂井或插塑料排水板同时在地表铺设砂垫层是常用的办法。如地基中已用砂桩或碎石桩加固，上述措施同样有砂井或排水板的加速排水固结的效能。但是，如果粘土层较薄，表层或下卧层有良好的透水层，也可以考虑直接堆载预压，而不需另增设排水通道。

(2) 真空预压法。

在软粘土地基表面铺设砂垫层，用土工薄膜覆盖且周围密封。用真空泵对砂垫层抽气，使薄膜下的地基形成负压。随着地基中气和水的抽出，地基土得到固结。为了加速地基土的固结，也可以采用打砂井或插塑料排水板的方法，即在铺设砂垫层和土工薄膜之前打砂井或插排水板，达到缩短排水距离的目的。

与堆载预压相比较，真空预压法就是以真空造成的大气压力代替堆载。但这两种方法的作用机理和效果是不完全相同的。当真空预压的压力达不到设计预压荷载时，也可同时再加堆载，这种情况称为联合预压法。

(3) 降水法。

降低地下水位可以减少地基的孔隙水压力，增加上覆土自重应力，使有效应力增加，从而使地基得到预压。这实际上是通过降低地下水位，靠地基土自重来实现预压目的。该方法多适用于处理面积较大的工程且地下水位较高的地基。对排水条件较好的粉土地基、细砂地基，处理效果尤为突出，但应注意对周边环境的影响。

（4）电渗法。

电渗法是在地基中插入金属电极并通以直流电，在直流电场作用下，土中水将从阳极流向阴极形成电渗。不让水在阳极补充而从阴极的井点用真空抽水，这样就使地下水位降低，土中含水量减少。从而地基得到固结压密，强度提高。电渗法还可以配合堆载预压用于加速饱和粘性土地基的固结。该方法适用于饱和软粘土地基。

3. 压实法和夯实法

压实法是利用机械自重或辅以振动产生的能量对地基土进行压实。夯实法是利用机械落锤产生的能量对地基进行夯击使其密实，提高土的强度和减小压缩量。压实法包括碾压和振动碾压。夯实法包括重锤夯实和强夯。

（1）表层压实法。

采用人工（或机械）夯实、机械碾压（或振动）对比较疏松的表层土进行压实，也可以对分层填筑土进行压实，如图3.17所示。这种方法适用于浅层疏松的粘性土、松散砂性土、湿陷性黄土及杂填土等。这种处理方法对分层填筑土较为有效，要求土的含水量接近最优含水量，对表层疏松的粘性土地基也要求其接近最优含水量。

（2）重锤夯实法。

重锤夯实就是利用重锤自由下落所产生的较大夯击能来夯实浅层地基，使其表面形成一层较为均匀的硬壳层，获得一定厚度的持力层。该方法适用于无粘性土、杂填土、低饱和度的粉土、粘性土及湿陷性黄土等。重锤夯实相对于表层压实有较高的夯击能，因而能提高有效加固深度。但当锤很重且落高较大时就演化为强夯了。

（3）强夯法。

强夯是强力夯实的简称，如图3.18所示。将很重的锤从高处自由下落，对地基施加很高的冲击能，反复多次夯击地面，利用强大的夯击能，迫使深层土液化和动力固结，使土体密实，用以提高地基土的强度并降低其压缩性，消除土的湿陷性、胀缩性和液化性。该方法适用于无粘性土、松散砂土、杂填土、非饱和粘性土及湿陷性黄土等。

图3.17 表层压实法

图3.18 强夯法

4. 挤密法

挤密法是以各种施工工艺，在地基中施工桩式增强体，使地基产生侧向挤密作用。一方面对地基土产生挤密加固效应，使地基的强度、模量提高；另一方面桩式增强体还有置换加固作用，桩式增强体与被挤密、置换加固的地基土一起组成复合地基。以下介绍两种挤密法：

（1）振冲密实法。

振冲挤密法一方面依靠振冲器的强力振动使饱和砂层发生液化，颗粒重新排列，孔隙比减小；另一方面依靠振冲器的水平振动力，形成垂直孔洞，在其中加入回填料，使砂层挤压密实。振冲密实法通常适用于松砂地基或人工填土地基、杂填土地基等。振冲可以使土体产生液化和振密，同时，边振边灌砂石料，形成坚实的桩体，可以显著提高地基的强度，增强地基的整体稳定性，减少地基沉降量，提高地基的抗液化能力。

（2）沉管砂石桩法。

利用沉管制桩机械在地基中锤击、振动沉管成孔或静压沉管成孔后，在管内投料，边投料边上提（振动）沉管形成密实桩体，与原地基组成复合地基。该方法主要应用于软弱粘性土地基。桩体材料可以是砂、碎石（卵石）或灰土等。砂和碎石还是很好的竖向排水通道，因此，该方法加固地基兼有挤密和加速地基排水固结的综合作用。

5. 拌和法

拌和法是用专门的施工机械在地基土中用水泥浆液、水泥粉或石灰粉（浆）等拌和成桩（柱）体，这种桩（柱）体群与原地基一起组成复合地基。拌和法对地基挤密少，置换地基土也不多，仅仅是将水泥浆液（粉）、石灰粉（浆）等材料与土拌和。因此，对地基处理效果优劣主要取决于拌和物的掺入量、拌和均匀程度、土的物理力学性质等。

（1）高压喷射注浆法（高压旋喷法）。

高压喷射注浆法是以高压力使水泥浆液通过管路从喷射孔喷出，直接切割破坏土体的同时与土拌和并起部分置换作用。凝固后成为拌和桩（柱）体，这种桩（柱）体与地基一起形成复合地基。也可以用这种方法形成挡土结构或防渗结构。该方法可以适用于粘性土、冲填土、粉细砂以及砂砾石等各种地基。

（2）深层搅拌法。

深层搅拌法主要用于加固饱和软粘土。该方法利用水泥浆体、水泥（或石灰粉体）作为主固化剂，应用特制的深层搅拌机械将固化剂送入地基土中与土强制搅拌，形成水泥（石灰）土的桩（柱）体，与原地基组成复合地基。水泥土桩（柱）的物理力学性质取决于固化剂与土之间所产生的一系列物理、化学反应。固化剂的掺入量及搅拌均匀性和土的性质是影响水泥土桩（柱）性质以至复合地基强度和压缩性的主要因素。

深层搅拌法和高压旋喷法的主要区别是拌和手段的不同，前者是用机械拌和，后者是用高压射流切割拌和并有部分置换作用。两者合二为一效果更佳。

6. 加筋法

（1）土工合成材料。

土工合成材料是一种新型的岩土工程材料。这种材料以人工合成的聚合物，如塑料、化纤、合成橡胶等为原料，制成各种类型的产品，置于土体内部、表面或各层土体之间，发挥加强或保护土体的作用。土工合成材料可以分为土工织物、土工膜、特种土工合成材料和复合型土工合成材料等类型。

目前土工合成材料已广泛应用于水利、水电、公路、铁路、建筑、海港、采矿、军工等工程的各个领域，取得显著的社会效益和经济效益。

(2) 土钉墙技术。

土钉墙技术是在土体内放置一定长度和分布密度的土钉体，使其与土共同作用，用以弥补土体自身强度的不足。不仅提高了土体整体刚度，而且弥补了土体的抗拉强度和抗剪强度低的弱点，显著提高了土体的整体稳定性。土钉适用于地下水位以上或经降水后的人工填土、粘性土、弱胶结砂土的基坑支护和边坡加固。

(3) 加筋土。

把抗拉能力很强的拉筋埋置在土层中，通过土颗粒和拉筋之间的摩擦力使拉筋和土体形成一个整体，用以提高土体的稳定性。

加筋法主要用于人工填土，在填土过程中布置拉筋并与结构物牢固粘结。加筋土挡墙就是以这种方法构筑的，该方法与土钉墙的原理有相似之处，但不尽相同，区别在于加筋土墙一般是先有坡后筑墙，而土钉墙是边筑钉边成墙。通常将其看做水平向增强体复合地基。

7. *灌浆法*

灌浆法是利用气压、液压或电化学原理将能够固化的某些浆液注入地基介质中或建筑物与地基的缝隙部位。灌浆的浆液可以是水泥浆、水泥砂浆、粘土水泥浆、粘土浆、石灰浆及各种化学浆材，如聚氨酯类、木质素类、硅酸盐类等。根据灌浆的目的可以分为防渗灌浆、堵漏灌浆、加固灌浆和结构纠倾灌浆等。按灌浆方法可以分为压密灌浆、渗入灌浆、劈裂灌浆和电化学灌浆。灌浆法在水利、建筑、道桥及各种工程领域有着广泛的应用。在地基处理中适用于砂土地基、砂砾地基、粘性土地基和湿陷性黄土地基。应根据地基特点和拟达到的主要目的选择合适的灌浆方法和浆液材料。

8. *冷处理法与热处理法*

(1) 冻结法。

冻结法是通过人工冷却，使地基温度降低到孔隙水的冰点以下，使之冷却，从而使地基具有理想的截水性能和较高的承载能力。该方法适用于饱和的砂土或软粘土地层中的临时处理措施。

如在江苏润扬大桥南锚基础施工中就采用了排桩冻结技术，其原理是利用排桩支护结构挡土，人工冻结帷幕挡水形成一临时支护结构保护基坑开挖。即在基坑开挖之前，根据基坑开挖深度利用钻孔灌注桩技术超前施工一排灌注桩，并用现浇钢筋混凝土梁把排桩顶端固定在一起使排桩形成支撑结构体系，同时在排桩外侧施工一排冻结孔，利用人工冻结技术形成冻土墙帷幕封堵基坑侧面来水。

(2) 烧结法。

烧结法是通过渗入压缩的热空气和燃烧物，并依靠热传导，将细颗粒土加热到100℃以上，从而增加土的强度，减小变形。该方法适用于非饱和粘性土、粉土和湿陷性黄土。

3.5.3 地基处理方法的选用原则

选用地基处理方法要力求做到安全适用、确保质量、经济合理、技术先进。

我国地域辽阔，工程地质和水文地质条件千变万化，各地施工机械条件、技术水平、经验积累以及建筑材料品种、价格差异很大，在选用地基处理方法时一定要因地制宜，要充分发挥各地的优势，有效地利用地方资源。

地基处理方法很多，没有一种方法是万能的。因此，对每一具体工程均应进行具体细致的分析，从地基条件、处理要求、工程费用以及材料、机具来源等各方面进行综合考虑，以确定合适的地基处理方法。

地基处理方法的确定可以按下列步骤进行：

1. 搜集详细的工程地质、水文地质及地基基础的设计资料。

2. 根据结构类型、荷载大小及使用要求，结合地形、地貌、地层结构、土质条件、地下水特征、环境情况和对邻近建筑物的影响等因素，初步选定若干种可供考虑的地基处理方案。

3. 对初步选定的各种地基处理方案，分别从加固原理、使用范围、预期处理效果、材料来源及消耗、机具条件、施工进度和对环境的影响等方面进行技术经济分析和对比，选择最佳的地基处理方法，必要时也可以选择两种或多种地基处理措施组成的综合处理方法。

4. 对已选定的地基处理方法，宜按建筑物安全等级和场地复杂程度，在有代表性的场地上进行相应的现场试验或试验性施工，并进行必要的测试，以检验设计参数和处理效果，若达不到设计要求，应查找原因采取措施或修改设计。

§3.6　基础工程的发展前景

地基及基础既是一项古老的工程技术，又是一门年轻的应用科学，随着我国经济建设的发展，实际工程中一定会遇到更多的基础工程问题，也会不断出现新的热点和难点问题需要解决，而基础工程将在克服这些难题的基础上得到新的发展。

3.6.1　新的本构理论的研究不断深入

土的本构关系是土在外力作用或外界因素变化情况下所表现出来的行为性状的定量关系，例如应力—应变—时间关系、温度—应变关系等，土的本构关系是土力学研究的中心问题之一。

未来值得探讨的是：

(1) 研究比较精细的本构模型，土的本构模型将尽可能地充分反映土的各种主要特性，对这种模型在参数确定方面会有一些困难，对参数测定会有更高的要求。

(2) 选用比较简单的本构关系，但在计算方法和计算技巧上做文章，例如单元网格划分得很细，不同网格采用不同的参数等，这种做法的计算工作量虽然很大，但在计算机技术飞速进步的今天，应该能够得到解决。

(3) 重视新的数值分析方法的引入和研究。现今最为广泛应用的有限单元法是以位移作为形函数，相当于给土体强加了位移连续的限制，而实际上土体内应力是连续的，位移倒不一定连续（如土的开裂、滑坡），因此有限元法并不完全符合土的个性。新的数值分析方法如离散元法、流形元法等在岩土工程中的应用和改进是值得注意和研究的。

3.6.2 高层建筑深基础继续受到重视

随着高层建筑和大跨度大空间结构的涌现、地下空间的开发等，各类高层建筑深基础大量修建，使得大直径桩墩基础、桩筏基础、桩箱基础等基础类型受到广泛的重视。与之密切相关的是深基坑开挖支护工程的需要，如地下连续墙、挡土灌注桩、深层搅拌挡土结构、锚杆支护、钢板桩、铅丝网水泥护坡和沉井等地下支护结构的设计、施工方法都引起人们极大的兴趣。

3.6.3 现场原位测试技术和基础工程质量检测技术的发展

为了改善取样试验质量或进行现场施工监测，原位测试技术和方法有很大发展。如旁压试验、动静触探、测斜仪、压力传感器和孔隙水压力测试仪等测试仪器和手段已被广泛应用。测试数据采集和资料整理自动化、试验设备和试验方法的标准化以及广泛采用新技术已成为发展方向。

3.6.4 地基处理技术的进一步发展

在我国各地区的经济建设中，有许多建筑物不得不建造在比较松软的不良地基上。这类地基若不加特殊处理就很难满足上部建筑物对控制变形、保证稳定和抗震的要求。因此，各种不同类型的地基处理新技术因需要而产生和发展，成为岩土工程中的一个重要专题。

地基处理技术进一步发展应重视下述几个方面：

(1) 研制和引进地基处理新机械，提高各种工法的施工能力；

(2) 加强理论研究，提高设计水平；

(3) 发展地基处理技术；

(4) 提高地基处理技术综合应用水平；

(5) 发展地基处理测试技术；

(6) 深化施工管理体制改革，重视专业施工队伍建设。

3.6.5 既有建筑地基基础加固技术

既有建筑地基基础加固技术亦称托换技术，是对既有建筑进行地基基础加固所采用的各种技术的总称。

根据我国情况，需要进行加固改造的既有建筑，从建造年代来看，绝大多数是1949年以来建造的建筑；就建筑类型而言，有工业建筑和构筑物，也有公共建筑和大量住宅建筑。因此，需要进行加固改造的既有建筑范围很广、数量很多、工程量很大、投资额很高。因而，既有建筑加固改造在建筑业中占有重要的地位。

3.6.6 环境方面问题的研究

环境问题不仅仅是废料、废土的利用和处理，地下工程引起的对地面建筑物的影响等小环境问题，而且包括土壤荒漠化、洪水、区域性滑坡、泥石流、地震灾害和火山喷发等大环境问题。

从只研究与工程有关的地质问题，向注意工程与环境相互作用的角度转变。其特点是强调工程受环境的制约，同时考虑工程对环境的反馈作用。因此研究如何使岩土工程顺应大自然的要求，尊重大自然的客观规律，从而做到人与自然协调发展。

复习与思考题3

1. 什么是地基？地基有哪几种类型？
2. 什么是基础？浅基础与深基础如何划分？
3. 工程地质勘察的任务是什么？工程地质勘察分哪三个阶段进行？如何实施工程地质勘察？
4. 浅基础和深基础分别有哪几种？各有何特点？
5. 地基处理的目的是什么？地基处理的方法有哪些？
6. 试通过调研并结合重大土木工程事故案例分析，说明基础工程的重要性。
7. 课外查阅有关基础工程的发展前景的资料。

第4章 建筑工程

§4.1 引　言

建筑既表示建筑工程的建造活动，同时又表示这种活动的成果——建筑物。建筑也是一个通称，包括建筑物和构筑物。凡供人们在其中生产、生活或其他活动的房屋或场所都称为建筑物，如住宅、学校、影剧院等；而人们不在其中生产、生活的建筑，则称为构筑物，如水塔、烟囱、堤坝等。

§4.2 建筑构成与分类

建筑是科学技术与艺术的统一，既具有使用价值，又体现着艺术思想。建筑与音乐、绘画、雕塑等其他艺术有很大不同。建筑需要消耗大量的人力、物力和财力，即受材料、技术和经济条件的制约较其他艺术严重得多。人们对建筑的基本要求是“适用、安全、经济、美观”。

“适用”是指恰当地确定建筑面积，合理的布局，必需的技术设备，良好的设施以及保温、隔热、隔声的环境。这些是建筑在规划、建筑布局和建筑技术、结构、设备方面的要求。

“美观”是指建筑的艺术处理，包括广义的美观和协调，以及观察者视觉和心理的感受。美观是建筑在艺术方面的要求。

“安全”是指结构的安全度，建筑物耐火及防火设计，建筑物的耐久年限等。安全是建筑在安全方面的要求。

“经济”主要是指经济效益，经济效益包括节约建筑造价、降低能源消耗、缩短建设周期、降低运行、维修和管理费用。既要注意建筑物本身的经济效益，又要注意建筑物的社会和环境综合效益。经济是建筑在施工、技术方面的要求。

4.2.1 建筑构成的基本要素

建筑构成的基本要素包括建筑功能、建筑技术和建筑形象。

1. 建筑功能

任何建筑物都有其使用目的。建筑功能可以理解为建筑物的作用，如住宅供人们居住，工厂的车间是为了生产的需要，影剧院是满足人们文化生活的要求等。建筑功能随着社会的发展而变化。如随着人们生活水平的提高，对居住面积、装修标准的需求也相应变化。大型商场不仅要满足顾客购物，还要兼顾浏览、娱乐等功能要求，以吸引顾客。同时，建筑必须满足人体尺度和人体活动所需的空间尺度，以及人的生理要求，如良好的朝向、保温隔热、隔声、防潮、防水、采光、通风条件等。

2. 建筑技术

任何建筑都是运用建筑材料通过一定的技术手段构成的。建筑技术是建造房屋的手段，包括建筑材料与制品技术、结构技术、施工技术、设备技术等，建筑不可能脱离技术而存在。材料是物质基础，结构是构成建筑空间的骨架，施工技术是实现建筑生产的过程和方法，设备是改善建筑环境的技术条件。随着科学技术的进步，新材料、新结构、新设备的不断出现和建筑技术水平的提高，新的建筑形式将不断涌现，以满足人们对建筑功能新的要求。

3. 建筑形象

建筑除满足人们的使用要求外，还以其不同的空间组合、建筑体型、立面形式、细部处理、色彩的应用等，构成一定的建筑形象。从而表现出建筑的不同性质、风格、特色等，能给人以巨大的感染力，满足人们的精神需求。如亲切与庄严、朴素与华贵、秀丽与雄伟等。

构成建筑的三要素中，建筑功能是主导因素，不同的功能，要选择不同的结构形式和使用不同的材料，也必然会产生不同的建筑形象。而建筑形象则是建筑功能、建筑技术与建筑艺术内容的综合表现。一幢建筑物一旦建成，就会以其位置、形式、体量、色彩等客观存在的因素，影响着人及周围的环境。物质技术条件对建筑功能起制约或促进作用。建筑形象随着功能的变化而变化、技术的进步而发展。在相同功能要求和物质技术条件下，可以创造出不同的建筑形象。总之，建筑功能、建筑技术和建筑形象三者应是相互影响、相互促进、和谐统一的。

4.2.2 建筑的分类

1. 按建筑的使用性质分类

(1) 民用建筑。

民用建筑是指供人们居住、生活、工作和从事文化、商业、医疗、交通等公共活动的建筑物。民用建筑的范畴较广，建造量大，可以说，在城市里除了工业建筑以外，所有建筑都是民用建筑。

民用建筑包括两大类：一是居住建筑，是指供人们居住、生活的建筑，包括住宅、宿舍和公寓等；二是公共建筑，公共建筑包括办公类建筑、教育与科研类建筑（学校建筑和科研建筑）、文化娱乐类建筑、体育类建筑、商业服务类建筑、旅馆类建筑、医疗福利类建筑、交通类建筑、邮电类建筑、司法类建筑、纪念类建筑、园林类建筑、市政公用设施类建筑以及综合性建筑（兼有以上两种或两种以上的功能）等14类。

(2) 工业建筑。

工业建筑是指供人们从事各类工业生产的建筑物。包括生产用房、辅助用房、动力用房、库房等。

(3) 农业建筑。

农业建筑是指供人们从事农牧业生产（如种植、养殖、畜牧、贮存等）的建筑。如畜舍、温室、塑料薄膜大棚等。农业建筑的结构和构造都比较简单，一般不作为研究的范畴，因此又有“工业与民用建筑”的说法。

2. 按主要承重结构材料分类

（1）生土—木结构。以土坯、板筑等生土墙和木屋架作为主要承重结构的建筑，称为生土—木结构建筑。这种结构类型的造价低，但耐久性差。农村现在也很少采用。

（2）砖木结构建筑。以砖墙（或砖柱）、木屋架作为主要承重结构的建筑，称为砖木结构建筑。这种结构类型与生土—木结构相比较，耐久性要好些，造价也不太高，多用于次要建筑、临时建筑。如砖（石）砌墙体、木楼板等。

（3）砖—混结构建筑。以砖墙（或柱）、钢筋混凝土楼板和屋顶作为主要承重结构的建筑，称为砖—混结构建筑（即砖与钢筋混凝土结构）。目前采用较多，但普通粘土砖这种砌体材料，浪费大量的能源和耕地，急需淘汰。许多城市已开始禁止使用普通粘土砖，可以用各种砌块及空心砖替代普通粘土砖。

（4）钢筋混凝土结构建筑。建筑物的主要承重构件全部采用钢筋混凝土。如装配式大模板、滑模等工业化方法建造的建筑，钢筋混凝土的高层、大跨、大空间结构的建筑。

（5）钢结构建筑。如全部用钢柠、钢屋架建造的厂房。

（6）其他结构建筑。如生土建筑、塑料建筑、充气塑料建筑等。

3. 按建筑的层数或总高度分类

（1）低层建筑：主要是指 1 ~2 层的住宅建筑。

（2）多层建筑：主要是指 3 ~6 层的住宅建筑。

（3）中高层建筑：主要是指 7 ~9 层的建筑。

（4）10 ~30 层的住宅建筑或总高度超过 24m 的公共建筑及综合性建筑（不包括高度超过 24m 的单层主体建筑）为高层建筑。

（5）建筑物高度超过 100m 时，无论住宅建筑或公共建筑均为超高层建筑。

4. 按结构形式分类

建筑物按结构形式分为砖混结构、框架结构、剪力墙结构、框架—剪力墙结构、简体结构、大跨结构等。

（1）砖混结构。

砖混结构是指竖向承重结构用砌体材料，水平承重结构用钢筋混凝土组成的结构。如一般多层建筑，墙体或柱子用砖墙、砖柱，而楼盖和屋盖用钢筋混凝土梁板结构。砖—混结构施工简便，造价较低，目前广泛应用于一般多层建筑。

（2）框架结构。

框架结构是指由柱子、纵横梁和板组成的结构体系。多为混凝土结构，亦有钢结构和木结构。框架结构由于有整体性好、抗震性能好的特点，目前多用于要求有较大空间的多层和高层建筑。

（3）剪力墙结构。

剪力墙结构是指由纵向、横向承重钢筋混凝土墙和楼盖组成的结构。这种结构刚度大、整体性好、抗震性能好，能承受较大的竖向和水平向荷载；但平面分割较多，难以有较多空间。多用于高层和超高层住宅、宾馆、办公楼等。

（4）框架—剪力墙结构。

框架—剪力墙结构是指框架与剪力墙结构的结合体。多在框架纵向、横向的某些位置，在柱之间布置一定长度的、较厚的钢筋混凝土墙体。在该结构体系中，剪力墙主要承受水平荷载，框架承受竖向荷载和部分水平荷载，目前广泛应用于高层和超高层建筑中。

（5）简体结构。

简体结构是指用刚度很大，四周封闭的钢筋混凝土简体或间距小的密柱和深梁组成的结构。可以分为钢结构、混凝土结构和组合结构。简体结构侧向刚度很大，故可以抵抗很大的水平荷载，多用于超高层建筑和特种建筑。

（6）大跨结构。

大跨结构是指竖向承重结构为柱和墙体，屋盖用钢网架、悬索结构或混凝土薄壳、膜结构等的大跨结构。这类建筑往往中间没有柱子，而是通过网架等空间结构把荷重传到房屋四周的墙、柱上去。适用于体育馆、航空港、火车站等公共建筑。

5. 按建筑规模和数量分类

（1）大量性建筑。

大量性建筑如一般居住建筑、中小学校、小型商店、诊所、食堂等。其特点：数量多，相似性大。

（2）大型性建筑。

大型性建筑是指多层和高层公共建筑和大厅型公共建筑。如大城市火车站、机场候机厅、大型体育馆场、大型影剧场、大型展览馆等建筑。其特点：数量少，单体面积大，个性强。

4.2.3　建筑的分级

1. 按重要性分五等

建筑的分级按建筑物的重要性分为五等，如表4-1所示。

表4-1

等级	适用范围	建筑类别举例
特等	具有重大纪念性、历史性、国际性和国家级的各类建筑	国家级建筑：如国宾馆、大会堂、纪念堂；国家美术馆、博物馆、图书馆；国家级科研中心、体育、医疗建筑等。 国际性建筑：如重点国际科教文、旅游贸易、福利卫生监护；大型国际航空港等。
甲等	高级居住建筑和公共建筑	高等住宅；高级科研人员单身宿舍；高级旅馆；部、省、军级办公楼；国家重点科教建筑；地、师级办公楼；省、市、自治区重点文娱集会建筑、博览建筑、体育建筑、外事托幼建筑、医疗建筑、交通邮电类建筑及商业类建筑等。
乙等	中级居住建筑和公共建筑	中级住宅；中级单身宿舍；高等学校与科研单位的科教建筑；省、市、自治区级旅馆；地、师级办公楼；省、市、自治区一级文娱集会建筑、博览建筑、体育建筑、福利卫生建筑、交通邮电类建筑、商业类建筑及其他公共建筑等。

续表

等级	适用范围	建筑类别举例
丙等	一般建筑和公共建筑	一般职工住宅；一般职工单身宿舍；学生宿舍；一般旅馆；行政企事业单位办公楼；中学及小学科教建筑；文娱集会建筑、博览建筑、体育建筑、县级福利卫生类建筑、交通邮电类建筑、商业类建筑及其他公共建筑等。
丁等	低标准的居住和公共建筑	防火等级为四级的各类民用建筑，包括住宅建筑、宿舍建筑、旅馆建筑、办公建筑、科教文类建筑、福利卫生类建筑、商业类建筑及其他公共建筑等。

2. 按防火性能和耐火极限分四级

火灾会对人民的生命和财产安全构成极大的威胁，建筑设计、建筑构造等方面必须有足够的重视，我国的防火设计规范是采用防消结合的办法，相关的防火规范主要有：《建筑设计防火规范》(GBJ16—87) 和《高层民用建筑设计防火规范》(GB50045—95 (2001年版))。

燃烧性能是指组成建筑物的主要构件在明火作用下，燃烧与否以及燃烧的难易程度。按燃烧性能建筑构件分为不燃烧体（用不燃烧材料制成）、难燃烧体（用难燃烧材料制成或带有不燃烧材料保护层的燃烧材料制成）和燃烧体（用燃烧材料制成）。

耐火极限是指建筑构件遇火后能够支持的时间。对任一构件进行耐火试验，从受到火的作用起，到失去支持能力、或完整性被破坏、或失去隔火作用，达到这三条任何一条时为止的这段时间，就是这个构件的耐火极限，用小时表示。

组成各类建筑物的主要结构构件的燃烧性能和耐火极限不同，建筑物的耐火极限和耐火等级也不同。对建筑物的防火疏散、消防设施的限制也不同。建筑物的耐火等级根据其主要结构构件的燃烧性能和耐火极限，划分为一、二、三、四 4 个耐火等级。

3. 按耐久年限分四级

根据建筑主体结构的耐久年限分为以下四级：

(1) 一级耐久年限，100 年以上，适用于重要的建筑和高层建筑。

(2) 二级耐久年限，50 ~ 100 年，适用于一般性建筑。

(3) 三级耐久年限，25 ~ 50 年，适用于次要建筑。

(4) 四级耐久年限，15 年以下，适用于临时建筑。

§4.3 建筑工程的基本构件

建筑物的基本构件有板、梁、柱、拱等。建筑工程的基本构件又可分为受弯构件、受压构件、受拉构件、受扭构件、受剪构件等。

4.3.1 板

板是指平面尺寸较大而厚度较小的受弯构件，通常水平放置，但有时也斜向设置（如楼梯板）或竖向设置（如墙板）。板在建筑工程中一般应用于楼板、屋面板、基础板、墙板等。

板按平面形式可以分为方形板、矩形板、圆形板及三角形板。按截面形式可以分为实心板、空心板、槽形板。按所用材料可以分为木板、钢板、钢筋混凝土板、预应力板等。

板按受力形式可以分为单向板和双向板，如图 4.1 所示。

单向板是指板上的荷载沿一个方向传递到支承构件上的板，双向板是指板上的荷载沿两个方向传递到支承构件上的板。当矩形板为两边支承时为单向板；当有四边支承时，板上的荷载沿双向传递到四边，则为双向板。但是，当板的长边比短边长很多时，板上的荷载主要沿短边方向传递到支承构件上，而沿长边方向传递的荷载则很少，可以忽略不计，这样的四边支承板仍认定其为单向板。根据理论分析，当板的长边与短边之比$\frac{L_2}{L_1}>2$ 时，沿方向传递的荷载不超过 6%，因此规定，对四边支承板当$\frac{L_2}{L_1}>2$ 时为单向板，当$\frac{L_2}{L_1}<2$ 时为双向板。

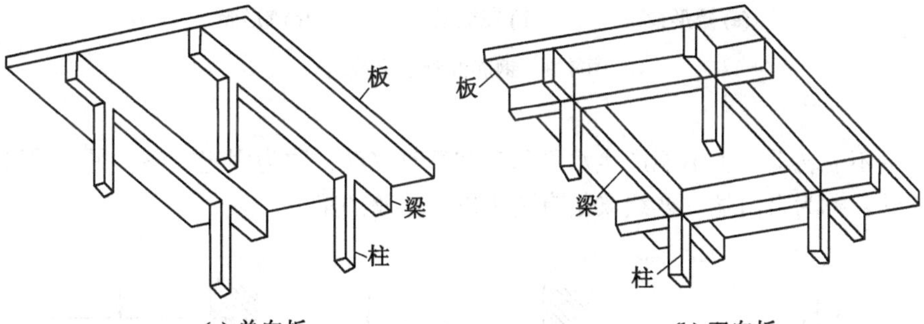

图 4.1　板

4.3.2　梁

梁是工程结构中的受弯构件，通常水平放置，但有时也斜向设置以满足使用要求，如楼梯梁。梁的截面高度与跨度之比一般为$\frac{1}{8}\sim\frac{1}{16}$，高跨比大于$\frac{1}{4}$的梁称为深梁。梁的截面高度通常大于截面的宽度，但因实际工程需要，梁宽大于梁高时，称为扁梁。梁的高度沿轴线变化时，称为变截面梁。

按截面形式区分梁分为：矩形梁、T 形梁、倒 T 形梁、L 形梁、Z 形梁、槽形梁、箱形梁、空腹梁、叠合梁等，如图 4.2、图 4.3 所示。

按所用材料区分梁分为：钢梁、钢筋混凝土梁、预应力混凝土梁、木梁以及钢与混凝土组成的组合梁等。

按梁的常见支承方式梁分为：简支梁、悬臂梁、一端简支另一端固定梁、两端固定梁、连续梁等，如图 4.4 所示。简支梁即梁的两端搁置在支座上，但支座仅使梁不产生垂直移动，但可自由转动。为使整个梁不产生水平移动，在一端加设水平约束，该处的支座称为铰支座，另一端不加水平约束的支座称为滚动支座。悬臂梁是梁的一端固定在支座

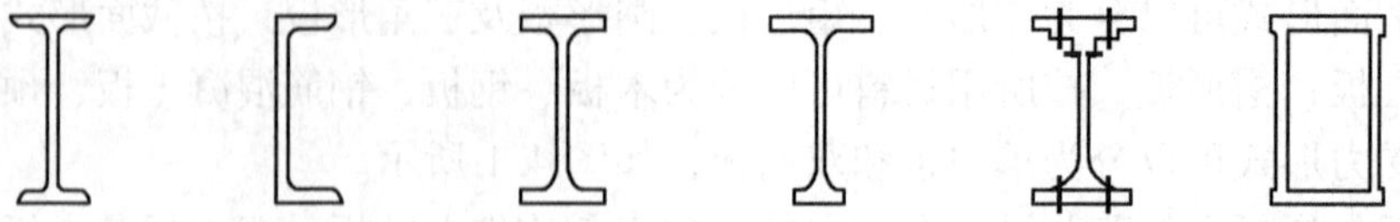

图 4.2　钢梁截面

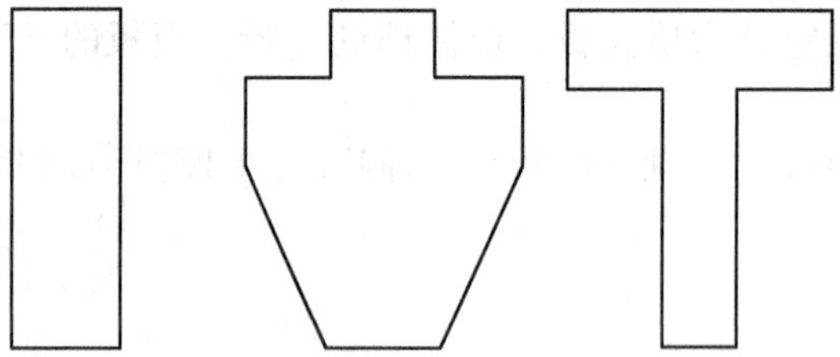

图 4.3　钢筋混凝土梁截面

上，使该端不能转动，也不能产生水平移动和垂直移动，称为固定支座；另一端可以自由转动和移动，称为自由端。连续梁是有两个以上支座的梁。

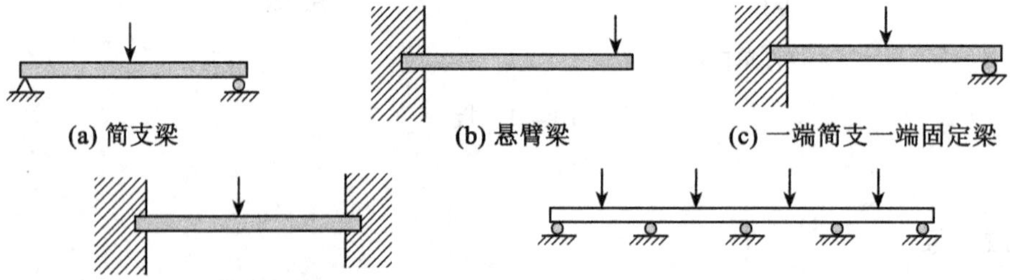

图 4.4　钢筋混凝土梁截面

梁按其在结构中的位置可以分为主梁、次梁、连梁、圈梁、过梁等，如图 4.5 所示。次梁一般直接承受板传来的荷载，再将板传来的荷载传递给主梁。主梁除承受板直接传来的荷载外，还承受次梁传来的荷载。连梁主要用于连接两榀框架，使其成为一个整体。圈梁一般用于砖混结构，将整个建筑围成一体，增强结构的抗震性能。过梁一般用于门窗洞口的上部，用以承受洞口上部结构的荷载。

4.3.3　柱

柱是工程结构中主要承受压力，有时也同时承受弯矩的竖向构件。

1. 按截面形式区分柱可以分为：方柱、圆柱、管柱、矩形柱、工字形柱、H 形柱、L

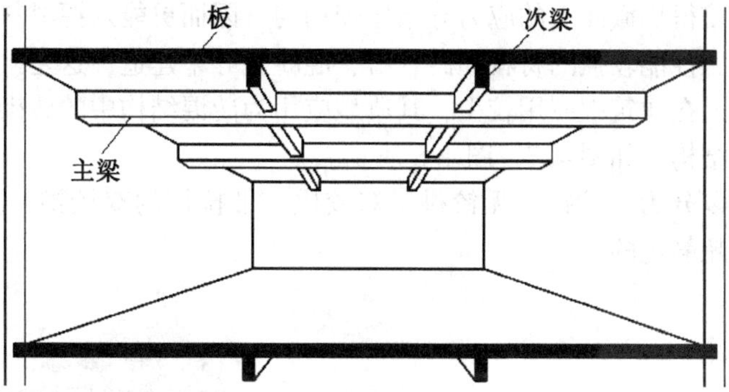

图4.5　板梁柱

形柱、十字形柱、双肢柱、格构柱。

2. 按所用材料区分柱可以分为：石柱、砖柱、砌块柱、木柱、钢柱、钢筋混凝土柱、劲性钢筋混凝土柱、钢管混凝土柱和各种组合柱。

3. 按柱的破坏特征或长细比柱可以分为短柱、长柱及中长柱。

4. 按受力柱可以分为轴心受压柱和偏心受压柱。

钢柱常用于大中型工业厂房、大跨度公共建筑、高层房屋、轻型活动房屋、工作平台、栈桥和支架等。钢柱按截面形式可以分为实腹柱和格构柱。实腹柱是指截面为一个整体，常用截面为工字形截面，格构柱是指柱由两肢或多肢组成，各肢之间用缀条或缀板连接，如图4.6所示。

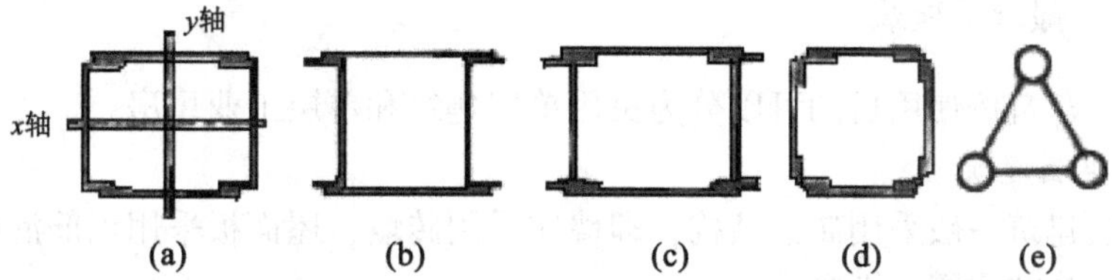

图4.6　格构柱截面

钢筋混凝土柱是最常见的柱，广泛应用于各种建筑。钢筋混凝土柱按制造和施工方法可以分为现浇柱和预制柱。

劲性钢筋混凝土柱是在钢筋混凝土柱的内部配置型钢，与钢筋混凝土协同受力，可以减小柱的断面，提高柱的刚度，其缺点是用钢量较大。

钢管混凝土柱是用钢管作为外壳，内浇混凝土，是劲性钢筋混凝土柱的另一种形式。钢管混凝土柱按照截面形式的不同可以分为矩形钢管混凝土柱、圆形钢管混凝土柱和多边形钢管混凝土柱，其中矩形钢管混凝土柱、圆形钢管混凝土柱应用较广。

4.3.4　拱

拱为曲线结构，主要承受轴向压力，与梁的最大区别在于拱在竖直荷载作用下产生水平反力。由于这个力的存在使拱的弯矩要比跨度、荷载相同的梁的弯矩小得多，并主要是承受压力。这就使得拱截面上的应力分布比较均匀，因而更能发挥材料的作用，并利用抗拉性能较差而抗压性能较强的材料如砖、石、混凝土等来建造，这是拱的主要优点。因此广泛应用于拱桥，在建筑中应用较少，其典型应用为砖混结构中的砖砌门窗圆形过梁，亦有拱形的大跨度结构。如图 4.7、图 4.8 所示。

拱按铰数可以分为三铰拱、无铰拱、双铰拱、带拉杆的双铰拱，其中三铰拱是静定的，后几种都是超静定的。

图 4.7 河北赵州桥

图 4.8 南京明孝陵

§4.4 单层建筑

4.4.1 一般单层建筑

一般单层建筑按使用目的可以分为民用单层建筑和单层工业厂房。

1. *民用单层建筑*

民用单层建筑一般采用砖混结构，即墙体采用砖墙，屋面板采用钢筋混凝土板。多用于单层住宅、公共建筑、别墅等。

2. *单层工业厂房*

单层工业厂房一般采用钢筋混凝土结构或钢结构柱，屋盖采用钢屋架结构。单层工业厂房按结构形式区分可以分为排架结构和刚架结构。排架结构是指柱与基础为刚接，屋架与柱顶的连接为铰接，刚架结构也称为框架结构，即梁或屋架与柱的连接为刚性连接。

如图 4.9 所示，单层工业厂房通常由下列构件组成：屋盖结构、吊车梁、柱子、支撑、基础和维护结构。屋盖结构用于承受屋面的荷载，包括屋面板、天窗架、屋架或屋面梁、托架。屋面板现广泛采用重量很轻的压型钢板。天窗架主要为车间通风和采光的需要而设置，架设在屋架上。屋架（屋面梁）为屋面的主要承重构件，多采用角钢组成桁架结构，亦可以采用变截面的型钢作为屋面梁。托架仅用于柱距比屋架的间距大，由托架支承屋架，再将其所受的荷载传递给柱子。吊车梁用于承受吊车的荷载，将吊车荷载传递到柱子上。柱子为厂房中的主要承重构件，上部结构的荷载均由柱子传递给基础。基础用于将柱子和基础梁传递来的荷载传递给地基。围护结构多由砖砌筑而成，现亦有墙板采用压型钢板。

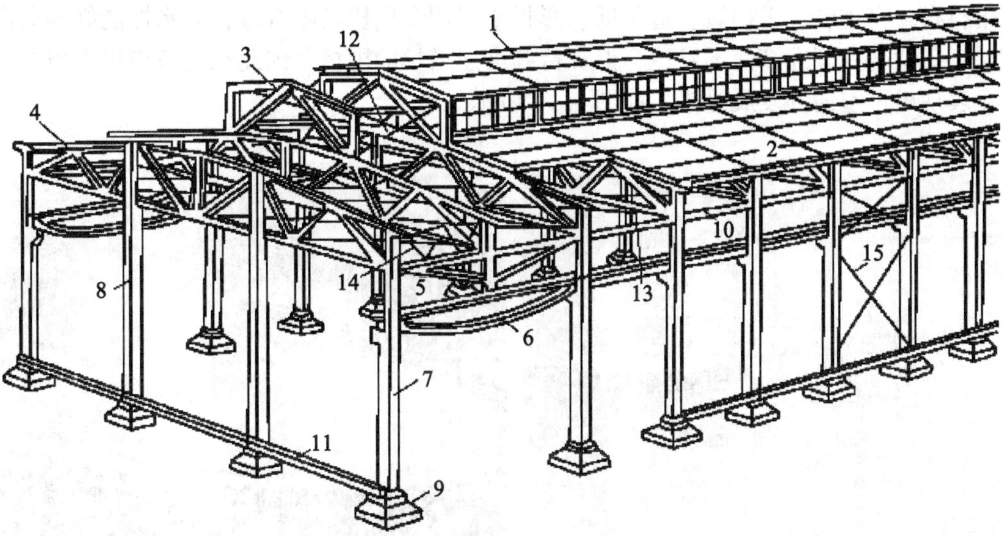

1—屋面板；2—天沟板；3—天窗架；4—屋架；5—托架；6—吊车梁；7—排架柱；8—抗风柱；9—基础；10—连系梁；11—基础梁；12—天窗架垂直支撑；13—屋架下弦横向水平支撑；14—屋架端部垂直支撑；15—柱间支撑

图4.9 单层装配式钢筋混凝土厂房

3. 当前新出现的厂房建筑

（1）轻型钢结构建筑。

柱子和梁均采用变截面H形钢，柱梁的连接节点做成刚接，因施工方便，施工周期短，建筑物跨度和高度可以做多种变化组合，用钢量经济，在单层厂房、仓库、冷库、候机厅、大型厅馆及综合市场中已有越来越广泛的应用。如图4.10所示。

(a) (b)

图4.10 轻型钢结构建筑

（2）拱形彩板屋顶建筑。

拱形彩板屋顶是由预涂层卷板经轧制后形成的一种外形呈拱形的屋盖结构体系。我国于1992年通过引进美国的施工设备引进了金属拱形波纹屋盖结构体系。由于这种结构具有用料省、自重轻、工期短、造价低、彩板之间用专用机具咬合缝，防水性能好等突出的优点，很适合我国经济尚不发达，但却持续高速增长的国情，因此在建筑市场上极具竞争力，表现出了空前的发展势头。如图4.11所示。

(a)

(b)

图4.11　铝合金压型屋面板建筑

4.4.2　大跨度建筑

大跨度建筑是指跨度大于60m的建筑。这类建筑常用于展览馆、体育馆、飞机机库等，其结构体系有许多种，如网架结构、网壳结构、悬索结构、悬吊结构、膜结构、充气结构、薄壳结构、应力蒙皮结构等。

1. 网架结构

网架结构为大跨度结构中最常见的结构形式，因其为空间结构，故一般称为空间网架。其杆件多采用钢管或型钢，现场安装。常见的为平面桁架、四角锥体和三角形锥体组成，其节点形式可以分为焊接钢板节点和焊接空心球节点两种。北京首都体育馆平面尺寸99m×112.2m，为我国矩形平面屋盖中跨度最大的网架。上海体育馆平面为圆形，直径110m，挑檐7.5m，是目前我国跨度最大的网架结构。1999年新建成的厦门机场太古机库，平面尺寸（115+157）m×70m，是我国当前建筑覆盖面积最大的单体网架结构，也是目前世界上最大的机库。

2. 网壳结构

网壳结构是以钢杆件组成的曲面网格结构。网壳与网架的区别在于曲面与平面。网壳结构由于本身特有的曲面而具有较大的刚度，因而有可能做成单层，这是网壳结构不同于平板型网架的一个特点。从构造上来说，网壳可以分为单层与双层两大类，其外形虽然相似，但计算分析与节点构造截然不同，单层网壳是刚接杆件体系，必须采用刚性节点，双层网壳是铰接杆件体系，可以采用铰接体系。其实双层网架与双层网壳还是有些差别的，之所以定义为“壳”，是因为其外表面（或者也包括内表面）是刚性的，只是连接内壳、外壳的杆件节点是铰接的，对于曲面网架，内表面、外表面的节点也可以为铰接的。

大型体育场的挑篷采用空间网壳结构有日益增多的趋势。1998 年初建成的长春体育馆，平面为 120m×166m 枣形，连同支架的平面为 146m×192m，是当今我国跨度最大、覆盖建筑面积最大的网壳结构。河南省鸭河口电厂干煤棚设计跨度 108m，长度 90m，矢高 38.766m，采用正放四角锥三心圆柱面双层网壳的结构形式，是目前亚洲跨度最大的三心圆柱面煤棚结构。江苏省镇江巨蛋又称“神州第一蛋”，是高 48m、直径 38m、斜度 23.5°的巨型不锈钢网壳结构。结构跨度大，矢高高，施工难度较大。如图 4.12、图 4.13 所示。

图 4.12 河南省鸭河口电厂干煤棚

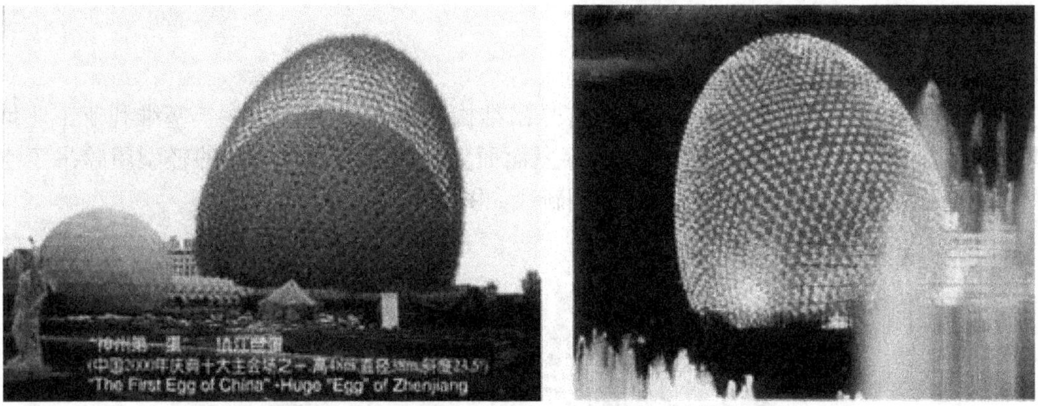

(a) (b)

图 4.13 江苏省镇江巨蛋网壳

3. 悬索结构

悬索结构是将桥梁中的悬索“移植”到房屋建筑中，可以说是土木工程中结构形式互通互用的典型范例。悬索结构发展的特点是在许多工程中运用了各种组合手段。主要的方式是将两个以上的索网或其他悬索体系组合起来，并设置强大的拱或刚架等结构作为中间支撑，形成各种形式的组合屋盖结构。例如四川省体育馆和青岛市体育馆的屋盖是由两片索网和作为中间支撑的一对钢筋混凝土拱组合起来的，丹东体育馆则是由强大的钢筋混凝土中央刚架和两片单层平行索系组合而成。北京朝阳体育馆由两片索网和被称为“索拱体系”的中央支撑结构组成，如图4.14所示。索拱体系本身也是一种组合结构。朝阳体育馆采用的中央索拱体系由两条悬索和两个钢拱组成。索和拱的轴线均为平面抛物线，分别布置在相互对称的四个斜平面内，通过水平和竖向连杆两两相连，构成桥梁形式的立体预应力体系。索拱体系的工作性能显示了索和拱两种构件相互配合、相互补充的特点。与单纯的悬索相比较，索拱体系具有较大的形状稳定性和刚度。尤其是在抵抗集中荷载或局部荷载时变形较小，与单纯的拱相比较，索拱体系中的拱由于同张紧的索相连，其整体稳定性较好，因而不需强大的截面。这种索拱体系的概念是一种有意义的创新。

图4.14 北京朝阳体育馆

4. 悬吊结构

与悬索结构一样有很好表现力的还有悬吊结构和索膜结构。1992年塞维利亚工业世博会的德国馆，为一巨型格构式大柱，穿屋面而上，利用悬索将巨大的轻型屋盖吊于空中，成为一大奇观，是悬吊结构的一种创新。如图4.15、图4.16所示。

图4.15 1992年塞维利亚工业世博会的德国馆

5. 混凝土拱形桁架

混凝土拱形桁架在以前的工程中应用较多，但因其自重较大，施工复杂，现已很少采

图4.16 英国伦敦的千年穹顶

用。目前最大跨度的拱形桁架为贝尔格莱德的机库，为预应力混凝土桁架结构，其跨度为135.8m。

6. 膜结构

膜结构是一种特殊的现代建筑结构，膜结构是以高强度柔韧性薄膜材料与张拉体系相结合，形成的具有一定刚度的空间结构体。现代膜结构集建筑学、结构力学、精细化工与材料科学为一体的高科技工程。膜结构具有力学特性好、光学、热学性能优、阻燃且自洁性能佳，成本低，工期短等优点，广泛应用于体育健身设施、文化娱乐设施、交通运输设施、工农业建筑及标志性建筑中。具体主要有以下几个方面：

(1) 体育健身设施：运动场、体育馆、游泳馆、网球场馆、溜冰场等。

(2) 文化娱乐设施：博物馆（包括海洋馆、水族馆等）、音乐广场乐园、公园小品等。

(3) 商业公共设施：购物中心、商场、售货亭、展览馆、批发中心等。

(4) 交通运输设施：候机大厅、登机楼、火车站台、公共汽车站、过街天桥等。

(5) 工农业设施：厂房、研究大楼、码头仓库、船坞、温室、蔬菜生产基地等。

(6) 标示性建筑：城市与地方标志、公园入口标识、展览会标志等。

膜结构根据其支撑方式不同分为骨架式膜结构、充气式膜结构、张拉式膜结构三种。

(1) 骨架式膜结构。

在钢架或其他材料的骨架上铺装膜材料，由此构成屋顶或外墙壁的构造形式。形态有平面形，单曲面形和以鞍形为代表的双曲线形。1959年建于美国巴顿鲁治的应力膜皮屋盖，直径为117m，高35.7m，由一个外部管材骨架形成的短程线桁架系来支承804个双边长为4.6m的六角形钢板片单元，钢板厚度大于3.2mm，钢管直径为152mm，壁厚3.2mm。这是膜皮结构应用于大跨度的第一个例子。如图4.17所示。

(2) 充气式膜结构。

充气式膜结构又称为充气薄膜结构，是在玻璃丝增强塑料薄膜或尼龙布罩内部充气形成一定的形状，作为建筑空间的覆盖物。如图4.18所示，由五合国际（北京）设计的深圳龙岗商业中心，可能成为中国乃至世界上第一个有充气悬浮结构的建筑。该建筑位于深圳最大的城市广场东侧，鉴于其显赫的位置与市中心地标性建筑的要求，建筑师与世界著名膜结构集团公司合作，构思设计了椭圆形飞艇式造型充氦气空间膜结构。

图 4.17　骨架式膜结构

①单层结构。单层膜的内压大于外压。这种结构具有大空间，重量轻，建造简单的优点。但需要不断输入超压气体以及日常维护管理。

②双层结构。双层膜之间充入空气，和单层结构相比较可以充入高压空气，形成具有一定刚性的结构，而且进口、出口可以敞开。

图 4.18　充气式悬浮膜结构

（3）张拉式膜结构。

张拉式膜结构是通过拉索将膜材料张拉于结构上而形成的构造形式。由于膜材是柔形结构，本身没有抗拉，抗压能力，抗弯能力也很差，完全靠外部施加的预应力保持其形状，即使在无外力且不考虑自重的情况下，也存在着相当大的拉应力。膜表面通过自身曲率变化达到内外力平衡。如图 4.19 所示。

7. 薄壳结构

薄壳结构常用的形状为圆顶、筒壳、折板、双曲扁壳和双曲抛物面壳等。圆顶可以为光滑的，也可以为带肋的。我国最大直径的混凝土圆顶建筑为新疆某金工车间圆顶屋盖，世界最大混凝土圆顶建筑为美国西雅图金郡圆球顶，其直径为 202m。

图4.19 张拉式膜结构

钢筋混凝土扭壳结构省材且覆盖面积大，同时能做到横向曲率不变，使模板施工大为便利，具有良好的技术表现力和低廉的造价。如图4.20所示，悉尼歌剧院是世界著名的建筑之一，该建筑于1973年建成，作为澳大利亚的标志性建筑与印度泰姬陵和埃及金字塔齐名。丹麦建筑师乌重主持设计，他设计的歌剧院与众不同，屋顶像一艘整装待发的航船，整个壳体结构用自然流畅的线条勾勒出悉尼歌剧院宛如天鹅般高雅的外形。

图4.20 悉尼歌剧院

8. 应力蒙皮结构

应力蒙皮结构一般是用金属薄板做成许多块各种板片单元焊接而成的空间结构。考虑结构构件的空间整体作用，利用蒙皮抗剪可以大大提高结构整体的抗侧刚度，减少侧向支撑的设置，利用面板的蒙皮效应，可以减小所连杆件的计算长度，既充分利用板面材料的强度，又对骨架结构起辅助支撑作用，对结构的平面外刚度又大大提高（即可大大减小承受面外横向荷载下的挠度）。

铝质应力蒙皮穹顶是美国Temcor公司的里克特在20世纪60年代开发的，其基本原理是将预应力铝板加工成钻石形的结构板块，沿板边缘镶固在钢框架上，组成结构单元，根据穹顶的分格做成尺寸不同的单元，由这些单元组成穹顶，不需要网架的杆件、节点。

采用这种结构形式的建筑有美国艾尔迈拉学院体育中心，其跨度17m，高19m；美国海军南极站，其跨度50m，高15.2m。

§4.5 多层建筑与高层建筑

4.5.1 多层建筑

多层建筑结构和高层建筑结构主要应用于居民住宅、商场、办公楼、旅馆等建筑。近几年来，国家为提高居民的人均居住水平，解决居民的居住困难问题，大力推动我国的住宅建设。同时，随着国家经济的发展和房地产业的兴起，大量的高层建筑和多层建筑在中国大地涌现。

多层建筑与高层建筑的界限，各国不一。我国以8层为界限，低于8层者称为多层建筑，8层及8层以上者称为高层建筑。

多层结构常用的结构形式为混合结构、框架结构。

1. 混合结构

混合结构是指用不同的材料建造的房屋，通常墙体采用砖砌体，屋面和楼板采用钢筋混凝土结构，故亦称为砖混结构。目前，我国的混合结构最高已达到11层，局部已达到12层。以前混合结构的墙体主要采用普通粘土砖，但因普通粘土砖的制作需使用大量的粘土，对我们宝贵的土地资源是很大的消耗。因此，国家已逐渐在各地区禁止大面积使用普通粘土砖，而推广空心砌块的应用。

2. 框架结构

框架结构是指由梁和柱刚性连接而成骨架的结构，框架结构的优点是强度高、自重轻、整体性和抗震性能好。因其采用梁柱承重，因此建筑布置灵活，可以获得较大的使用空间，使用广泛，主要应用于多层工业厂房、仓库、商场、办公楼等建筑。

3. 多层结构的施工方式

多层结构可以采用现浇，也可以采用装配式结构或装配整体式结构。其中，现浇钢筋混凝土结构整体性好，适应各种有特殊布局的建筑；装配式结构和装配整体式结构采用预制构件，现场组装，其整体性较差，但便于工业化生产和机械化施工。装配式结构在前段时期比较盛行，但随着泵送混凝土的出现，使混凝土的浇筑变得方便快捷，机械化施工程度已较高，因此近年来，已逐渐趋向于采用现浇混凝土。

4.5.2 高层建筑

10层及10层以上的居住建筑和建筑高度超过24m的其他建筑均称为高层建筑。

高层建筑是近代经济发展和科学技术进步的产物。城市人口集中，用地紧张以及商业竞争的激烈化，促使近代高层建筑的出现和发展。世界上第一幢近代高层建筑是美国芝加哥的家庭保险公司大楼，10层，高55m，建于1884—1886年。我国的高层建筑是在20世纪50年代末开始逐渐发展起来的，首先在北京建成了民族饭店14层，民航大楼16层。20世纪60年代，在广州建成了人民大厦18层，广州宾馆27层。20世纪70年代又建成了广州白云宾馆33层，南京金陵饭店37层，进入20世纪80年代，高层建筑发展很快，当时在深圳建成的国贸中心大厦，共50层，高160m。到目前为止我国已建成的100m以上的高层建筑80余幢，其中最高的建筑是北京京广中心大厦，57层，高208m。

高层建筑主要用于住宅、旅馆、办公楼和商业大楼。住宅一般在20层以下，如日本的高层标准住宅为14层，俄罗斯的高层标准住宅为9～16层。旅馆多为10～20层，发展到30层，30层以上的多为办公楼或商业楼。

高层建筑与一般多层建筑相比较用钢量较大，设备投资高，但在城市建设中有许多优点。高层建筑占地面积小，提高土地利用率，扩大市区空地，有利于城市绿化，改善环境卫生。同时，由于城市用地紧张，可以使道路、管线等设施集中，节省市政投资费用，在设备完善的情况下，垂直交通要比水平交通方便些，可以使许多相关的机构放在一座建筑物内，便于联系。在建筑群体布局上，高低相间，点面结合，可以改善城市面貌，丰富城市艺术。基于以上特点，高层建筑已成为目前各国建筑活动的重要内容。高度不断增高，数量不断增多，造型新颖。

1. 高层建筑的结构类型

高层建筑的结构型式繁多，以建筑材料分可以分为：砖石结构、钢筋混凝土结构、钢结构以及钢—钢筋泥凝土组合结构等。

砖石结构在高层建筑中采用较少。因为砖石结构强度较低，尤其抗拉性能和抗剪性能较差，难以抵抗高层建筑中因水平力作用引起的弯矩和剪力，在地震区一般不采用。我国最高的砖石结构为9层。

钢筋混凝土结构在高层建筑中发展迅速且应用广泛。与砖石结构相比较，强度高，抗震性能好，并具有良好的可塑性，而且建筑平面布置灵活。目前随着轻质、高强混凝土材料的问世，以及施工技术、施工设备的更新完善，使钢筋混凝土结构已成为高层建筑的主导型式。目前最高的钢筋混凝土高层建筑是美国芝加哥的第一瓦克公司大楼80层295m高。我国最高的钢筋混凝土高层建筑是广东国际大厦63层，高200.18m。

钢结构高层建筑在我国应用较晚，1985年以后，在北京、上海、深圳等地才开始兴建，如上海锦江饭店，44层，高153m，为八角形钢框架。钢结构具有自重轻，强度高，抗震性能好，安装方便，施工速度较快，并能适应大空间、多用途的各种建筑。采用钢结构建造的高层建筑在层数和高度上均大于钢筋混凝土结构。但钢结构也同时存在用钢量大，造价高等缺点，所以这种结构常用于钢材产量较丰富地区，且用于建造超高层建筑。在我国目前条件下，一般30层以上的高层建筑中才采用钢结构。

钢—钢筋混凝土组合结构高层建筑吸取了以上结构的优点，把钢框架与钢筋混凝土筒体结合起来。施工时先安装一定层数的钢框架，利用钢框架承受施工荷载，然后，用钢筋混凝土把外围的钢框架浇灌成外框筒体来抵抗水平荷载。这种结构的施工速度与钢结构相近，但用钢丝比钢结构少，耐火性较好。这种体系目前在国外应用较多，如美国休斯顿商业中心大厦，79层，高305m。

2. 结构体系

一般房屋在进行结构设计时，主要是根据竖向荷载来设计，水平荷载仅是次要荷载，甚至有些低层建筑可以不计。而在高层建筑设计时，除了考虑竖向荷载作用以外、还应考虑由风力或地震作用引起的水平荷载。因为竖向荷载主要引起结构中的竖向压力，而水平荷载引起的内力主要是弯矩和剪力。房屋层数越高，建筑物承受的地震作用和风力越大。

因此，水平荷载往往是控制设计的主要因素，必须采取必要的措施，选用合理的结构体系来抵抗。

高层结构的主要结构形式有：框架结构，框架—剪力墙结构，剪力墙结构，框支剪力墙结构，筒体结构等。

（1）框架结构。

框架是柱子和与柱相连的横梁所组成的承重骨架，如图 4. 22 所示，框架一般用钢筋混凝土作为主要结构材料。当层数较多、跨度、荷载很大时，也可以用钢材作为主要承重骨架的钢框架。

框架中的梁和柱除了承受楼板、屋面传来的竖向荷载外，还承受风或地震产生的水平荷载。竖向力由楼板通过横梁传递给柱，再由柱传递到基础上去。水平荷载也同样由楼板经过横梁传递给柱而至基础。框架体系的优点是建筑平面布置灵活，可以形成较大的空间，能满足各类建筑不同的使用要求和生产工艺要求。框架结构的梁、柱等构件易于预制，便于工厂制作加工和机械化施工，因而应用十分广泛。框架体系的主要缺点是结构横向刚度差，承受水平荷载的能力不高。在水平力作用下，框架结构底部各层梁、柱的弯矩显著增加，从而增大截面及配筋量，并对建筑平面布置和空间使用有一定的影响。因此，当建筑层数大于 15 层或在地震区建造高层房屋时，不宜选用框架体系。

框架体系柱网的布置形式很多，可以结合不同的建筑类型选用，如图 4. 21 所示为几种典型建筑的柱网布置形式。

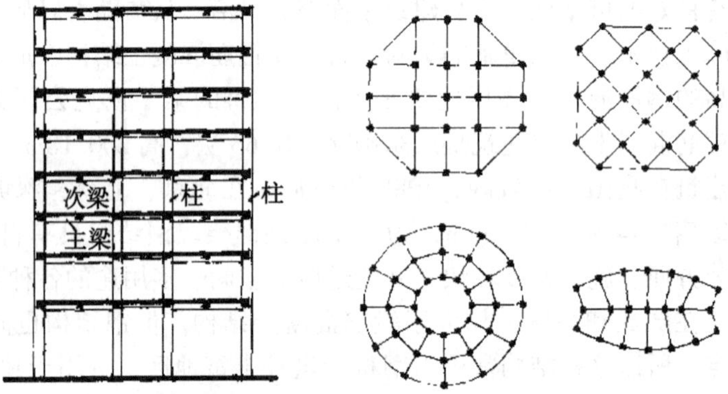

(a) 框架体系 (b) 框架柱网布置

图 4. 21

（2）框架—剪力墙结构。

在框架—剪力墙结构中，框架与剪力墙协同受力，剪力墙承担绝大部分水平荷载，框架则以承担竖向荷载为主，这样，可以大大减少柱子的截面。剪力墙在一定程度上限制了建筑平面布置的灵活性。这种体系一般用于办公楼、旅馆、住宅以及某些工艺用房。

（3）剪力墙结构。

当房屋的层数更高时，横向水平荷载已对结构设计起控制作用，若仍采用框架—剪力墙结构，剪力墙将需布置得非常密集，这时，宜采用剪力墙结构，即全部采用纵、横布置的剪力墙组成，剪力墙不仅承受水平荷载，亦用来承受垂直荷载。

剪力墙结构因剪力墙的存在，其空间分隔固定，建筑布置极不灵活，所以一般用于住宅、旅馆等建筑。

(4) 框支剪力墙结构。

现代城市的土地日趋紧张，为合理利用基地，建筑商常常采用上部为住宅楼或办公楼，而下部开设商店。这两种建筑的功能完全不同，上部住宅楼和办公楼需要小开间，比较适合采用剪力墙结构，而下部的商店则需要大开间，适合采用框架结构。为满足这种建筑功能的要求，必须将这两种结构组合在一起。为完成这两种体系的转换，需在其交界位置设置巨型的转换大梁，将上部剪力墙的力传递至下部柱子上。这种结构体系称为框支剪力墙体系。

注意：框支剪力墙结构中的转换大梁一般高度较大，常接近于一个层高。因此，该层常常用做设备层。上部的剪力墙刚度较大，而下部的框架结构刚度较弱，其差别一般较大，这对整幢建筑的抗震是非常不利的，同时，转换梁作为连接节点，受力亦非常复杂，因此设计时应予以充分考虑，特别是在抗震设防的地区应慎用。

(5) 筒体结构。

筒体结构是由一个或多个筒体作承重结构的高层建筑体系，适用于层数较多的高层建筑，筒体在侧向风荷载的作用下，其受力类似刚性的箱型截面的悬臂梁，迎风面将受拉，而背风面将受压。

筒体结构可以分为框筒体系、筒中筒体系、桁架筒体系、成束筒体系等。

①框筒体系。

框筒体系是指内芯由剪力墙构成，周边为框架结构。

②筒中筒体系。

当周边的框架柱布置较密时，可以将周边框架视为外筒，而将内芯的剪力墙视为内筒，则构成筒中筒体系。

③桁架筒体系。

在筒体结构中，增加斜撑来抵抗水平荷载，以进一步提高结构承受水平荷载的能力，增加体系的刚度。这种结构体系称为桁架筒体系。

④成束筒体系。

成束筒体系是由多个筒体组成的筒体结构。最典型的成束筒体系的建筑应为美国芝加哥于1974年建成的西尔斯塔楼。美国芝加哥的西尔斯塔楼，地上110层，地下3层，高443m，包括两根电视天线高475.18m，采用钢结构成束筒体系。1~50层由9个小方筒连组成一个大方形筒体，在51~66层截去一个对角线上的两个筒，67~90层又截去另一对角线上的另两个筒，91层及以上只保留两个筒，形成立面的参差错落，使立面富有变化和层次，简洁明快。

§4.6 特种建筑

特种建筑是指房屋、地下建筑、桥梁、隧道、水工结构以外的具有特种用途的工程结构建筑（也称构筑物），包括储液池、烟囱、筒仓、水塔、挡土墙、深基坑支撑结构、电视塔和纪念性构筑物等。本节主要介绍水池、烟囱、筒仓、电视塔和纪念性构筑物。

4.6.1 水池

水池是用于储水的构筑物。不同于水塔的是水塔用支架或支筒支承，水池多建造在地面和地下。

1. 水池的分类

按水池的材料区分水池可以分为：钢水池、钢筋混凝土水池、钢丝网水泥水池、砖石水池等。其中，钢筋混凝土水池具有耐久性好、节约钢材、构造简单等优点，应用最广。

按水池的平面形状区分水池可以分为：矩形水池和圆形水池。矩形水池施工方便，占地面积少，平面布置紧凑；圆形水池受力合理，可以采用预应力混凝土。相关经验表明，小型水池宜采用矩形水池，深度较浅的大型水池也可以采用矩形水池；储水量为 $200m^3$ 以上的中型水池宜采用圆形水池。考虑到地形条件也可以采用其他形式的水池，如扇形水池，为节约用地，还可以采用多层水池。

按水池的施工方法区分水池可以分为：预制装配式水池和现浇整体式水池。目前推荐采用预制圆弧形壁板与工字形柱组成池壁的预制装配式的圆形水池，预制装配式矩形水池则采用 V 形折板作池壁。

按水池的配筋形式区分水池可以分为：预应力混凝土水池和非预应力的钢筋混凝土水池。

2. 水池的构造组成

这里以圆形水池为例来讲解。圆形水池由顶盖、池壁和底板三部分组成，如图 4.22 所示。

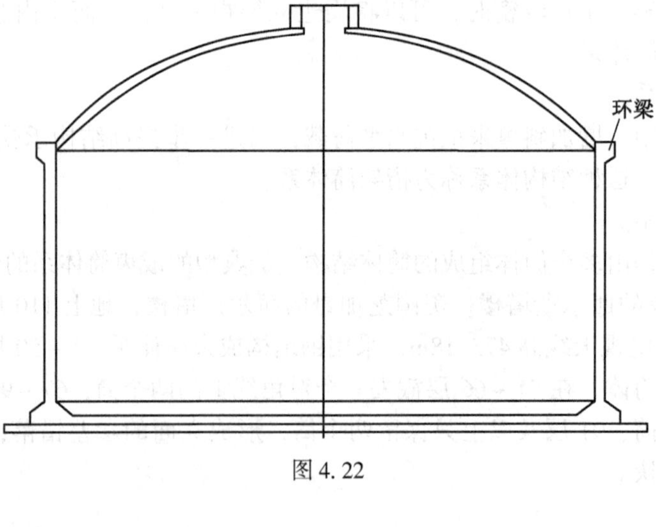

图 4.22

(1) 水池顶盖。

水池顶盖可以采用整块平板、肋形梁板、无梁楼盖结构或球形壳（锥壳）结构。

水池直径为 6m 以下时，顶盖可以用平板式；直径为 6 ~ 10m 时，可以采用有一个支柱的圆平板；当水池直径较大时，宜采用中间多柱支承的形式，顶盖可以采用现浇式无梁楼盖或装配式楼盖。此时，支柱可以方格网布置和环状布置，柱网尺寸一般为4～6m；对于直径较大，但小于15m，容积600m^{3}以内的水池，顶盖一般采用薄壳结构，薄壳顶盖厚度一般为8～10cm，配之环形和辐射形钢筋。

（2）水池池壁。

圆形水池的池壁高度一般为3.5～6m，池壁厚度主要决定于环向拉力作用下的抗裂度，不宜小于12cm。

（3）水池底板。

水池的底板与水池顶盖结构相似，可以采用平板结构、无梁楼盖结构、倒球形壳（锥形）结构等。

4.6.2　烟囱

烟囱是工业中常用的构筑物，是把烟气排入高空的高耸结构，能改善燃烧条件，减轻烟气对地面环境的污染。烟囱分为砖烟囱、钢筋混凝土烟囱和钢烟囱三类。

1. *砖烟囱*

砖烟囱的高度一般不超过50m，多数呈圆台形，外表面坡度约为2.5%，筒壁厚度为240～740mm，用普通粘土砖和水泥石灰砂浆砌筑。为防止外表面产生温度裂缝，筒身每隔1.5m左右设一道预应力扁钢环箍或在水平砖缝中配置环向钢筋。位于地震区的砖烟囱，筒壁内尚需加配纵向钢筋。为减少现场砌筑工程量，可以采用尺寸较大的组合砌块、石块、耐热混凝土砌块砌筑。

砖烟囱的优点：可以就地取材，可以节省钢材、水泥和模板，砖的耐热性能比普通钢筋混凝土好，由于砖烟囱体积较大，重心较其他建筑材料建造的烟囱低，故稳定性较好。

砖烟囱的缺点：自重大，材料数量多。整体性和抗震性较差，在温度应力作用下易开裂，施工较复杂，手工操作多，需要技术较熟练的工人。

2. *钢筋混凝土烟囱*

钢筋混凝土烟囱多用于高度超过50m的烟囱，一般采用滑模施工。钢筋混凝土烟囱的外形为圆锥形，沿高度有几个不同的坡度，坡度变化范围为0～10%。筒壁厚度为140～800mm，混凝土标号为C20或C30。

钢筋混凝土烟囱的优点：自重较小，造型美观，整体性、抗风、抗震性好，施工简便，维修量小，烟囱越高，造价越高。对高烟囱来说，钢筋混凝土烟囱的造价明显比砖烟囱低，在我国钢筋混凝土高烟囱的造价大大低于钢的高烟囱造价。目前，世界各国越来越趋向于使用钢筋混凝土烟囱。

钢筋混凝土烟囱按内衬布置方式的不同，可以分为单筒式、双筒式和多筒式。

单筒式：单筒式烟囱的内衬紧靠外筒，并将内衬和保温层直接支承于外筒壁向内挑出的环形挑头上，其特点是结构简单、造价低。目前，我国最高的单筒式钢筋混凝土烟囱为210m。如图4.23所示。

双筒式：双筒式烟囱内衬筒和外筒完全分开，两筒之间留有较宽的检修通道，内衬筒可以分段支承于外筒壁上，也可以做成独立的自承重形式，其特点是外筒壁基本上不受烟气的温度作用和侵蚀。

多筒式：多筒式烟囱用在多台锅炉合用一个烟囱并要求烟囱顶部烟气的出口流速基本

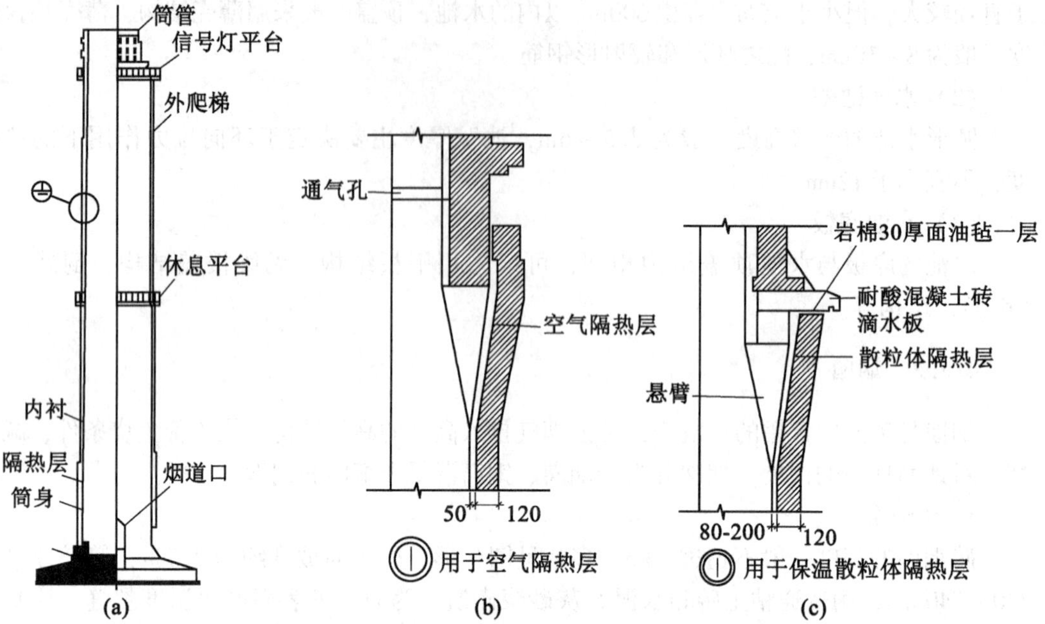

图 4.23　烟囱构造图

保持不变的情况，一般一台锅炉设置一个排烟管。秦岭电厂 212m 高的四筒式烟囱是目前我国最高的多筒式钢筋混凝土烟囱。

3. 钢烟囱

钢烟囱自重小，有韧性，抗震性能好，适用于地基差的场地。其缺点是耐腐蚀性差，需经常维护。

钢烟囱按其结构可以分为拉线式、自立式和塔架式。

拉线式：拉线式钢烟囱耗钢量小，但拉线占地面积大，宜用于高度不超过 50m 的烟囱。

自立式：自立式钢烟囱一般上部呈圆柱形、下部呈圆锥形，筒壁钢板厚 6 ~ 12mm，建造高度不超过 120m。

塔架式：塔架式钢烟囱整体刚度大，常用于高度超过 120m 的高烟囱，塔架式钢烟囱由塔架和排烟管组成，塔架是受力结构，平面呈三角形或方形，塔架内可以设置一个或若干个排烟管。

4.6.3　筒仓

筒仓是贮存粒状和粉状松散物体（如谷物、面粉、水泥、碎煤、精矿粉等）的立式容器，可以作为生产企业调节和短期贮存生产用的附属设施，也可以作为长期贮存粮食的仓库。

筒仓通常是用钢或钢筋混凝土建造的。筒仓是由各种不同截面、较高的单个筒仓并排组成的。筒仓底部安装卸料漏斗，仓筒上边的上通廊装有仓筒装料的运输设备。

如图4.24所示，筒仓设施基本方案包括：

(1) 卸料接收坑 F。

(2) 把接收坑的来料升运到仓顶上通廊的提升机 E。

(3) 上通廊皮带运输机 T，将提升机卸下的料输送至仓顶进料口流入仓筒。

(4) 仓筒 C。

(5) 下通廊皮带运输机 T'，将仓筒卸下的料运出。

其他辅助设备如清理设备、称重设备等，因不属本书范围，故从略。

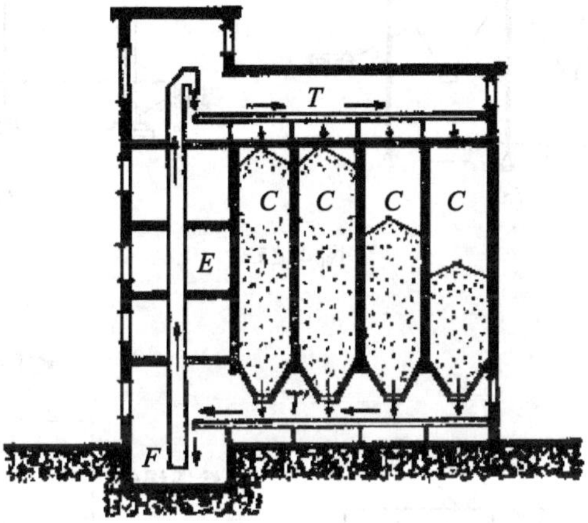

图4.24

筒仓的分类根据材料、平面形状、贮料高度的不同分为以下几种。

1. 根据所用的材料分筒仓可以分为：钢筋混凝土筒仓、钢筒仓和砖砌筒仓。钢筋混凝土筒仓又可以分为整体式浇筑筒仓、预制装配筒仓、预应力筒仓和非预应力筒仓。从经济、耐久和抗冲击性能等方面考虑，我国目前应用最广泛的是整体浇筑的普通钢筋混凝土筒仓。

2. 按照平面形状分：筒仓可以分为：圆形、矩形（正方形）筒仓、多边形筒仓和菱形筒仓，目前国内使用最多的是圆形筒仓和矩形（正方形）筒仓。圆形筒仓的直径为12m和12m以下时，采用2m的倍数；12m以上时采用3m的倍数。

3. 根据筒仓的贮料高度与直径或宽度的比例关系分：筒仓可以分为浅仓和深仓。浅仓和深仓的划分界限为：当$\frac{H}{D_0}\left(\frac{H}{b_0}\right)\geqslant 1.5$时为深仓；当$\frac{H}{D_0}\left(或\frac{H}{b_0}\right)<1.5$时为浅仓。

式中：H——贮料计算高度；D_0——圆形筒仓的内径；b_0——矩形筒仓的短边（内侧尺寸）或正方形筒仓的边长（内侧尺寸）。如图4.25所示。

浅仓和深仓的各自特点：

浅仓主要作为短期贮料用。由于在浅仓中所贮存的松散物料的自然坍塌线不与对面仓壁相交，一般不会形成料拱，因此可以自动卸料。

深仓主要供长期贮料用。深仓中松散物料的自然坍塌线与对面仓壁相交，会形成料拱而引起卸料时的堵塞，因此从深仓中卸料需用动力设施或人力。如图4.26所示。

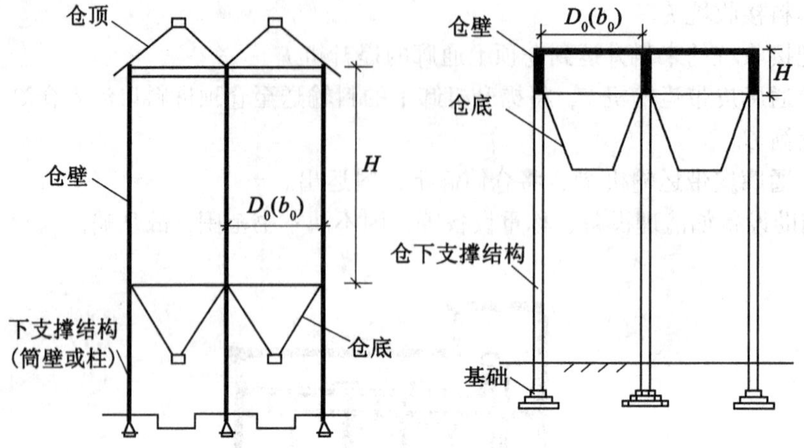

图 4.25

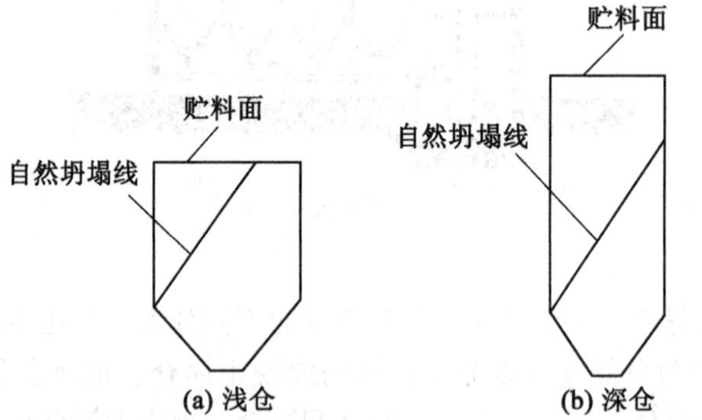

图 4.26　浅仓和深仓自然坍塌线示意图

复习与思考题 4

1. 试简述人们对建筑的基本要求。
2. 建筑构成的基本要素是什么？
3. 对建筑进行分类的目的是什么？
4. 试问建筑按使用性质如何分类？
5. 试问建筑按结构形式如何分类？
6. 试简述梁、板、柱的基本特点及用途。
7. 试简单介绍你所了解的世界著名超高层建筑。
8. 试举例说明一幢多层建筑可能会受到哪些荷载作用。

第 5 章　道路铁路与桥梁工程

§5.1　道 路 工 程

道路是连接不同地方、不同区域的通道，是供各种车辆和行人通行的工程设施。道路工程则是以道路为对象而进行的规划、设计、施工、养护与管理工作的全过程及其工程实体的总称。随着现代化进程的不断深入，道路工程所涵盖的内容越来越丰富（如增加了排水系统、管理系统、安全系统、防护系统、服务系统等），对道路的质量（如道路的平坦度、密实度、承载力、抗灾能力等方面）也提出了更高的要求。

5.1.1　概述

1. 道路工程的发展历史、现状及规划

我国道路建设历史悠久，早在两千多年前就在道路建设方面取得了相当的成绩。西周时期已形成了以首都为中心的道路交通体系。到秦朝，秦始皇颁布的《车同轨》法令使道路交通体系得到了长足发展。到唐代以城市为中心四通八达的道路网已初步形成。到清代全国已形成了层次分明、功能较完善的“官马大道”、“大路”、“小路”系统，分别为京城到各省城、省城至地方重要城市及重要城市到市镇的三级道路，其中“官马大道”长达 2 000 余 km。1949 年以前，由于社会动乱，连年战乱，致使经济落后，到 1949 年，全国公路能通车的里程仅有 8.07 万 km，且标准低，路况差。

1949 年以后，国家在公路建设上取得了一定的成就。到 1978 年，我国公路总里程增加到 89 万 km。改革开放以来，我国公路事业获得了巨大的发展，并实现了高速公路的快速发展。到 2000 年，公路里程增加到 125 万 km。目前，已建成“二纵二横”国道主干线及三条重要路段。两条纵干线是：同江—三亚及北京—珠海；两条横干线是：连云港—霍尔果斯及上海—成都；三条重要路段是：北京—沈阳、北京—上海及重庆—北海。

尽管我国公路事业在几代人的努力下已取得了一定的成就，但其数量和质量仍然不能满足国民经济和社会发展的需要，因此今后大力发展公路建设仍然是主要任务。目前已列入规划的是：到 2020 年基本建成“五纵七横”国道主干线，除上述的“二纵二横”，还有三条纵干线是：北京—福州、二连浩特—河口及重庆—湛江；五条横干线是：绥芬河—满洲里、丹东—拉萨、青岛—银川、上海—瑞丽及衡阳—昆明。除国道主干线外，各省、直辖市、自治区还根据本地区的情况，正在规划建设省级公路干线网和地方公路系统。

2. 道路工程的基本体系

道路工程的基本体系由道路的类型、道路的组成内容和道路的建设及使用三个方面组成，其内容如图 5.1 所示。

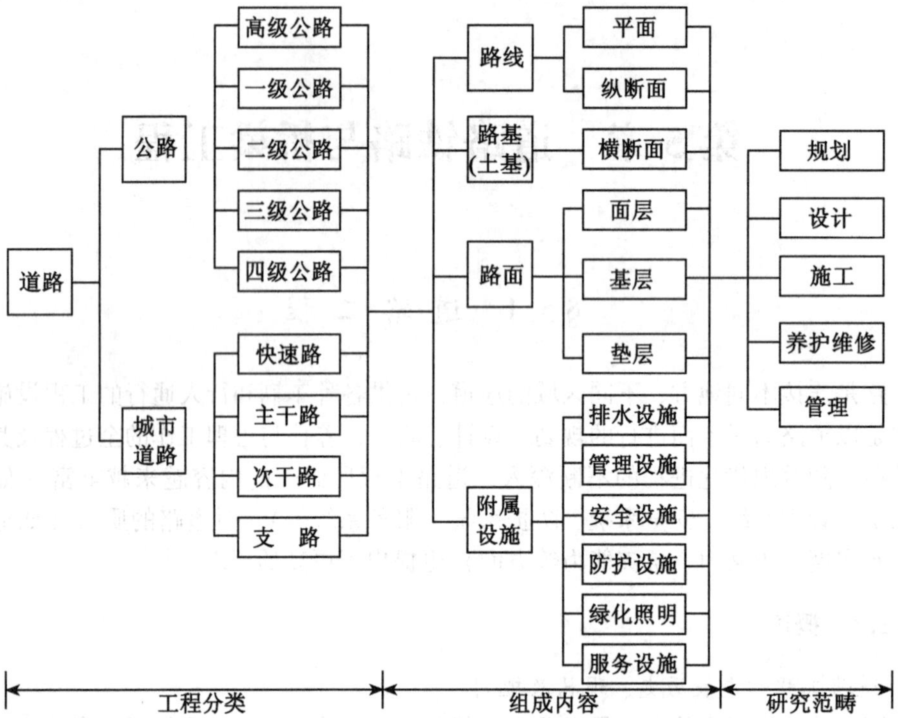

图 5.1 道路工程的基本体系组成框图

5.1.2 公路

公路是指连接城市与城市、城市与乡村、乡村与乡村，主要供汽车行驶的具备一定技术条件和设施的道路。

1. 公路的分类、分级及技术标准

（1）公路的分类。

公路按其所在公路网中的地位与作用可以分为国家干线公路、省干线公路、县公路、乡公路、专用公路五类。

1）国家干线公路。在国家公路网中，具有全国性政治、经济、国防意义，并经确定为国家干线的公路，简称国道。我国国道干线系统代号为：

①由首都北京向外放射的有 12 条，代号第 1 个字取“1”，如北京至昆明为 108 国道；

②由北向南的有 28 条，代号第 1 个字取“2”，如山海关至广州为 205 国道；

③由东向西的有 30 条，代号第 1 个字取“3”，如上海至拉萨为 318 国道。

2）省干线公路。在省公路网中，具有全省性政治、经济、国防意义，并经确定为省级干线的公路，简称省道。

3）县公路。具有全县性政治、经济、国防意义，并经确定为县级干线的公路，简称县道。

4）乡公路。主要为乡村生产、生活服务，并经确定为乡级公路，简称乡道。

5）专用公路。专为企业或其他单位提供运输服务的道路，如专门或主要供工矿、油田、农场、旅游区、军事要地等外部连接的公路。

（2）公路的分级。

国家交通部 2004 年颁布实施的《公路工程技术标准》(JTGB01—2003）根据使用任务、功能和适应的交通量将公路分为五个等级：高速公路、一级公路、二级公路、三级公路、四级公路。

①高速公路。具有四个或四个以上车道，设有中央分隔带，全封闭，全立交，专供汽车分向、分车道行驶并全部控制出入的干线公路。具有完善的交通安全设施与管理设施、服务设施。四车道高速公路一般能适应按各种汽车折合成小客车的远景设计年限年平均昼夜交通量为 25 000 ~ 55 000 辆；六车道高速公路一般能适应按各种汽车折合成小客车的远景设计年限年平均昼夜交通量为 45 000 ~ 80 000 辆；八车道高速公路一般能适应按各种汽车折合成小客车的远景设计年限年平均昼夜交通量为 60 000 ~ 100 000 辆。

②一级公路。与高速公路设施基本相同，只是部分控制出入，是供汽车分向、分车道行驶的公路。一般能适应按各种汽车折合成小客车的远景设计年限年平均昼夜交通量为 15 000 ~ 30 000 辆。

③二级公路。一般能适应按各种车辆折合成中型载重汽车的远景设计年限年平均昼夜交通量为 3 000 ~ 7 500 辆。

④三级公路。一般能适应按各种车辆折合成中型载重汽车的远景设计年限年平均昼夜交通量为 1 000 ~ 4 000 辆。

⑤四级公路。一般能适应按各种车辆折合成中型载重汽车的远景设计年限年平均昼夜交通量为：双车道 1 500 辆以下，单车道 200 辆以下。

公路等级的选用应根据公路网的规划，从全局出发，按照公路的使用任务、功能和远景交通量综合确定。各级公路远景设计年限：高速公路和一级公路为 20 年；二级公路为 15 年；三级公路为 10 年；四级公路一般为 10 年，也可以根据实际情况适当调整。

（3）公路技术标准。

公路技术标准是国家的法定技术要求，在设计公路时必须严格遵守。国家制定公路技术标准的依据是已有的理论、以往公路建设的经验以及当前国家政策。因此，公路技术标准可以反映一个国家公路建设的技术方针。

公路技术标准主要包括“几何标准”、“载重标准”和“净空标准”等若干方面。“几何标准”或称“线形标准”，主要是确定路线线形几何尺寸的技术标准。“载重标准”是用于道路的结构设计，其主要依据是汽车的载重标准等级。“净空标准”是根据不同汽车的外轮廓尺寸和轴距，来确定道路的尺寸。

各级公路的具体标准是由各项技术标准体现的，如表 5-1 所示。

表 5-1　　各级公路的主要技术标准汇总表

公路等级	高速公路			一级公路			二级公路		三级公路		四级公路
设计速度 /(km/h)	120	100	80	100	80	60	80	60	40	30	20

续表

公路等级		高速公路			一级公路			二级公路		三级公路		四级公路
车道数/(条)		4、6、8	4、6、8	4、6	4、6、8	4、6	4	2	2	2	2	1、2
路基宽度 (一般值) /(m)		28.0 34.5 45.0	26.0 33.5 44.0	24.5 32.0	26.0 33.5 44.0	24.5 32.0	23.0	12.0	10.0	8.5	7.5	4.5 6.5
停车视距/(m)		210	160	110	160	110	75	110	75	40	30	20
圆曲线半径 /(m)	一般值	1000	700	400	700	400	200	400	200	100	65	30
	最小值	650	400	250	400	250	125	250	125	60	30	15
最大坡度/(%)		3	4	5	4	5	6	5	6	7	8	9

2. 构成公路的主要要素

公路是设置在大地表面，供各种车辆行驶的一种带状三维空间结构物。关于构成公路的主要要素可以从线形和结构两个方面来阐述。

（1）线形。

公路的中线是一条三维空间曲线，称为路线。线形是指道路中线在空间的几何形状和尺寸。这一空间线形在水平面上的投影称为路线平面图；用一曲面沿道路中线竖直剖切，再展开成平面的图示称为纵断面图；沿道路中线任一点（即中桩）作的中线法向剖切面称为横断面图。公路的平面线形主要由直线、圆锥曲线、缓和曲线等基本线形要素组成。纵断面线形由直线（直坡段）及竖曲线等基本线形要素组成。公路设计中，平、纵、横三个方面是相互影响、相互制约、相互配合的，设计时应综合考虑。另外，由于公路线长、面广，并直接受人、车、环境及自然条件的影响和约束，在线形设计时必须考虑行车安全、经济、旅客舒适及美观等要求。

（2）结构。

①路基。路基是道路的基础，承受着路面传递下来的行车荷载，由土、石等材料按照一定尺寸及结构要求修筑而成的带状土工结构体。路基必须稳定坚实，满足一定的强度和稳定性要求。道路路基的结构组成及相关尺寸由横断面图表示。

②路面。路面位于路基顶面，用各种筑路材料分层铺筑。与车辆直接接触，需承受行车荷载及各种自然因素的作用。必须具有足够的力学强度、良好的稳定性以及平整的表面和良好的抗滑性能，以供车辆在其上以一定的速度安全而舒适的行驶。

③排水系统。为了确保路基稳定，免受地面水和地下水的侵害，公路还应修建专门的排水设施。道路排水系统按其排水方向的不同，分为纵向排水和横向排水。纵向排水有边沟、截水沟和排水沟。横向排水有桥梁、涵洞、路拱、过水路面、透水路堤和渡水槽等。

④特殊结构物。公路的特殊结构物有隧道、防护工程、悬出路台及防石廊等。隧道是为道路从地层内部或水下通过而修建的结构物，隧道可以缩短道路的里程，避免道路翻山越岭，保证行车的平顺。防护工程是在陡峻山坡或沿河一侧的路基边坡修建的填石边坡、砌石边坡、挡土墙、护脚及护面墙等，可以加固路基边坡、保证路基稳定的结构物。悬出

路台是在山岭地带修筑公路时，为了保证公路连续和路基稳定所修建的悬臂式路台。防石廊则是在山区或地质复杂地带，为了保证公路的行车安全而修建的。

⑤沿线附属设施。为了保证行车安全、迅速、舒适和美观，在公路沿线设置了交通安全设施、交通管理设施、服务设施和环境美化设施等。主要包括照明设备、交通标志、护栏、中央分隔带、隔声墙、隔离墙、加油站、停车场、餐厅、汽车旅馆以及绿化设施和美化设施等。

5.1.3　城市道路

通达城市内部各个地区，供城市内交通运输及行人使用，便于市民生活、工作及文化娱乐活动，与城市外道路连接的道路称为城市道路，如图 5.2 所示。

图 5.2　城市道路

1. 城市道路的分类、分级及技术标准

(1) 城市道路分类。

我国现行的《城市道路设计规范》(CJJ37—1990) 依据道路在城市道路网中的地位和交通功能以及道路对沿路的服务功能，将城市道路主要分为四种类型，即城市快速路、城市主干路、城市次干路和城市支路。

①城市快速路。主要为城市长距离、快速交通服务，是大城市交通运输的主要动脉，同时也是城市与高速公路的联系通道。应有四个以上车道，中间设分车带，机动车道两侧不宜设置非机动车道，进口、出口采用全控制或部分控制，大部分交叉路口采用立体交叉。

②城市主干路。是连接城市各主要部分的交通干道，是城市道路的骨架，以交通运输功能为主。应保证一定的车速，设置足够的车道数，采用机动车与非机动车分隔的形式，尽量减少交叉口，平面交叉应有交通控制措施。

③城市次干路。是连接主干路的辅助性干道，与主干路结合共同组成城市的干道网。是一般交通道路，起集散交通的作用，并兼有服务功能。一般情况下快车、慢车混合使用。

④城市支路。是次干路与居民区的连接路。以服务功能为主，道路两侧一般建有商业性建筑等。

另外，城市道路还有居民区道路、风景区道路和自行车专用车道等类型。

(2) 城市道路的分级及相应技术标准。

城市道路除快速路外，其他每类道路按照所在城市的规模、设计交通量、道路所处地形等分为三个等级。一般情况下，道路分级与大、中、小城市相对应。各类、各级道路的主要技术指标如表5-2所示。

表5-2　城市道路各类（级）道路的主要技术标准

类别	级别	设计车速/（km/h）	双向机动车道数/（条）	机动车道宽度/（m）	分隔带设置	道路断面形式
快速路		60、80	≥4	3.75	必须设	双、四幅路
主干路	Ⅰ	50、60	≥4	3.75	应设	单、双、三、四幅路
	Ⅱ	40、50	≥4	3.75	应设	单、双、三幅路
	Ⅲ	30、40	2~4	3.5~3.75	可设	单、双、三幅路
次干路	Ⅰ	40、50	2~4	3.75	可设	单、双、三、幅路
	Ⅱ	30、40	2~4	3.5~3.75	不设	单幅路
	Ⅲ	20、30	2	3.5	不设	单幅路
支路	Ⅰ	30、40	2	3.5~3.75	不设	单幅路
	Ⅱ	20、30	2	3.5	不设	单幅路
	Ⅲ	20	2	3.5	不设	单幅路

2. 城市道路的组成、功能及特点

(1) 城市道路的组成。

与公路相比较，城市道路的组成更为复杂，其功能也更多一些。城市道路通常由以下部分组成。

①机动车道和非机动车道。

②人行道（包括地下人行道及人行天桥）。

③交叉口、步行广场、停车场、加油站、公共汽车站。

④交通安全设施，如照明设备、护栏、交通标志、信号灯、安全岛及标线等。

⑤排水系统，如街沟、雨水口、窨井及雨水管等。

⑥沿街设施，如电线杆、给水栓、邮筒、电信设备及垃圾桶等。

⑦地下各种管线，如电缆、光缆、煤气管及给水排水管道等。

⑧绿化带。

⑨大城市还有地下铁道、高架桥等。

（2）城市道路的功能

现代的城市道路是城市总体规划的主要组成部分，是城市中人们活动和物资流动必不可少的重要基础设施。城市道路的功能主要体现在四个方面，即交通运输功能、公用空间功能、防灾救灾功能、形成城市平面结构功能。

①交通运输功能。联系城市各部分，为城市内部各种交通服务，并担负城市对外交通的中转集散。

②公用空间功能。为城市提供通风、采光及日照，改善城市公共生活环境。为城市公用设施（如电力、电信、给水排水、燃气、热力）的铺设提供公用空间。

③防灾救灾功能。为人们躲避火灾、地震等灾害提供场地，为消防提供通道，为防火提供隔离带。

④形成城市平面结构功能。构成城市平面结构布局的骨架，确定城市的格局。划分街坊，结合沿街建筑，表现城市建设风貌。

（3）城市道路的特点

与公路及其他道路相比较，城市道路具有以下特点：

①功能多样。城市道路除了具有交通功能外，还有如上所述的一些其他功能。

②组成复杂。城市道路的组成比一般公路要复杂，城市道路除了有机动车道以外，还要设置非机动车道、人行道、设施带等。

③道路交叉口多。

④沿路两侧建筑物密集。城市道路的两侧是建筑用地的黄金地带，道路一旦建成，沿街两侧鳞次栉比的各种建筑也相应建造起来，以后很难拆迁房屋拓宽道路。因此，在规划设计道路的宽度时，必须充分预测到远期交通发展的需要，并严格控制好道路红线宽度。

⑤景观艺术要求高。城市干道网是城市的骨架，城市总平面布局是否合理、美观，在很大程度上首先体现在道路网特别是干道网的规划布局上。合理的城市道路网络也从一个侧面体现和反映了城市的文明程度。

⑥城市道路规划、设计的影响因素多。综上所述，基于城市道路的上述种种特点，决定了城市道路在规划设计时必须综合考虑多种因素，才能最终给出一个满足各方面要求的最佳设计方案。

5.1.4　高速公路

为了适应现代交通的大流量、高速度、重型化、安全、舒适的要求，高速公路应运而生。目前，在西方发达国家高速公路的发展已经比较成熟，许多国家都形成了全国性的高速公路网。一些国家还将主要高速公路通向其他国家，称为国际交通干线。我国高速公路的建设是从改革开放以后开始的。30 余年来，我国高速公路建设实现了突飞猛进的发展，取得了有目共睹的成绩。

高速公路是一种具有四条或四条以上车道，设有中央分隔带，全部立体交叉，全部控制出入，具有完善的交通安全设施、管理设施、服务设施，专供汽车分向、分车道高速行驶的公路。如图 5.3 所示。

图 5.3 高速公路

1. 高速公路的特点

(1) 高速公路的优点。

与普通公路相比较，高速公路既有量上（如设计指标等）的差异，又有质上（如管理、服务等）的差异。高速公路在设施和管理上的不同，使高速公路具有以下突出的优点。

①行车速度快。一般高速公路的行车速度在 120km/h 以上。

②通行能力大。一条车道每小时可以通过 1 000 辆中型车，比一般公路高出 3 ~4 倍。

③安全性好。因为高速公路具有良好的管理系统、完善的交通设施、先进的监控手段及采用全封闭、全立交，排除了横向干扰，使得交通事故大幅度减少，行车安全性大大提高。

④舒适性好。高速公路的线形标准高，路面质量好，坚实平整，因此车辆行驶的平稳度很好。因为对高速公路设计要求尽量合理利用土地，保留原有地段的风景树木，这也在视觉上和心理上为驾乘人员提高了良好的行驶条件。另外，高速公路沿线配套设施完善，也为舒适驾驶提供了必要的保证。

⑤经济效益高。由于提高了运营速度，缩短了运营时间，降低了单位车公里油耗和机械损耗，因此使运营成本降低，大大提高了经济效益。

⑥能够带动沿线地方的经济发展。高速公路的高能、高效、快速通达的多功能作用，

使生产、流通、交换的周期缩短，促进了商品经济的繁荣和发展。相关实践表明，凡在高速公路沿线的地区，都能很快兴起一大批新兴工业及商贸城市。

(2) 高速公路的缺点

①造价高。我国四车道高速公路平均造价超过 1 200 万元/km，比普通公路高出数倍甚至数十倍。这种造价对待建项目多而资金短缺的发展中国家是有压力的，因此建设什么等级的公路应该统筹规划，分步实施。

②占地多。高速公路一般占地宽度为 20～30m 以上，这在本来可耕地就少的我国必然会导致农业用地与高速公路建设之间的矛盾。

③对环境影响大。高速公路的修建会改变原有自然环境，对地形、植被、水系等方面会产生一定的破坏作用。另外，大量行驶的汽车还会带来噪声和废气的污染。对这些不利影响应予以重视，尽量使其影响降至最小。

2. 高速公路沿线设施

高速公路沿线有安全设施、交通管理设施、服务设施、环境美化设施等。

①安全设施。一般包括标志（如警告、限制、指示等）、标线（指示安全行车的文字或图形）、护栏（有刚性护栏、半刚性护栏、柔性护栏等）、隔离设施（是对高速公路进行隔离封闭的人工构造物的统称，如金属网、常青绿篱等）、照明及防眩设施（为保证夜间行车安全所设置的照明灯、车灯灯光防眩板等）、视线诱导设施（为保证驾驶员视觉及心理上的安全感而设置的全线设置轮廓标）等。

②交通管理设施。一般为高速公路入口控制、交通监控设施（如检测器监控、工业电视监控、通讯联系电话、巡逻监视等）、高速公路收费系统等。

③服务设施。一般有综合性服务站（包括停车场、加油站、修理所、餐厅、旅馆、邮局、通讯营业厅、休息室、卫生间、小卖部等）、小型休息点（以加油为主，附设卫生间、公用电话、小块绿地、小型停车场）、停车场等。

④环境美化设施。是对在高速行驶中的驾驶员进行视觉和心理调节的重要环节。因此，高速公路在设计、施工、养护和管理的全过程中，除满足工程和交通的技术要求外，还要符合美学的要求，最终使高速公路与当地的自然风景相协调而成为优美的风景带。

§5.2　铁 路 工 程

5.2.1　概述

在人们以马车作为代步和载货工具的年代，雨天时地面泥泞，车轮很容易陷入轮沟中。因此，人们就想到在地面铺上木板，让车轮好行驶。后来为了使木板道能长久使用，又在木板上铺上铁板，这就是铁轨的开始。铁路运输的最大优点是运输能力大、安全可靠、速度较快、成本较低、对环境的污染较小，基本不受气象及气候的影响，能源消耗远低于航空和公路运输，是现代运输体系中的主干力量。

世界铁路的发展已有 100 多年的历史，第一条完全用于客货运输而且有特定时间行驶列车的铁路，是 1830 年通车的英国利物浦至曼彻斯特铁路，这条铁路全长 35 英里。此后，铁路主要依靠牵引动力的发展而发展。牵引机车从最初的蒸汽机车发展成内燃机车、电力机车。运行速度也随着牵引动力的发展而加快。20 世纪 60 年代开始出现了高速铁路，速度从 120km/h 提高到 450km/h 左右，以后又打破了传统的轮轨相互接触的粘着铁路，发展了轮轨相互脱离的磁悬浮铁路。而后者的试验运行速度已经达到 500km/h 以上。一些发达国家和发展中国家的大城市已经把建设磁悬浮铁路列入计划。

在我国，铁路建设自 1876 年英国商人在上海修建淞沪铁路开始，到 1949 年我国共有铁路营运里程 2.18 万 km，集中分布在东北和东部沿海地区。60 余年来，为开发内地、西南和西北地区，新建了较多的铁路，使我国铁路网布局逐渐趋于均衡。上海浦东国际机场至龙阳路地铁站一段磁悬浮铁路的修建成功，标志着我国铁路建设已逐步接近国际先进水平。

城市轻轨与地下铁道已是各国发展城市公共交通的重要手段之一。自北京出现了我国第一条地下铁路之后，上海、天津、广州、武汉、南京、成都等地已将发展地铁作为解决城市公共交通的重要措施之一。上海于 2000 年 12 月顺利建成我国第一条轻轨铁路——明珠线，这条轻轨铁路线将我国的城市交通发展推向一个新的阶段。

5.2.2 铁路的基本组成

铁路线路是铁路工程中的主要组成部分，是机车车辆运行的基础。铁路线路是由路基、桥梁、涵洞、隧道等建筑物和轨道（包括钢轨、连接零件、轨枕、道床、防爬设备和道岔等）组成的一个整体工程结构。其典型横剖面如图 5.4 所示。此外，属于铁路工程的还有车站设施、机务设备、电力供应等。

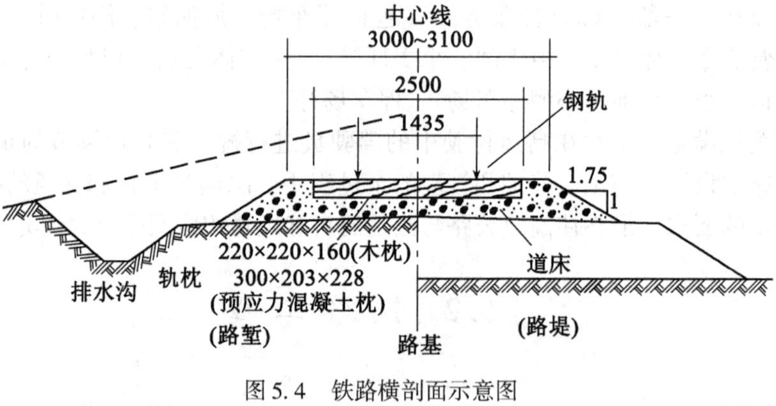

图 5.4 铁路横剖面示意图

1. 铁路的主要技术标准

铁路的主要技术指标包括铁路等级、正线数目、限制坡度、最小曲线半径、牵引种类、机车类型、机车交路、车站分布、到发线有效长度等，对上述各项指标的规定即为技术标准。这些技术标准是确定设计线上一系列工程标准和设备类型的依据，上述技术标准能够决定铁路运输能力并影响铁路工程造价和运营质量。

铁路等级是铁路的基本标准。其他各项标准的确定都与铁路等级有关。我国《铁路线路设计规范》(GBJ90—85）中规定，铁路的等级应根据铁路线路在铁路网中的作用、性质和承担的远期年客货运量确定。我国铁路共划分为三个等级，如表 5-3 所示。

表 5-3　　铁路等级和主要技术标准

等级	路网中作用	远期年客货运量/(GN)	最高行车速度/(km/h)	限制坡度/(‰)		最小曲线半径/(m)	
				一般地段	困难地段	一般地段	困难地段
Ⅰ	骨干	≥150	120	6	12	1000	400(350)
Ⅱ	骨干	<150	100	12	15	800	350(300)
	联络、辅助	≥75					
Ⅲ	地区性	<75	80	15	20	600	300(250)

2. 铁路路基

铁路路基是铁路线路承受轨道和列车荷载的基础结构物。按地形条件及线路平面和纵断面设计要求，铁路路基横断面可以修成路堤、路堑和半路堑三种基本形式，如图 5.5 所示。

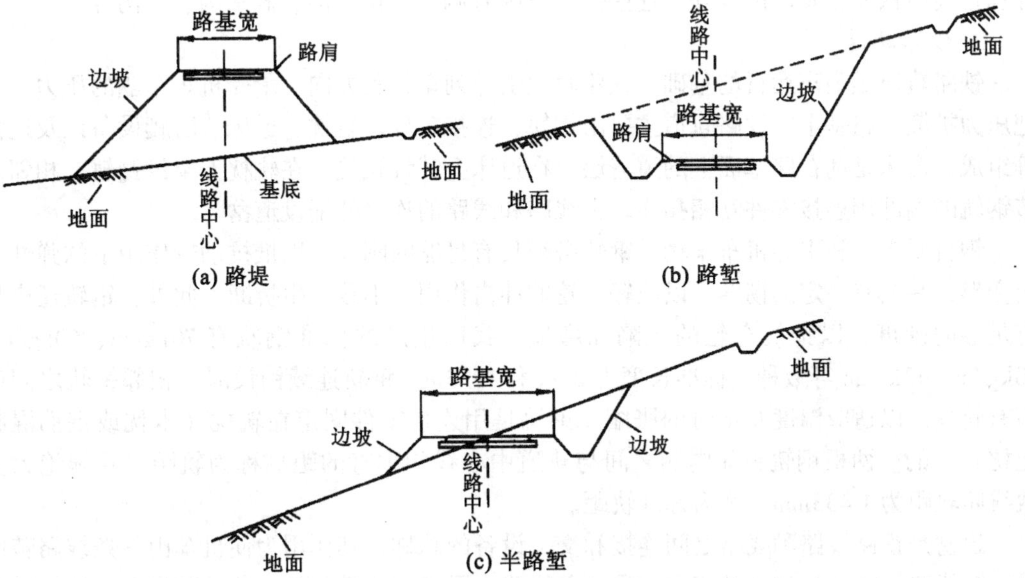

图 5.5　铁路路基的基本形式

铁路路基顶面的宽度，根据铁路等级、轨道类型、道床标准、路肩宽度和线路间距等因素确定。区间直线路段上的铁路路基顶面宽度数值如表 5-4 所示。

表 5-4 区间直线路段的铁路路基顶面宽度 （单位：m）

铁路等级	轨道类型	单线						双线		
		非渗水土			岩石、渗水土			非渗水土		
		道床厚度	路基面宽度		道床厚度	路基面宽度		道床厚度	路基面宽度	
			路堤	路堑		路堤	路堑		路堤	路堑
Ⅰ级	特重型	0.5	7.0	6.7	0.35	6.1	5.7	0.5	11.1	10.7
	重型	0.5	6.9	6.6	0.35	6.0	5.6	0.5	11.0	10.6
	次重型	0.45	6.7	6.4	0.3	5.8	5.4	0.45	4.8	4.4
Ⅱ级	次重型	0.45	6.7	6.4	0.3	5.8	5.4	0.45	4.8	4.4
	中型	0.4	6.5	6.2	0.3	5.8	5.4	0.4	4.6	4.2
Ⅲ级	轻型	0.35	5.6	5.6	0.25	4.9	4.9	—	—	—

注：双线线距 4m，路肩宽Ⅰ、Ⅱ级铁路 0.6m，Ⅲ级铁路 0.4m。

为保证路基的整体稳定性，路堤和路堑的边坡都应根据相关规定筑成一定的坡度。为了消除或减轻地面水和地下水对路基的危害作用，使铁路路基处于干燥状态，必须采用地面排水和地下排水措施，将降落或渗入铁路路基范围的地面水或地下水，拦截、汇集、引导和排离出铁路路基范围以外。这些排水设施有侧沟、排水沟、截水沟、暗沟等。

3. 铁路轨道

铁路轨道是列车运行的基础。铁路轨道引导列车行驶方向，承受机车车辆的压力，并把压力扩散到路基上。铁路轨道主要由钢轨、连接零件、轨枕、道床、防爬设备以及道岔等组成。道床是铺在路基面上的道渣层。在道床上铺设轨枕，在轨枕上架设钢轨。相邻两节钢轨的端部用连接零件互相扣连。在线路和线路的连接处铺设道岔。

钢轨要支承和引导机车车辆，钢轨必须具有足够的刚度，以抵抗动轮作用下的弹性挠曲变形，并具有一定的韧度，以减轻动轮的冲击作用，不致产生折断。此外，钢轨还应具有足够的硬度，以抵抗车轮的压陷和磨损。我国生产的标准钢轨有 70kg/m、60kg/m、50kg/m、43kg/m 等数种。标准长度为 25m 和 12.5m。钢轨连续铺设时，相邻钢轨之间应留有轨缝，以适应温度变化时的胀缩。钢轨是用连接零件固定在轨枕（木枕或钢筋混凝土枕）上的。两根钢轨头部内侧之间与轨道中心线相垂直的距离称为轨距。我国绝大多数线路轨距为 1 435mm，称为标准轨距。

道岔是铁路线路和线路之间连接和交叉设备的总称，其作用为使机车由一条线路转向另一条线路，或者越过与其相交的另一条线路。最常用的道岔是普通单开道岔。这种道岔由转辙器、转辙机械、辙叉、连接部分和岔枕组成。除单开道岔外，还有三开道岔、交分道岔等。

目前，我国铁路正线轨道共分为特重型、重型、次重型、中型和轻型等五种类型，如表 5-5 所示。

表 5-5　正线轨道类型

轨道类型	年通过总重量/(GN)	最高行车速度/(km/h)	钢轨/(kg/m)	轨枕根数/(根/km)		道床厚度/(cm)		
				预应力混凝土枕	木枕	非渗水土路基		岩石、渗水土路基
						面层	垫层	
特重型	>600	≥120	≥70	1760～1840	—	30	20	35
重型	300～600	≥120	60	1760	1840	30	20	35
次重型	150～300	120	50	1680～1760	1760～1840	25	20	30
中型	80～150	100	43	1600～1680	1680～1760	20	20	30
轻型	<80	80	43、38	1520～1600	1600～1680	20	15	25

5.2.3　高速铁路

1. 高速铁路的发展概况

铁路现代化的一个重要标志是大幅度地提高列车的运行速度。高速铁路是发达国家于20 世纪 60—70 年代逐步发展起来的一种城市与城市之间的运输工具。一般地讲，铁路速度的分档为：时速 100～120km 称为常速；时速 120～160km 称为中速；时速 160～200km 称为准高速；时速 200～400km 称为高速；时速 400km 以上称为特高速。

为适应旅客运输高速化的需要，日本率先建成了时速 210km 的东海道新干线。之后，发达国家掀起了修建高速铁路的热潮。短短 30 余年，世界上已有日本、法国、德国、俄罗斯、瑞典、西班牙等国家新建和改建的高速铁路近 10 000km。

归纳起来，当今世界上建设高速铁路有下列几种模式：

(1) 日本新干线模式：全部修建新线，旅客列车专用，如图 5.6 所示。

(2) 德国 ICE 模式：全部修建新线，旅客列车及货物列车混用，如图 5.7 所示。

(3) 英国 APT 模式：既不修建新线，也不大量改造旧线，主要采用由摆式车体的车辆组成的动车组，旅客列车及货物列车混用，如图 5.8 所示。

(4) 法国 TGV 模式：部分修建新线，部分旧线改造，旅客列车专用，如图 5.9 所示。

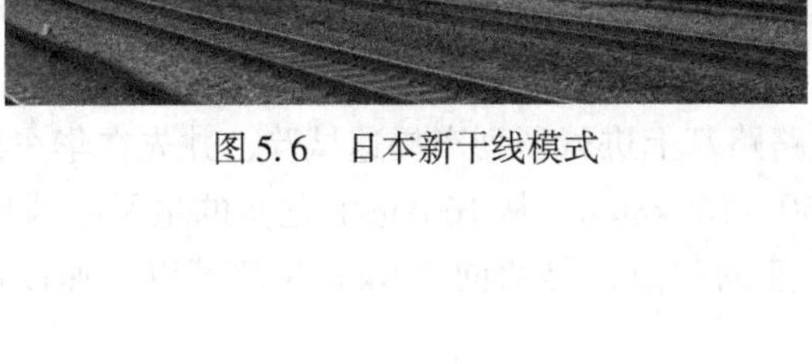

图 5.6　日本新干线模式

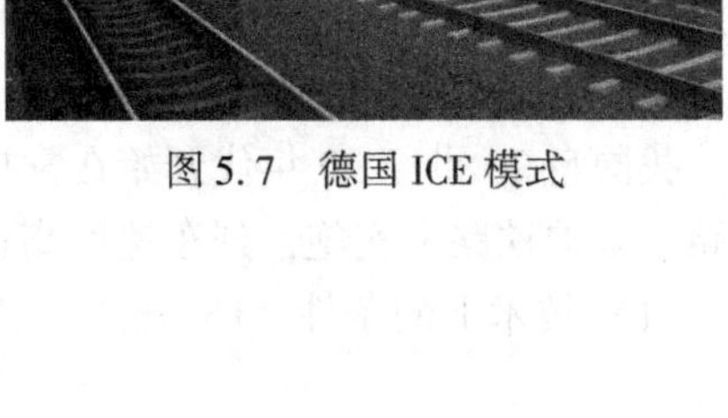

图 5.7　德国 ICE 模式

图 5.8　英国 APT 模式

图 5.9　法国 TGV 模式

2. 高速铁路的技术要求

铁路高速化的实现为城市之间的快速交通往来和旅客出行提供了极大的方便。同时也对铁路选线与设计等方面提出了更高的要求，如铁路沿线的信号与通信自动化管理，铁路机车和车辆的减震和隔声要求，对线路平断面、纵断面的改造，加强轨道结构，改善轨道的平顺性和养护技术等。具体主要表现在以下几个方面：

（1）线路方面：高速铁路线路应能保证列车按规定的最高车速，安全、平稳和不间断地运行，因此要求线路整体上必须具有一定的坚固性、稳定性和平顺性。高速铁路对线路的具体要求表现在最小曲线半径、缓和曲线、外轨超高等线路平面标准，坡度值和竖曲线等线路纵断面标准以及对线路构造、道岔等的特定要求等方面。

（2）列车的牵引动力方面：高速列车的牵引动力是实现高速行车的重要关键技术之一。高速行车涉及到许多方面的新技术。如：新型动力装置与传动装置；牵引动力的配置已不能局限于传统机车的牵引方式，而要采用分散的或相对集中的动车组方式；新的列车制动技术；高速电力牵引时的受电技术；适应高速行车要求的车体及行走部分的结构以及减少空气阻力的新外形设计，等等。这些均是发展高速铁路在牵引动力方面必须解决的具体技术问题。

（3）信号和控制系统方面：高速铁路的信号与控制系统是高速列车安全、高密度运行的基本保证。信号与控制系统是集微机控制与数据传输于一体的综合控制与管理系统，也是铁路适应高速运行、控制与管理而采用的最新综合性高新技术，一般统称为先进列车控制系统。如列车自动防护系统、卫星定位系统、车载智能控制系统、列车调度决策支持系统、列车微机自动监测与诊断系统等。

（4）通信方面：通信在铁路运输中起着神经系统和网络的作用，通信主要完成三个方面的任务：保证指挥列车运行的各种调度指挥命令信息的传输；为旅客提供各种服务的通信；为设备维修及运营管理提供通信条件。列车运行速度的提高，对通信也提出了更高的要求，主要要求通信具有高可靠性、高效率，能与信号系统紧密结合，形成一个完整的铁路通信网。

3. 我国高速铁路的建设

我国自 20 世纪 90 年代开始在常规铁路路基上进行了列车提速试验，并先在华东地区铁路、京沪铁路上实施，列车速度高达 150 ~ 160km/h。从 160km/h 起步的主要原因是：

（1）技术上的条件：160km/h 是准高速的起点，是通向 200km/h 及其以上速度的桥梁，也是传统技术与新技术的连接点。

（2）经济上的条件：在既有线路上进行适当的技术改造，即可达到车速 160km/h 的要求，比一开始实现 200km/h 及以上的高速行车所需的投资要少得多。广州到深圳之间已开通了速度达 180～200km/h 的准高速铁路。

5.2.4　城市轨道交通——地铁与轻轨

1. 地铁

世界上第一条载客的地下铁道（简称地铁）是 1863 年首先通车的伦敦地铁。早期的地铁是由蒸汽机车牵引的，轨道较浅，建设方法是在街道下面先挖一条深沟，然后在两边砌上墙壁，下面铺上铁路，最后再在上面加顶。第一条使用电动火车并且真正深入地下的铁路是在 1890 年建成的，也由此改进了使用蒸汽机车带来的许多缺点。

目前，伦敦的地铁长度已达 380km，全市已形成了一个四通八达的地铁网，每天载客 160 余万人次。现在全世界建有地下铁道的城市有很多，如法国巴黎、英国伦敦、俄罗斯莫斯科、日本东京、美国纽约、美国芝加哥、加拿大多伦多。在我国的一些大城市，也陆续建成了地下铁道，如北京、上海、天津、广州、南京、深圳等，还有一些城市正在建设或计划建设地铁，如武汉、成都、西安、杭州、沈阳、重庆、郑州等。

发达国家的地铁设施非常完善，如法国的巴黎，其地铁在城市地下纵横交错，行驶里程高达数百公里，地下车站遍布城市各个角落，给居民带来了非常便利的公共交通服务。英国伦敦的地铁绵延甚广，总长度约 250 英里，每年乘坐的旅客多达数亿人次。英国格拉斯哥的地铁，全长 20.8km，线路平面布置宛如一个闭合式的圆环，其行驶路线是在做圆周运动。俄罗斯莫斯科的地铁，以其车站富丽堂皇而闻名于世，如图 5.10 所示。至 20 世纪 90 年代初，莫斯科地铁长度已达 212.5km，设有 132 个车站，共拥有 8 条辐射线和多条环行线，平面形状宛如蜘蛛网。莫斯科地铁自 1935 年 5 月 15 日运营以来，累计运输乘客已超过 500 亿人次，担负着莫斯科市总客运量的 44%。美国波士顿的地铁，由 80 余 km 长的多条线路交汇于市中心的一点和几点上，通过这几点的换乘站可以转往其他公交站。波士顿地铁于 20 世纪 90 年代率先采用交流电驱动的电机和不锈钢制作的车厢，也是美国大陆首先使用交流电直接作为动力的地铁列车。美国纽约的地铁是世界上最繁忙的，每天行驶的班次多达 9000 余次，运输量更是惊人。

2. 轻轨

城市轻轨是城市客运轨道交通系统中的又一种形式，轻轨的客运量中等，介于地铁与有轨电车之间。轻轨与有轨电车的区别在于拥有较大比例的专用道，大多数采用浅埋隧道或高架桥的方式，车辆和通信信号设备是专门化的，因此轻轨与有轨电车相比较，具有运输速度快，正点率高、噪声小的优点。城市轻轨与公共汽车相比较，具有速度快、效率高、省能源及污染少等优点。城市轻轨与地铁相比较，地铁可以建于地下、地面、高架（如建于地面上的高架地铁也可以称为轨道交通），而轻轨铁路同样可以建于地下、地面、高架，两者的区分主要视其单向最大高峰小时客流量，地铁客流量比轻轨的客流量要大，而轻轨与地铁相比较具有造价低、见效快的优点。

自 20 世纪 70 年代以来，世界上出现了建设轻轨铁路的高潮。目前已有 200 多个城市建有这种交通系统。在上海，已建成我国第一条城市轻轨系统，即明珠线，如图 5.11 所

图 5.10 地下铁道（莫斯科地铁车站）

示。明珠线轻轨交通一期工程全长 24.975km，自上海市西南的徐汇区开始，贯穿长宁区、普陀区、闸北区、虹口区，直到东北角的宝山区，沿线共设有 19 座车站，全线无缝线路，除了与上海火车站连接的轻轨车站以外，其余全部采用高架桥结构形式。

目前，上海城市轨道交通总里程有 65km。但根据新一轮城市规划，上海拟建地铁线路 11 条，长 384km；轻轨线路 10 条，长约 186km。每年平均要建设 15 ~ 20km，需投入资金 100 亿元，而完成总体规划则需要投入资金 3 000 多亿元。

图 5.11 城市轻轨（上海明珠线）

3. 地铁和轻轨的共同特点

城市轻轨和地下铁道一般具有以下共同特点：

(1) 线路多经过居民区，需要对噪声和震动严格控制，除了需对车辆结构采取减震措施及修筑声障屏以外，对轨道结构也要求采取相应的措施。

(2) 行车密度大，运营时间长，留给轨道的维修作业时间短，因而必须采用较强的轨道部件，一般采用混凝土道床等轨道结构。

(3) 一般采用直流电动机牵引，以轨道作为供电回路。为了减少泄漏电流的电解腐蚀，要求钢轨与基础之间有较高的绝缘性能。

(4) 曲线段占的比例大，曲线半径比常规铁路小得多，一般为 100m 左右，需要解决好曲线轨道的构造问题。

4. 城市轨道交通的优势

时至今日，城市里交通堵塞，环境及空气污染等由于交通所带来的所谓“城市病”已成为困扰人类的共同问题。而城市轨道交通以其快捷、安全、准时、容量大、能耗低、污染轻等诸多优点越来越博得人们的青睐，城市轨道交通被誉为对环境友好的“绿色交通”。因此，未来在城市里大力发展轨道交通将是必然的趋势。总的来说，城市轨道交通与一般的交通方式相比较具有以下几个方面的优势：

(1) 运输能力大。由于城市轨道交通采用高密度的运转方式，列车发车间隔时间短，行车速度高，列车编组车辆数多，因此具有较大的运输能力。单向最大高峰小时运输能力：轻轨铁路为 10000 ~ 40000 人，地铁为 40000 ~ 60000 人。

(2) 准时性强。由于城市轨道交通的车辆在专用行车道上运行，不受其他交通工具的干扰，既不会产生拥堵现象，也不受气候条件影响，具有可靠的准时性。

(3) 安全性高。城市轨道交通没有平面交叉道口，全封闭、全立交，不受行人和其他交通工具的干扰，并具有先进的通信信号设备，基本不会发生交通事故，有较高的安全性。

(4) 舒适性好。轨道交通与常规公共交通相比较，轨道比道路平坦，行车平稳。有的车辆、车站装有空调、导向设施、自动售票、自动检票等直接为乘客服务的设备，乘车条件优越，舒适性较好。

(5) 速达性高。轨道交通与常规公共交通相比较，具有较高的启动和制动加速度，列车启、停快，且有较高的运行速度。轨道交通多采用站台，乘客乘车方便，换乘迅速，在途时间短，可以较快到达目的地。

(6) 能有效节省土地。城市轨道交通能充分地利用地下和地上空间，可以节省土地，这对于土地资源短缺的大城市十分重要。有利于缓解市中心地区过于拥挤的状况，能提高土地的利用价值，并改善城市景观。

(7) 对环境的保护作用好。城市轨道交通由于采用电力牵引，不产生废气污染，位于市区的高架线路，也便于采取各种降噪、防噪的措施，一般不会对城市环境产生严重的噪声污染和空气污染。

(8) 社会成本较低。轨道交通与常规公共交通相比较，由于采用电力牵引，节省能源，城市轨道交通具有较低的自身运营成本、占用道路成本、占用停车场成本、交通事故损失成本、环境成本及时间价值成本等。

5.2.5 磁悬浮铁路

1. 磁悬浮铁路的概念

磁悬浮铁路是一种新型的交通运输系统，磁悬浮铁路与传统铁路有着截然不同的特点。磁悬浮铁路上运行的列车，是利用电磁系统产生的吸引力和排斥力将车辆托起，使整个列车悬浮在铁路上，利用电磁力进行导向，并利用直流电机将电能直接转换成推进力来推动列车前进。

磁悬浮铁路与传统铁路相比较，磁悬浮铁路由于消除了轮轨之间的接触，因而无摩擦阻力，线路垂直负荷小，适于高速运行，时速可达500km/h以上；无机械震动和噪声，无废气排出，有利于保护环境；列车运行平稳，提高旅客的舒适度；由于磁悬浮铁路采用导轨结构，不会发生脱轨和颠覆事故，提高了列车运行的安全性和可靠性；磁悬浮列车由于没有钢轨、车轮、接触导线等部件之间的摩擦，可以省去大量的维修工作和维修费用。另外，磁悬浮列车可以实现全盘自动化控制，因此磁悬浮铁路将成为未来最具竞争力的一种交通工具。

2. *磁悬浮铁路的发展概况*

在磁悬浮铁路的研究方面，德国和日本起步最早，但两国采用的制式却截然不同。德国采用常导磁吸式，即铁芯电磁铁悬挂在导体下方，导轨为固定磁铁，利用两者之间的吸引力使车体浮起，如图5.12所示；而日本采用超导磁斥式，即用超导磁体与轨道导体中感应的电流之间的相斥力使车体浮起，如图5.13所示。上述两种方式在车辆和线路结构上，在悬浮、导向和推进方式上虽各有不同，然而基本原理是相同的。

图5.12 德国磁悬浮列车

图5.13 日本磁悬浮列车

德国从1968年开始研究磁悬浮列车，1983年在曼姆斯兰德建设了一条长32km的试验线路，已完成了载人试验，行驶速度达412km/h。其他发达国家也都在进行各自的磁悬浮铁路研究。目前，磁悬浮铁路已经逐步从探索性的基础研究进入到实用性开发研究的阶段。经过30余年的研究和试验，各国已公认磁悬浮铁路是一种很有发展前途的交通运输工具。另外，磁悬浮铁路的行车速度高于传统铁路，但是低于飞机，是弥补传统铁路与飞机之间速度差距的一种有效运输工具，因此发达国家目前正提出建设磁悬浮铁路网的设想。已经开始可行性方案研究的磁悬浮铁路有：美国的洛杉矶—拉斯维加斯（450km）、加拿大的蒙特利尔—渥太华（193km）、欧洲的法兰克福—巴黎（515km）等。

我国对磁悬浮铁路的研究起步较晚，1989年我国第一台磁悬浮实验铁路与列车，在湖南长沙的国防科技大学建成，试验运行速度为10m/s。

我国已在上海浦东开发区建造了首条磁悬浮列车示范运营线，如图5.14所示。上海磁悬浮快速列车西起地铁2号线龙阳路站，东至浦东国际机场，采用德国技术建造，全长约33km，设计最大速度为430km/h，单向运行时间为8min。上海磁悬浮快速列车工程既是一条浦东国际机场与市区连接的高速交通线，又是一条旅游观光线，还是一条展示高新科技成果的示范运营线。这条线路的建成大大缩短了浦东国际机场到上海市区的旅途时间。随着这条线路的开发和运行，大大缩短了我国在铁路建设方面与世界先进水平的差距。

图 5.14　上海磁悬浮列车

3. 磁悬浮铁路面临的挑战及发展前景

尽管磁悬浮铁路具有前述的优点，并且在一些国家已基本解决了技术方面的问题而开始进入实用性研究乃至商业运营阶段，但是随着时间的推移，磁悬浮铁路成为主要交通工具的趋势并没有出现，相比之下，其他一些交通运输方式，尤其是高速型常规（轮轨粘着式）铁路发展的势头越来越好。

首先，磁悬浮铁路的造价十分昂贵，其造价远远高于高速铁路。由于磁悬浮铁路所需的投入较大，利润回收期较长，投资的风险系数也较高，因而一定程度上影响了投资者的信心，制约了磁悬浮铁路的发展。

其次，磁悬浮铁路无法利用既有的线路，必须全部重新建设。由于磁悬浮铁路与常规铁路在原理、技术等方面完全不同，因而无法利用原有线路和设备。高速铁路则不同，可以通过加强路基、改善线路结构、减少弯度和坡度等方面的改造，来达到高速铁路的行车标准。因而，与磁悬浮铁路的全部重新建设相比较，高速铁路的线路和运行成本就大大降低了。

其三，磁悬浮铁路在速度上的优势并没有凸显出来。尽管，理论上磁悬浮铁路的行车速度可以达到 450 ~ 500km/h。但是目前在一些发达国家，其高速铁路的运行速度已达到或接近 300km/h。因此，磁悬浮铁路对高速铁路在运行速度上的优势越来越不明显，差距在不断地缩小。

任何一种新生事物，要想真正走入人们的生活，都必须要经历一系列的检验，如在理论、技术、实用及经济等方面都要经得起检验，最后才能在现实中得到充分应用。当前，虽然在一些国家如日本、德国等，修建磁悬浮铁路在技术上基本不存在问题，并且已开始进入实用性研究阶段。但就目前情况来看，磁悬浮铁路离成为大众化交通工具的目标还有一段距离。从经济效益角度来看，磁悬浮铁路还不具备大规模兴建的经济可行性，目前只在一些特殊行业上，如旅游等行业具有商业价值。然而，随着超导材料和超低温技术的发展，修建磁悬浮铁路的成本有可能会大大降低。到那时，磁悬浮铁路作为一种快速、舒适的“绿色交通工具”，就可以真正走入人们的生活。

§5.3 桥梁工程

桥梁工程是交通运输工程中的重要组成部分，是跨越河流、山谷等障碍物的结构物。桥梁工程是土木工程中属于结构工程的一个分支学科，桥梁工程与房屋工程一样，也是用砖石、木材、钢筋混凝土、钢材等材料建造的结构物。桥梁这种结构物既具有实用功能性，又具有造型艺术性，在设计时应特别注意将两者完美地结合起来。

桥梁工程所包含的主要内容如图 5.15 所示。

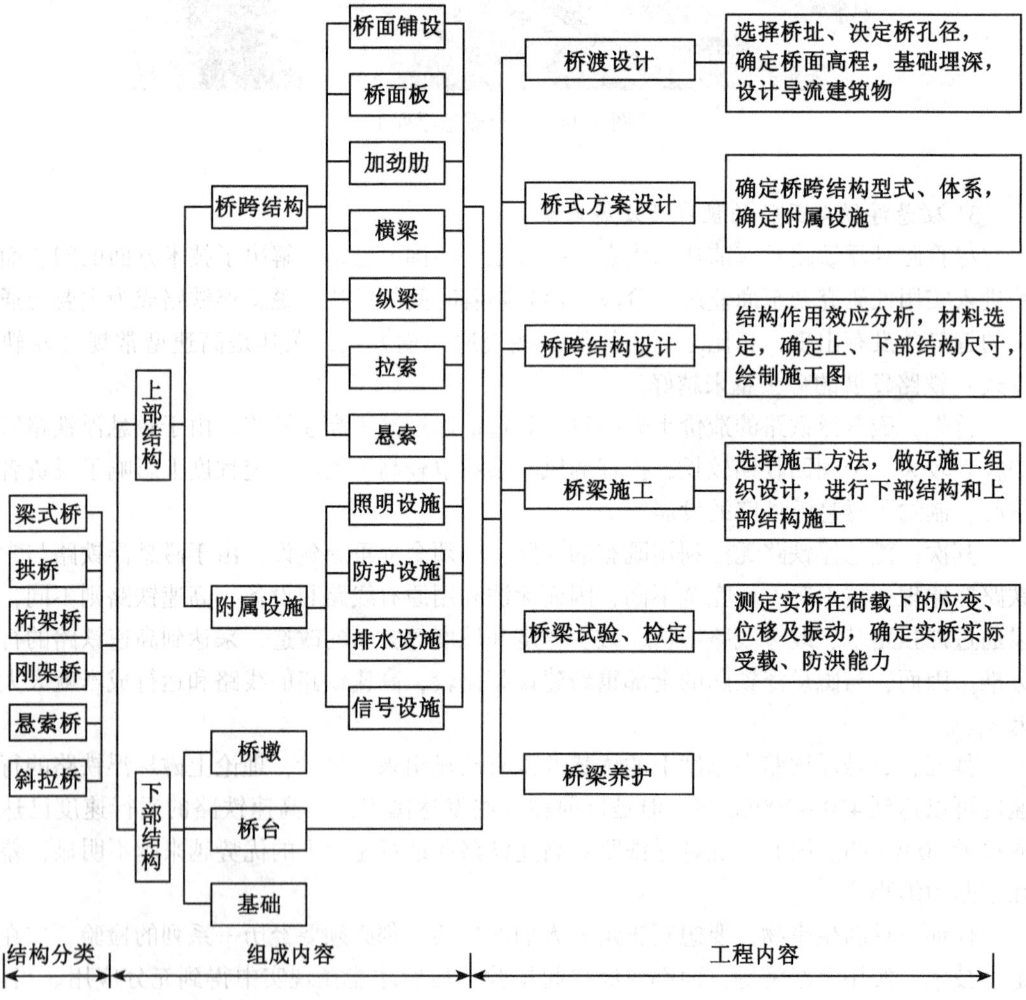

图 5.15 桥梁工程内容框图

如图5.16所示，于2008年5月1日晚11时58分正式通车的杭州湾跨海大桥，从这座大桥通车之日起就成为世界上最长的跨海大桥。杭州湾跨海大桥横跨中国杭州湾海域，北起浙江嘉兴海盐郑家埭，南至宁波慈溪水路湾，比连接巴林与沙特的法赫德国王大桥还长11km，成为继美国的庞恰特雷恩湖桥后世界第二长的桥梁。大桥全长36km，其中桥长35.7km，双向六车道高速公路，设计时速100km。总投资约107亿元，设计使用寿命100年以上。大桥设北、南两个通航孔。北航道桥为主跨448m的双塔双索面钢箱梁斜拉桥，通航标准35 000t级轮船；南航道桥为主跨318m的A型单塔双索面钢箱梁斜拉桥，通航标准为3 000t级轮船。其余引桥采用30m至80m不等的预应力混凝土连续箱梁结构。非通航孔分北、中、南引桥3大块，其中海上部分桥梁长32km。杭州湾跨海大桥的建成标志着我国桥梁建设的综合实力迈入国际先进行列。

图5.16　杭州湾跨海大桥

5.3.1　桥梁的基本组成与分类

1. 桥梁的基本组成

如图5.17所示，桥梁一般由桥跨结构、桥墩、桥台、墩台基础组成。

（1）桥跨结构（或称上部结构），是主要承载结构物，包括桥面板、桥面梁以及支承它们的结构构件如大梁、拱、悬索等，其主要作用是跨越山谷、河流及各种障碍物，并将其直接承受的各种荷载传递到下部结构，同时要保证桥上交通在一定条件下安全正常运营。

（2）桥台和桥墩（统称下部结构），是支承桥跨结构并将荷载传递至地基的结构物。通常设置在桥梁两端的称为桥台，而桥墩是多跨桥的中间支承结构，单孔桥没有中间桥墩。桥台除了起支承桥跨结构的作用以外，因其与路堤相衔接，故需抵御路堤土压力，并要起到挡土护岸的作用。桥台和桥墩埋入土中的扩大部分称为墩台基础，其作用是将桥上全部荷载传递至地基，因此墩台基础是确保桥梁能安全使用的关键。由于墩台基础往往深

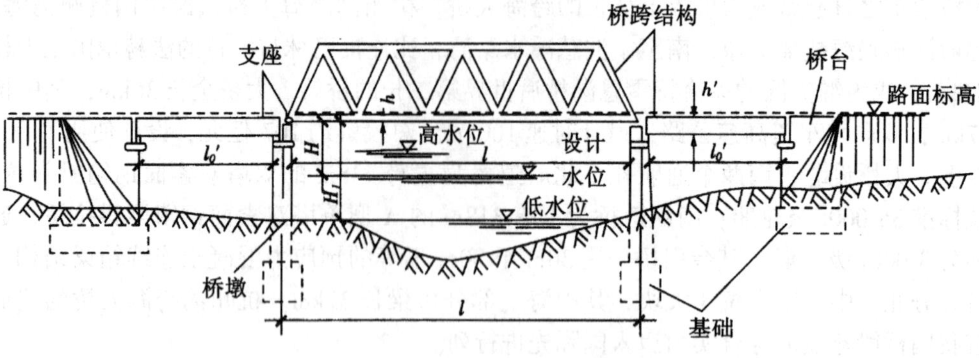

图 5.17　桥梁基本组成示意图

埋于土层之中，并且需在水下施工，故也是桥梁工程中比较困难的一个部分。

在桥梁工程中，除了上述基本结构外，根据需要有时还要修筑护岸、导流结构物等附属工程。

2. 桥梁的分类

（1）按结构体系划分，有梁式桥、拱式桥、刚架桥、斜拉桥和悬索桥等。

（2）按用途划分，有公路桥、铁路桥、公路铁路两用桥、人行桥、机耕桥、运水桥（渡槽）、景观桥及其他专用桥梁（如用于通过管路电缆）等。

（3）按桥梁全长和跨径的不同，可以分为特大桥、大桥、中桥、小桥和涵洞，如表 5-6 所示。

表 5-6　桥梁按桥梁总长及单孔跨径分类

桥梁分类	桥梁总长 L/m	单孔跨径 l/m
特大桥	$500 \leqslant L$	$100 \leqslant l$
大桥	$100 \leqslant L < 500$	$40 \leqslant l < 100$
中桥	$30 \leqslant L < 100$	$20 \leqslant l < 40$
小桥	$8 \leqslant L < 30$	$5 \leqslant l < 20$
涵洞	$L < 8$	$l < 5$

（4）按主要承重结构所用的材料划分，有木桥、圬土桥（包括砖桥、石桥、混凝土桥）、钢筋混凝土桥、预应力混凝土桥和钢桥等。

（5）按行车道位置划分，有上承式桥、中承式桥和下承式桥。桥面布置在主要承重结构之上者称为上承式桥；桥面布置在桥跨结构高度中间的称为中承式桥；桥面布置在承重结构之下的称为下承式桥。

（6）按桥梁所跨越障碍物的不同，可以分为跨河桥、跨线桥（立交桥）、高架桥等。

3. 相关术语名称和主要尺寸

（1）低水位、高水位。河流中的水位是变动的，在枯水季节的最低水位称为低水位，洪峰季节河流中的最高水位称为高水位。桥梁设计中按规定洪水频率计算所得的高水位，称为设计洪水位。

（2）净跨径、总跨径。对于梁式桥，净跨径是指设计洪水位上相邻两个桥墩（或桥台）之间的净距；对于拱式桥，净跨径是指每孔拱跨两个拱脚截面最低点之间的水平距离。总跨径是多孔桥梁中各净跨径的总和，也称桥梁孔径。总跨径反映了桥下宣泄洪水的能力。

（3）计算跨径。计算跨径对于具有支座的桥梁，是指桥跨结构相邻两个支座中心之间的距离。对于拱式桥，是指两相邻拱脚截面形心点之间的水平距离。计算跨径是桥跨结构力学计算模型的基础。

（4）桥长、桥高。桥梁全长简称桥长，是指桥梁两个桥台的侧墙或八字墙后端点之间的距离。无桥台时，桥梁全长是指桥跨结构的行车道板全长距离。桥梁高度简称桥高，是指桥面与低水位之间的距离，或为桥面与桥下线路路面之间的距离。

（5）桥下净空高度、建筑高度。桥下净空高度是设计洪水位或计算通航水位至桥跨结构最下边缘之间的距离，桥下净空高度应保证能安全排洪，且不得小于对该河流通航所规定的净空高度。建筑高度是指桥上行车路面（或轨顶）标高至桥跨结构最下缘之间的距离。建筑高度不仅与桥梁结构的体系和跨径的大小有关，而且还随行车部分在桥上布置的高度位置而异。公路（或铁路）定线中所确定的桥面（或轨顶）标高，对通航及排泄要求所规定的净空顶部标高之差，又称为容许建筑高度。为保证桥下的通航及排泄要求，桥梁的建筑高度不得大于其容许建筑高度。

（6）涵洞。涵洞是指用来宣泄路堤下水流的构造物。通常在建造涵洞处路堤不中断。为了区别于桥梁，《公路工程技术标准》（JTJ 001—1997）中规定，凡是多孔跨径的全长不到 8m 和单孔跨径不到 5m 的泄水结构物均称为涵洞。

5.3.2 桥梁的结构形式

1. 梁式桥

梁式桥的特点是其桥跨结构由梁组成，荷载作用方向通常与梁的轴线相垂直。在竖向荷载作用下梁的支承处仅产生竖向反力，而无水平反力。梁的内力以弯矩和剪力为主，如图 5.18（a）、（b）所示，并通过支座将荷载传递至下部结构。梁式桥可以分为简支梁桥、连续梁桥、悬臂梁桥。当桥的计算跨径小于 25m 时，通常采用预制装配式钢筋混凝土简支梁桥，这种梁桥的结构简单，施工方便，对地基承载能力的要求也不高。当桥的计算跨径大于 25m 时，多采用连续梁桥和悬臂梁桥，如图 5.18（c）所示，其跨间支座上的负弯矩会减小各跨跨中的弯矩，由此可以提高其跨越能力。对于跨径更大的桥梁，可以采用钢式梁桥或预应力混凝土梁桥。

我国目前最大跨度的预应力混凝土简支梁桥是 1988 年建成的飞云江桥，如图 5.19 所示。该桥位于浙江瑞安，全长 1718m，最大跨度 62m，主梁高 2.85m，间距 2.5m，桥面宽 13m，混凝土强度等级为 C60。

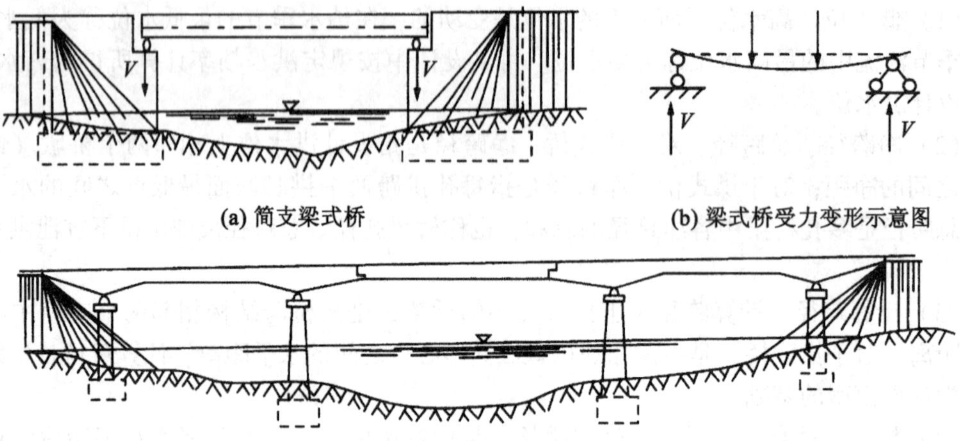

图 5.18 梁式桥示意图

图 5.19 飞云江桥

如图 5.20 所示，六库怒江桥位于云南省怒江傈族自治州州府六库，跨越怒江。是目前国内跨度最大的预应力混凝土连续箱梁桥。采用三跨变截面箱形梁，分跨为 85+154+85(m)，箱形梁为单箱单室截面，箱宽 5.0m，两侧各挑出伸臂 2.5m。支点处梁高 8.5m，合跨度的$\frac{1}{18}$；跨中梁高 2.8m，合跨度的$\frac{1}{55}$。

2. 拱式桥

拱式桥的特点是其桥跨的承载结构以拱圈或拱肋为主。在竖向荷载作用下，两拱脚处不仅产生竖向反力，还产生水平反力，如图 5.21 所示。水平推力的作用将大大降低荷载在拱中产生的弯矩和剪力，与同跨径的梁式桥相比较，拱的弯矩和变形都要小得多。拱圈或拱肋承受的主要是压力，故通常采用抗压能力强的圬工材料（如砖、石、混凝土）来

图 5.20　六库怒江桥

建造。

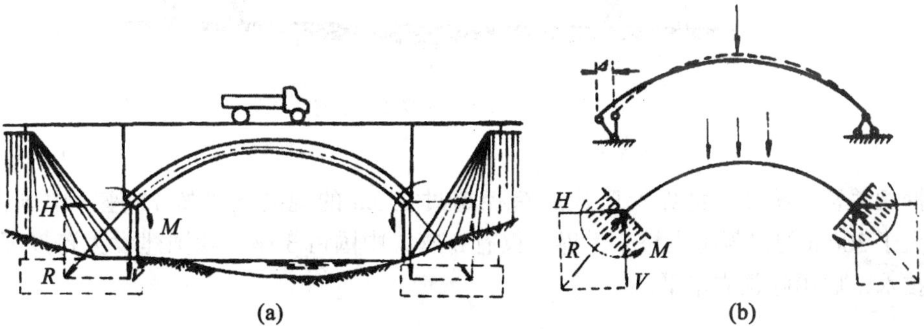

图 5.21　拱式桥受力示意图

拱式桥的跨越能力大，且外形美观，是一种经济合理的桥梁形式。但同时需要注意，由于拱式桥墩台基础必须能够承受强大的拱脚推力，因此对地基的要求很高。在地基条件不适于修建具有强大水平推力的拱桥的情况下，也可以建造所谓系杆拱桥，即水平推力由钢或预应力筋做成的抗拉系杆来承受，如图 5.22（b）所示。近年来还发展了一种所谓“飞鸟式”三跨无推力拱桥，如图 5.22（c）所示，即在拱桥边跨的两端施加强大的预应力，传递至拱脚，以抵消主跨拱脚巨大的水平推力。

按桥面与主要承重结构的上、下位置关系不同，拱桥可以分为三种形式：上承式拱桥（见图 5.21（a））、下承式拱桥（见图 5.22（b））、中承式拱桥（见图 5.22（a）、(c)）。

目前，世界上最大跨径的石拱桥为 2000 年 7 月建成的丹河大桥，如图 5.23 所示，该桥位于山西省晋城市，其主孔净跨径为 146m。世界上最大的钢管混凝土拱桥为 2000 年 6 月建成的广州丫髻沙大桥，如图 5.24 所示，该桥跨越珠江，跨度为 360m。世界上最大的钢筋混凝土拱桥为 1997 年建成的重庆万县长江大桥，如图 5.25 所示，其跨度为 420m。世界上最大的钢拱桥为上海卢浦大桥，如图 5.26 所示，其全长为 3 900m，主桥长 750m，主跨径达 550m，被誉为“世界第一钢拱桥”。

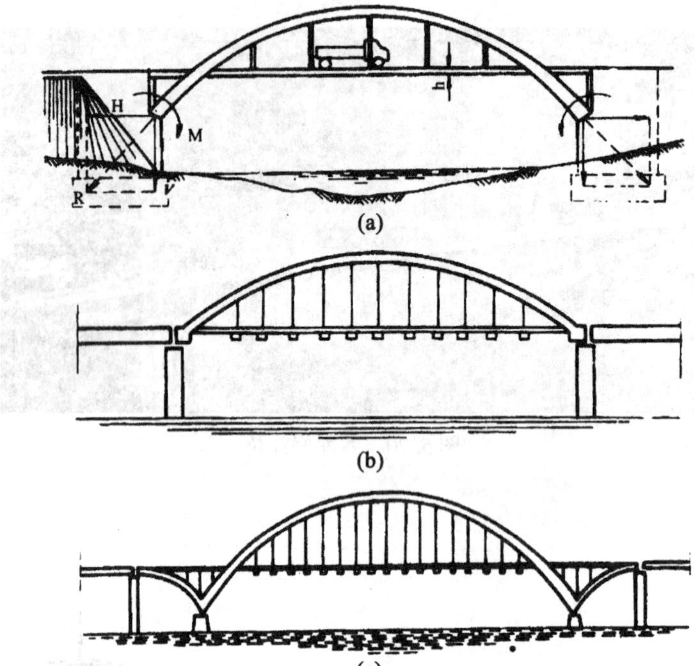

图 5.22　拱式桥形式示意图

据相关资料统计，世界上已建成跨径超过 240m 的混凝土拱桥 15 座，中国占 4 座。跨径大于 300m 的混凝土拱桥，世界上仅有 5 座，中国占 3 座。我国建设大跨度混凝土拱桥的技术，居国际领先水平。

图 5.23　山西丹河大桥

3. 刚架桥

刚架桥的外形与梁式桥相似，不过在梁式桥中，桥的大梁和桥墩在结构上是分开的，而刚架桥的上部结构与下方支脚部分是完全刚结在一起的。刚架桥是梁与柱（或竖墙）

图 5.24　广州丫髻沙大桥

图 5.25　万县长江大桥

图 5.26　上海卢浦大桥

整体结合的桥梁结构，如图 5.27（a）所示。在竖向荷载作用下，柱脚处有水平推力，梁部产生弯矩和剪力的同时还有轴力，受力状态介于梁式桥和拱桥之间，如图 5.27（b）所示。在跨径和荷载相同的情况下，刚架桥的跨中正弯矩比一般梁式桥要小，因此刚架桥的梁跨中截面高度可以比一般梁式桥小，这样刚架桥就可以获得较大的桥下净空，适于建筑高度受限又需要较大桥下净空的情况。

由一般的刚架桥又衍生出 T 形刚构桥、连续刚构桥及斜腿式刚构桥三种类型，如图 5.27（c）、(d)、(e）所示。T 形刚构桥是由桥墩和其上部梁首先形成一个 T 字形的悬臂结构，然后在相邻两个T形悬臂之间挂梁来形成完整的桥梁。如果结构在跨中采用预应力钢筋和现浇混凝土使各个区段连成整体，即为连续刚构桥。普通钢筋混凝土T形刚构桥，由于悬臂根部的负弯矩很大，不仅会增大用钢量，控制混凝土裂缝的开展也是一个棘手的问题，因此其跨径受到很大限制，目前已很少使用。预应力混凝土工艺的发展，使得T形刚构桥和连续刚构桥得到了很大的推广。特别是由于采用了悬臂安装或悬臂浇筑的分段施工方法，不但加速了修建大跨度桥梁的施工速度，而且也克服了要在江河或深谷中搭设支架的困难。T形刚构桥便于施加预应力。连续刚构桥有较好的抗震性能。斜腿式刚构桥造型轻巧美观，当建造跨越陡峭河岸或深邃峡谷的桥梁时，采用这类刚架形式往往既经济又合理。

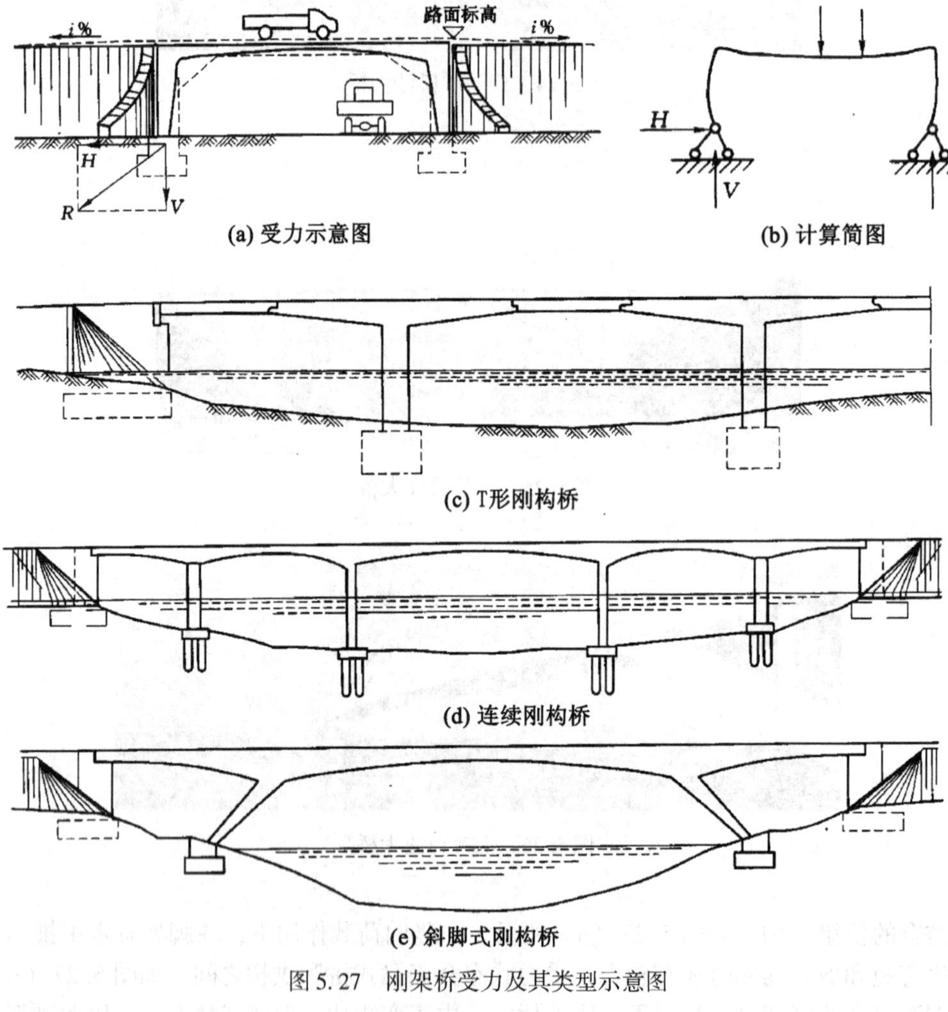

图5.27　刚架桥受力及其类型示意图

世界上已建成跨度大于240m的预应力混凝土刚构梁桥17座，中国占7座。我国1997年建成的虎门大桥副航道桥，主跨270m，为当时预应力混凝土连续刚构桥世界第一。近几年相继建成了泸州长江二桥（主跨252m）、重庆黄花园大桥（主跨250m）、黄石长江大桥（主跨 245m）、重庆高家花园桥（主跨 240m）、贵州六广河大桥（主跨 240m）。近期还将建成一大批大跨径预应力混凝土连续刚构桥。我国大跨径预应力混凝土连续刚构桥的建造技术，已居世界领先水平。如图 5.28、图 5.29 所示。

图 5.28　重庆黄花园大桥

图 5.29　黄石长江大桥

4. 斜拉桥

斜拉桥由主梁、塔柱和斜索三种基本构件组成，如图 5.30 所示。用高强钢材制成的斜索将主梁多点吊起，并将主梁上的荷载传递至塔柱，再通过塔柱基础传递至地基。在斜拉桥中，斜索承受拉力，其拉力的竖向分量通过对索塔的压力传递至基础和地基，水平分量使主梁承受轴向压力。主梁除了轴向压力之外，还承受桥面外荷载引起的弯矩和剪力。与多孔梁桥对照起来看，一根斜拉索相当于一个桥墩的（弹性）支点，因此主梁就像一根多点（弹性）支承的连续梁一样工作，从而可以使主梁的截面尺寸大大减小，结构自重显著减轻，而桥梁的跨越能力大大增加。从另一个角度可以将斜拉桥看做是一种桥面体系（加劲主梁）受压，支承体系（斜拉索）受拉的结构。

受拉斜索采用高强度钢材，充分利用其抗拉性能。主梁和塔柱可以采用钢筋混凝土或型钢来建造，我国主要采用钢筋混凝土结构。为了减小主梁的截面与自重，常用预应力混凝土代替普通钢筋混凝土，即为预应力混凝土斜拉桥。与悬索桥相比较，斜拉桥的结构刚度大，在荷载作用下的结构变形小，抵抗风振的能力较好。由于斜拉桥有良好的力学性能和经济指标，斜拉桥已成为大跨度桥梁最主要的桥型，在跨径 200 ~ 800m 的范围内占有优势，在跨径 800 ~ 1100m 的特大跨径桥梁竞争中，斜拉桥也正在扮演着重要角色。

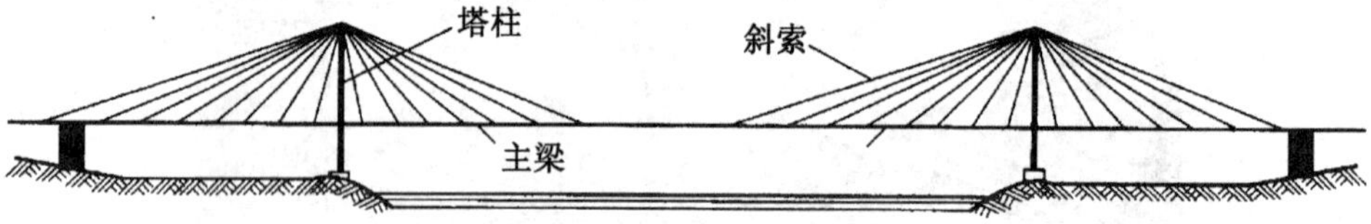

(a) 辐射式

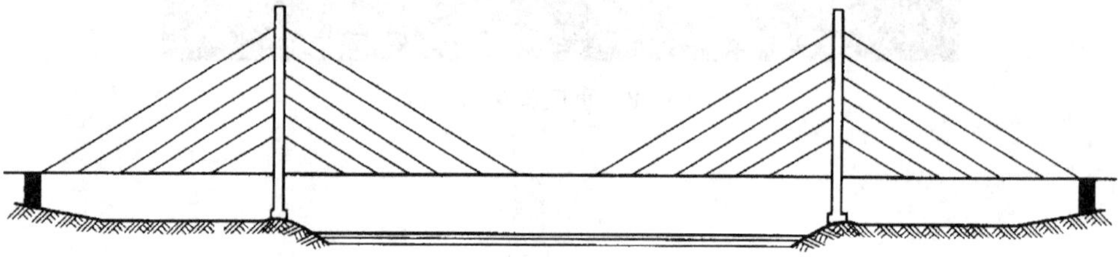
(b) 竖琴形

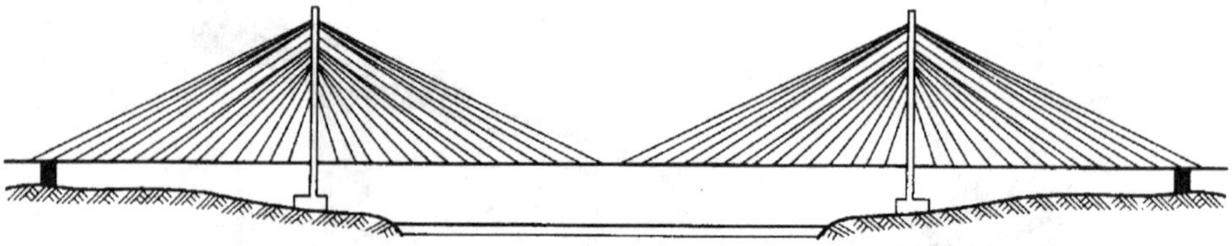
(b) 扇形

图 5.30　斜拉桥的索型示意图

斜拉桥根据跨度大小的要求以及经济上的考虑，可以建成单塔式、双塔式或多塔式的不同形式，有对称和不对称之分。最常用的是对称的三跨双塔式斜拉桥，中间跨为主跨，边跨跨度通常为中间跨的 0.25 ~ 0.5 倍（多在 0.4 倍左右）。斜拉桥的斜索布置有辐射式、竖琴形、扇形等多种形式。从桥梁行车方向看，斜拉桥的塔柱有独柱型、双柱型、门型、H 形、A 形、人字形、钻石形和倒 Y 形等形式，如图 5.31 所示。

我国现代斜拉桥始于 1975 年建成的四川云阳斜拉桥，跨径 76m。1991 年建成的上海南浦大桥，全长 8346m，分主桥、主引桥、分引桥三部分，主跨 423m，塔高 154m，为双塔双索面钢与混凝土叠合桥，扇形拉索，H 形折线形塔柱。1993 年建成的上海杨浦大桥，双塔双索面，主跨 602m，塔高 208m，钻石形塔柱，为当时世界上最大跨径的斜拉桥。如

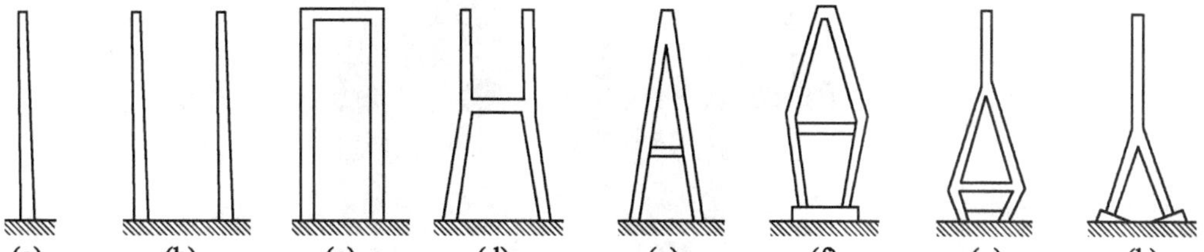

图 5.31　塔柱在行车方向的立面视图

图 5.32、图 5.33 所示。

图 5.32　上海南浦大桥

近些年我国斜拉桥技术得到飞速发展和推广，至今已建成各种类型的斜拉桥 100 多座，在斜拉桥设计、施工技术、振动控制等方面积累了丰富的经验。其中具有代表性的有福建青州闽江大桥（主跨 602m）、武汉白沙洲长江大桥（主跨 618m）、南京长江二桥（主跨 628m）、南京长江三桥（主跨 648m）。筹划中的有香港昂船洲大桥，设计主跨为 1018m。如图 5.34 ~ 图 5.38 所示。

国外具有代表性的斜拉桥为法国诺曼底大桥和日本多多罗大桥，如图 5.39、图 5.40 所示。法国诺曼底大桥是一座双塔双索面大跨度复合斜拉桥，全长 2141.25m，位于法国西北部诺曼底半岛的 Honfleur 南部和 Le Havre 北部之间的塞纳河河口上。主跨 865m，塔高 202.7m。边跨和靠近桥塔的部分中跨是预应力混凝土，采用三室单箱梁；主跨中间 624m 是扁钢箱梁。桥塔采用倒 Y 形，这对抵抗横向风荷载是非常有效的。日本多多罗大桥位于日本的本州岛和四国岛的联络线上，主跨 890m，主梁采用钢箱梁。日本是一个多

图 5.33　上海杨浦大桥

图 5.34　福建青州闽江大桥

图 5.35　武汉白沙洲长江大桥

图 5.36　南京长江二桥

图 5.37　南京长江三桥

图 5.38　香港昂船洲大桥

台风、多地震的国家。因此多多罗大桥在抗风、抗震设计上要求很高。具体地说需要抵抗52m/s左右的暴风及最大级地震。

图5.39 法国诺曼底大桥

图5.40 日本多多罗大桥

目前世界上最大跨径的斜拉桥是我国的苏通长江公路大桥，如图5.41所示。2008年4月28日，全长32.4km、主跨1 088m的苏通大桥通车一刻，就成为世界最大跨径斜拉桥，创造了最深桥梁桩基础、最高索塔、最大跨径、最长斜拉索4项斜拉桥世界纪录，其雄伟的身姿成为横跨在长江之上的一道亮丽风景。苏通大桥的建成通车，将打通沿海过江通道，有力地推进江苏省沿海开发战略目标的实现。同时，也将彻底改变南通“难通”的局面，使南通到上海的时间缩短为一个小时，跻身“上海一小时都市圈”。

苏通大桥最大主跨1088m、最长斜拉索577m、最大群桩基础131根、最高主桥塔300.4m。其在建设过程中通过了抗风、抗震、防船撞、防冲刷等技术考验，采取了世界先进的消震设施，根据设计，一般情况下5万吨级海轮撞上桥墩，桥和船都不会有事。苏通大桥地处地震6度设防区，并非地震强度很大的地区，但一旦发生地震会对桥梁产生较大影响，因此该桥在规划设计时采取两阶段设防：确保在千年一遇的地震中安全无事；在2500年一遇的地震中不会倒塌，即“小震不坏，大震不倒”。在防风设计上，苏通大桥可

图 5.41 苏通长江公路大桥

以抵抗 50m/s 的风速，大桥结构可以满足 75m/s 的风速。换言之，苏通大桥在设计能力上可以抵抗 15 级台风，主体结构可以抵抗 18 级特大台风。

苏通大桥的建成通车更加具有重要的历史意义的是，标志着我国完成了由“桥梁建设大国”向“桥梁建设强国”的转变。2008 年 6 月在美国匹兹堡召开的第二十五届国际桥梁大会上。由中国交通建设股份有限公司设计、承建的苏通长江公路大桥荣获乔治·理查德森奖。该奖项用于颁发给近期完成的、在桥梁工程方面取得杰出成就的工程项目。这是迄今为止中国桥梁工程获得的最高国际大奖。

5. 悬索桥

现代悬索桥与传统的吊桥属于同类，都是索结构。虽然源于古代吊桥，但现代悬索桥的规模、材料、技术含量已和古代吊桥不可同日而语，现代悬索桥集中了当代建筑学最尖端的理论、技术、工艺和材料。

现代悬索桥是由主缆索、塔架、吊索、加劲梁和锚碇这几个主要部分组成的，如图 5.42 所示。主缆索悬挂在塔架上，两端由锚碇锚固，为高强度柔性缆索。桥面上的荷载由加劲梁承受，并通过吊索传递至主缆索。加劲梁承受弯矩和剪力，吊索承受拉力，主缆索承受拉力，其拉力通过对塔架的压力和对锚碇结构的拉力传递至基础和地基。锚碇一般固定在地基中，个别也有固定在刚性梁的端部者，称为自锚式悬索桥。

悬索桥可以充分发挥高强度钢缆的抗拉性能，使结构自重较轻，目前其可达到的跨径是其他桥型无法比拟的。当今世界，除了已建成的苏通长江公路大桥和筹建的香港昂船洲大桥之外，其他单跨超过 1000m 的桥梁均为悬索桥，最大跨度已达到 1991m（日本明石海峡大桥）。但由于其跨度较大，结构比较纤细，结构刚度相对较小，在荷载作用下容易产生较大的挠度和振动，在设计时需特别注意其变形、动力特性及抗风稳定性。

现代悬索桥从 1883 年美国建成布鲁克林桥（主跨 486m）开始，至今已有 120 多年历史。1937 年建成的美国旧金山金门大桥，主跨达到 1 280m，一直保持了 27 年世界纪录。目前世界上跨径大于 1 000m 的悬索桥有近 20 座，其中著名的有 20 世纪 80 年代英国建成的亨伯桥（主跨 1 410m）；20 世纪 90 年代丹麦建成的大海带桥（主跨 1 624m）、瑞典建成的滨海高大桥（主跨 1 210m）、日本建成的南备赞濑户大桥（主跨 1 100m，公路、铁

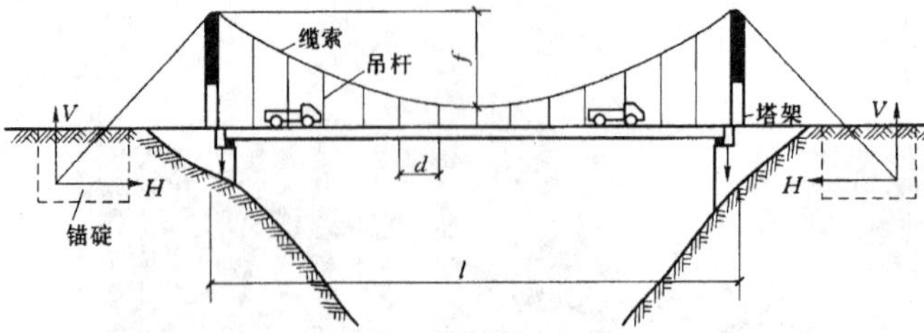

(a)

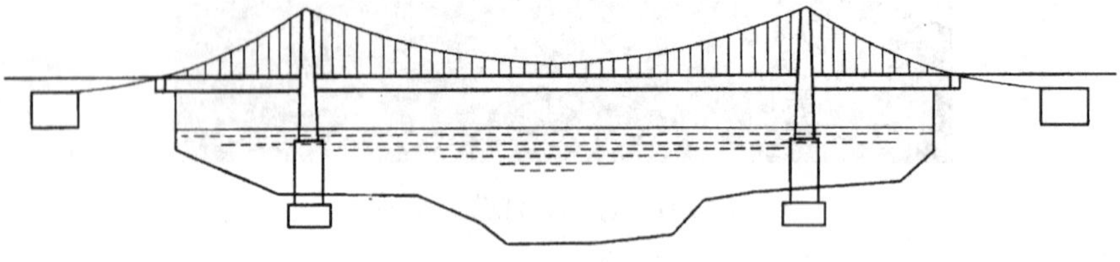

(b)

图 5.42　悬索桥受力示意图

路两用)。日本于 1 998 年建成了世界最大跨度的明石海峡大桥（主跨 1 991m)，将悬索桥跨径从 20 世纪 30 年代的 1 000m 提高到接近 2 000m，是世界悬索桥建设史上的又一座丰碑。

1995 年，中国第一座现代大跨径悬索桥广东省汕头海湾大桥建成，该桥以 452m 的跨径吹响了中国大跨径悬索桥建设的号角。仅仅一年，西陵长江大桥就将这一纪录提高到 900m。1997 年，又建成了跨径 888m 的虎门大桥。同年，香港青马大桥又实现了新的跨越，以 1 377m 的跨径雄居中国桥梁跨径之首，而且成为世界最大跨径公路、铁路两用桥。1999 年江苏江阴长江大桥又以 1 385m 的跨径傲视桥林。中国悬索桥 4 年实现 3 次飞跃，每次飞跃都是 450m 的惊人数字，这在世界桥梁史上也绝无仅有。多年来，我国已积累了丰富的悬索桥设计与施工经验。如图 5.46、图 5.47 所示。

图 5.43　美国旧金山金门大桥

图 5.44　丹麦大海带桥

图 5.45　日本明石海峡大桥

图 5.46　香港青马大桥

图 5.47　江阴长江大桥

2005 年建成通车的江苏润扬长江公路大桥是目前长江上首座由斜拉桥和悬索桥两种桥型组合而成的桥梁，称得上是江阴长江大桥和南京长江二桥的完美组合，如图 5.48 所示。大桥北起扬州，跨江飞跃镇江连接 312 国道和沪宁高速公路，全长 35.66km。北汊主桥采用主跨 406m 的斜拉桥，连接世业洲岛和镇江的南汊桥，采用跨径 1 490m 的悬索桥，该桥是目前“中国第一，世界第三”的大跨径悬索桥。目前，我国悬索桥设计和施工水平已迈入国际先进水平行列。

图 5.48　润扬长江公路大桥

5.3.3　桥梁工程展望

桥梁工程今后的发展趋势具有以下几个特点：

1. 跨径不断增大

目前，梁桥、拱桥的最大跨径已超过 500m，斜拉桥的最大跨径为 1 088m，而悬索桥的最大跨径为 1 991m。随着跨江、跨海的需要，斜拉桥的跨径还会继续有所突破，而悬索桥的跨径预计会超过 3000m。

2. 桥型不断丰富

混凝土梁桥悬臂平衡施工法、顶推法和拱桥无支架法的出现，极大地提高了混凝土桥梁的竞争力；斜拉桥的涌现和崛起，展示了丰富多彩的内容和强大的生命力；悬索桥采用钢箱加劲梁，技术上出现了新的突破。所有这一切使桥型更加丰富。

3. 结构不断轻型化

悬索桥采用钢箱加劲梁，斜拉桥在密索体系的基础上采用开口截面甚至是板，使梁的高跨比大大减少，从而大大减少桥梁的自重。拱桥采用少箱甚至拱肋或桁架体系，梁桥采用长悬臂、板件减薄等，这些都使桥梁上部的结构越来越轻型化。

复习与思考题 5

1. 查阅中国公路网，了解我国公路现状。
2. 试简述我国的公路如何分类、分级。
3. 试简要说明构成公路的主要要素。
4. 试简述城市道路的组成。
5. 试列举高速公路的主要优缺点。
6. 试简要说明城市轨道交通中地铁与轻轨的优点、缺点。
7. 试简述桥梁的基本组成和分类。

第6章 隧道工程与地下工程

为达到各种不同的使用目的，在地面下或山体内修建的建筑物，统称为“地下工程”。在地下工程的广泛范围中，将用以交通运输目的的孔道称为“隧道”。

§6.1 隧道工程

隧道是人类利用地下空间的一种形式。一般理解的隧道为修建在地下，两端有出口，供行人、车辆等通行的工程建筑。1970 年世界经济合作与发展组织（OECD）的隧道会议对隧道所下的定义为：以任何方式修建，最终使用于地面以下的条形建筑物，其洞室内部的净空断面在 $2m^2$ 以上者均为隧道。从这个定义出发，隧道涵盖的范围很广。

隧道的种类很多。按用途区分隧道可以分为：交通隧道、水工隧道、市政隧道、矿山隧道和特殊用途隧道等，其中交通隧道又有公路隧道、铁路隧道、公铁两用隧道、地铁隧道之分；按地质情况区分隧道可以分为：岩石隧道和土砂隧道；按断面形状区分隧道可以分为：圆形隧道、拱形隧道、卵形隧道、矩形隧道等；按所处位置区分隧道可以分为：傍山隧道、越岭隧道、水底隧道和地下隧道等；按施工方法区分隧道可以分为：矿山法隧道、明挖法隧道、盾构法隧道、沉埋法隧道、掘进机法隧道等；按埋置深度区分隧道可以分为：浅埋隧道和深埋隧道；按衬砌形式区分隧道可以分为：直墙式衬砌隧道、曲墙式衬砌隧道等；按衬砌施工方法区分隧道可以分为：模筑整体式混凝土衬砌隧道、喷锚衬砌隧道、复合式衬砌隧道等；按隧道内铁路线路数区分隧道可以分为：单线隧道、双线隧道和多线隧道；按公路车道数区分隧道可以分为：单车道隧道、双车道隧道和多车道隧道；按隧道长度区分隧道可以分为：短隧道（0.5km 以下）、中长隧道（0.5～3km）、长隧道（3～10km）、特长隧道（10km 以上）；按国际隧道协会（ITA）定义的断面数值划分标准区分隧道可以分为：特大断面隧道（$100m^2$ 以上）、大断面隧道（$50 \sim 100m^2$）、中等断面隧道（$10 \sim 50m^2$）、小断面隧道（$3 \sim 10m^2$）、极小断面隧道（$3m^2$ 以下）。

世界上最古老的隧道是古代巴比伦城连接皇宫与神庙之间的人行隧道，建于公元前 2180 年至公元前 2160 年间。该隧道长约 1km，断面为 3.6m×4.5m，施工期间将幼法拉底河水流改道，用明挖法建造。该隧道是砖砌建筑物。1895—1906 年修建的辛普伦隧道，是穿越阿尔卑斯山的铁路隧道，该隧道连接瑞士和意大利，全长 19.8km。目前世界上最长的公路隧道是全长 24.5km 的挪威西部的拉达尔隧道。我国最早的交通隧道是位于今陕西汉中县的“石门”隧道，建于公元66 年。我国的陕西秦岭终南山公路隧道是目前排名世界总长度第二的公路隧道，隧道全长 18.020km，该隧道的建成将翻越秦岭的道路缩短约 60km，时间减少了两个多小时，15 分钟就可穿越秦岭。该隧道的建成是我国公路隧道建设史上的一个新的里程碑，如图 6.1 所示。我国现有公路隧道近 2 000 座，总长度约

700km。我国大瑶山铁路隧道全长 14. 295km，历时 6 年建成，是目前国内最长的双线电气化隧道，其长度在世界铁路隧道中列第十位，如图 6. 2 所示。宝成铁路线宝鸡至秦岭段线路密集地设有 48 座隧道，占线路总延长米的 37. 75%。目前，我国有铁路隧道近 7 000 座，总长度近 4 000km。在水底隧道方面，我国建有跨越黄浦江的上海延安东路过江隧道，该隧道是上海连接浦东与浦西，跨越黄浦江的一条主要道路，由南北两条隧道组成，共 4 条行车道。隧道浦西出口位于延安东路福建路口，浦东出口则位于陆家嘴银城中路路口，直接连接世纪大道。全长 2. 261km，穿越黄浦江的部分有 1. 476km。车道宽 7. 5m，高 4. 5m。采用盾构法施工，如图 6. 3 所示。

图 6. 1　陕西秦岭终南山公路隧道

图 6. 2　大瑶山铁路隧道

图6.3 上海延安东路过江隧道

隧道工程要在地下挖掘所需要的空间，并修建能长期经受外部压力的衬砌结构。工程进行时由于承受周围岩土或土砂等的重力而产生的压力，因此要随时防止发生崩塌的可能性。同时还要避免由于地下水涌出等所产生的不良影响。因此，为了适应各种各样的情况，隧道技术是复杂而多样的，并且随着科学技术的进步，这种复杂性和多样性越来越显著。

6.1.1 隧道结构组成

1. 洞身

隧道结构的主体部分，是列车通行的通道，称为洞身。

2. 衬砌

衬砌是指承受地层压力，维持岩体稳定，阻止坑道周围地层变形的永久性支撑物。衬砌由拱圈、边墙、托梁和仰拱组成。拱圈位于坑道顶部，呈半圆形，为承受地层压力的主要部分。边墙位于坑道两侧，承受来自拱圈和坑道侧面的土体压力，边墙可以分为垂直形和曲线形两种。托梁位于拱圈和边墙之间，用来支承拱圈。仰拱位于坑底，形状与一般拱圈相似，但弯曲方向与拱圈相反，用来抵抗土体滑动和防止底部土体隆起。

3. 洞门

洞门是指位于隧道出、入口处，用来保护洞口土体和边坡稳定，排除仰坡流下的水的构筑物。洞门由端墙、翼墙及端墙背部的排水系统所组成。

4. 附属建筑物

附属建筑物是指为工作人员、行人及运料小车避让车辆而修建的避人洞和避车洞；为防止和排除隧道漏水或结冰而设置的排水沟和盲沟；为排除车辆产生的有害气体的通风设备；电气化铁道的接触网、电缆槽等。

6.1.2 公路隧道

1. 公路隧道的线形和净空

公路隧道的平面线形和普通道路一样，应根据公路相关规范要求进行设计。隧道平面线形一般采用直线，避免曲线。若必须设置曲线，应尽量采用大半径曲线，确保视距，且各项技术指标应符合路线布设的规定。隧道洞口的连接线应与隧道线形相配合。公路隧道的纵断面坡度由隧道通风、排水和施工等因素确定，以采用缓坡为宜。隧道内的纵坡通常应不小于0.3%，且不大于3%。若隧道从两个洞口对头掘进，为便于施工，可以采用“人”字坡。单向通行时，设置向下的单坡对通风有利。

隧道衬砌的内轮廓线所包围的空间称为隧道净空。隧道净空包括公路的建筑限界，通风及其他需要的断面面积。建筑限界是指隧道衬砌等任何建筑物不得侵入的一种限界。公路隧道的建筑限界包括车道、路肩、路缘带、人行道等的宽度以及车道、人行道的净高。公路隧道的横断面净空除了包括建筑限界之外，还包括通过管道、照明、防灾、监控、运行管理等附属设备所需要的空间，以及施工允许误差和富裕量等。

隧道净空断面的形状即为衬砌的内轮廓形状。隧道内轮廓形状关系到衬砌受力是否合理、围岩是否稳定。衬砌的形状可以采用圆拱直墙、圆拱曲墙、圆形或矩形等。圆形断面有利于承压和盾构施工。浅埋、深埋公路隧道也可以采用矩形或近椭圆形断面。

2. 公路隧道通风

汽车会排出含有多种有害物质的尾气，隧道通风就是从洞外引进新鲜的空气冲淡汽车尾气中的有害成分，使有害物质浓度降低到安全浓度。

隧道通风方式的种类很多，按送风形态、空气流动状态、送风原理等进行划分。

（1）自然通风。

自然通风方式不设置专门的通风设备，利用洞口间的自然压力差或汽车行使时产生的交通风力，达到通风的目的。但双向交通的隧道，由于交通风力存在相互抵消的情况，而使其适用的隧道长度受到限制，不能过大。对于单向行驶的隧道，则不存在交通风力相互抵消的情况，即使隧道很长也有足够的通风能力，因此其隧道的长度基本不受通风情况的限制。

（2）机械通风。

①射流式纵向通风。纵向通风是从隧道的一个洞口直接引进新鲜空气，由隧道的另一个洞口排出污染空气的方式。射流式纵向通风是将射流式风机设置于车道的吊顶部，吸入隧道内的部分空气，并以30m/s左右的速度喷射吹出，用以升压，使空气加速流动，达到通风的目的，如图6.4所示。射流式通风经济，设备费少，但噪声较大。

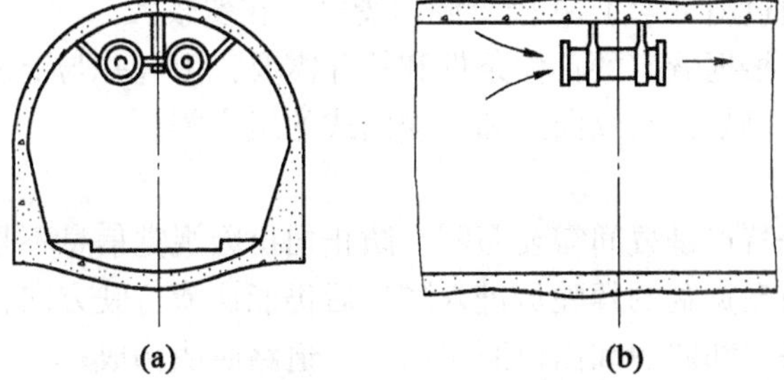

(a)　(b)

图6.4　射流式纵向通风示意图

②竖井式纵向通风。机械通风所需动力与隧道长度的立方成正比，因此在长隧道中，常常设置竖井进行分段通风，如图6.5所示。竖井用于排气，有烟囱的作用，效果较好。双向交通的隧道，因新风是从两侧洞口进入，竖井宜设于隧道中部。单向交通时，由于新风主要自入口一侧进入，竖井应靠近出口侧设置。

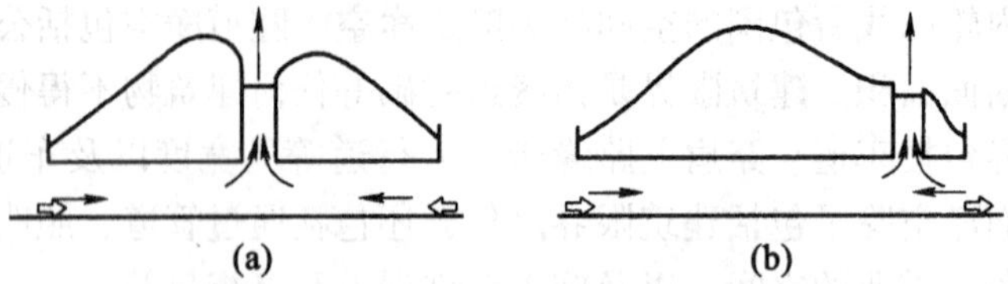

图6.5 竖井式纵向通风示意图

③横向式通风。如图6.6所示，横向式通风是分别设置送风道和排风道，风由送风道进入，将有害气体由排风道排出。风仅在隧道的横断面方向流动，一般不发生纵向流动，因此有害气体的浓度在隧道轴线方向均匀分布。该通风方式有利于防止火灾蔓延和处理烟雾。但由于需要设置送风道和排风道，会增加建设费用和运营费用。

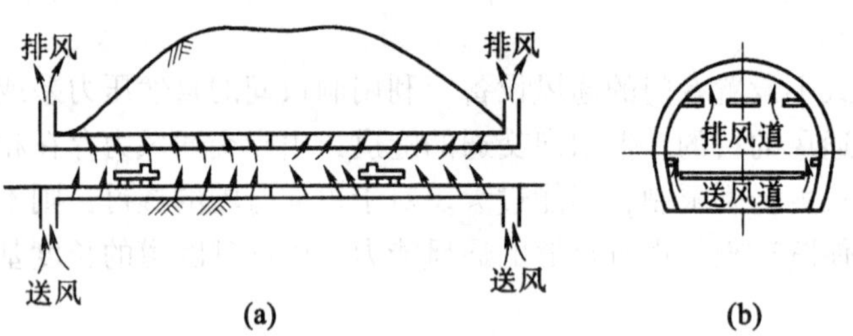

图6.6 横向式通风示意图

④半横向式通风。半横向式通风仅设置送风道。新鲜空气经送风道直接吹向汽车的排气孔高度附近，直接稀释污染气体，并使污染气体在隧道上部扩散，经过隧道两端洞口排出洞外。由于半横向式通风仅设置送风道，与横向式通风相比较要经济一些。

全横向通风方式和半横向通风方式，都需要隔离较大的隧道断面空间作为风道，需要大功率的轴流风机通过斜（竖）井排出洞内废气，花费较大。

⑤混合式通风。根据隧道的具体条件和特殊需要，由竖井与上述各种通风方式组成最为合理的通风系统。例如，有纵向式和半横向式的组合等。

3. 公路隧道照明

隧道照明的显著特点是昼间需要照明，防止司机因视觉信息不足而引发交通事故。应保证白天习惯外界明亮宽阔的驾驶员进入隧道后仍能认清行驶方向，正常驾驶。隧道照明主要由入口照明、基本部照明和出口照明与持续道路照明构成。

隧道照明应遵守的设计原则可以归纳为以下几点：

（1）隧道内无论是白天或夜间均需设基本照明，以满足行车视距要求，保证车辆的正常行驶和安全。

（2）白天车辆进入隧道时，光线应逐渐由明到暗，使驾驶员的视觉有一个适应过程，防止产生“黑洞效应”。所谓“黑洞效应”是指驾驶员在驶近隧道，从洞外看隧道内时，因周围明亮而隧道像一个黑洞，以致发生辨认困难，难以发现障碍物。应将入口段分为引入段、适应段和过渡段。

（3）确定引入段、适应段和过渡段的长度（S），通常按车速（V）以 $T=2\text{s}$ 的适应时间来确定，可以用 $S=VT/3.6$（m）来估算。

（4）出口段也应设置过渡照明，使光线逐渐由暗到明，防止产生“白洞效应”。所谓“白洞效应”是指汽车在白天穿过较长隧道后，由于外部亮度极高，而引起驾驶员因眩光作用而感到不适。

（5）夜间出入口不设加强照明，洞外应设路灯照明，亮度不低于洞内基本亮度的$\frac{1}{2}$；隧道内应设应急照明，其亮度不低于基本亮度的$\frac{1}{10}$。

4. 公路隧道施工

隧道主体工程施工的主要程序如图 6.7 所示。

20 世纪 90 年代前，我国公路隧道工程施工以矿山法为主，目前公路隧道施工以新奥法为主。新奥法施工更符合地下工程实际，是一种科学合理的、经济的隧道设计施工方法。公路隧道的施工方法还有挪威法。

（1）新奥法。

新奥法（NATM）即新奥地利隧道施工方法的简称。新奥法的概念是奥地利学者拉布西维兹（L. V. Radcewicz）教授于 1948 年提出的。该方法不同于传统隧道工程中应用厚壁混凝土结构支护松动围岩的理论，而是应用岩体力学原理，将岩体视为连续介质，在岩体中开挖隧道时，在围岩尚未来得及发生变形破坏之前，及时在围岩表面喷射薄壁混凝土和设置锚杆，作为支护结构，来控制围岩的变形和松弛，保护围岩的天然承载力。使围岩成为支护体系的组成部分，形成了以锚杆、喷射混凝土和隧道围岩为三位一体的承载结构，共同支承山体压力，形成长期稳定的支护结构。后来这种方法在欧洲、美国和日本等地的许多地下工程中被广泛应用，已成为在软弱破碎围岩地段修建隧道的一种基本方法，经济效益十分显著。

（2）挪威法。

挪威法（NMT）即挪威隧道施工方法的简称。是 20 世纪 90 年代在西北欧隧道工程中发展起来的一种新方法。该方法根据隧道质量指标 Q 值进行围岩分类并选定支护，是对新奥法的完善、补充和发展。

6.1.3　铁路隧道

地下铁道是地下工程的一种综合体。其组成包括区间隧道、地铁车站和区间设备段等设施。地下铁道建设涉及众多技术领域，包括路网规划、线路设计、土建工程、建筑造型和装修、机电运营设备等系统，要做好地下铁道建设工作，不但要掌握各个系统的专门知识，而且还要能对各个系统进行全面协调。

地铁的区间隧道是连接相邻车站之间的构筑物。地铁区间隧道在地铁线路的长度与工

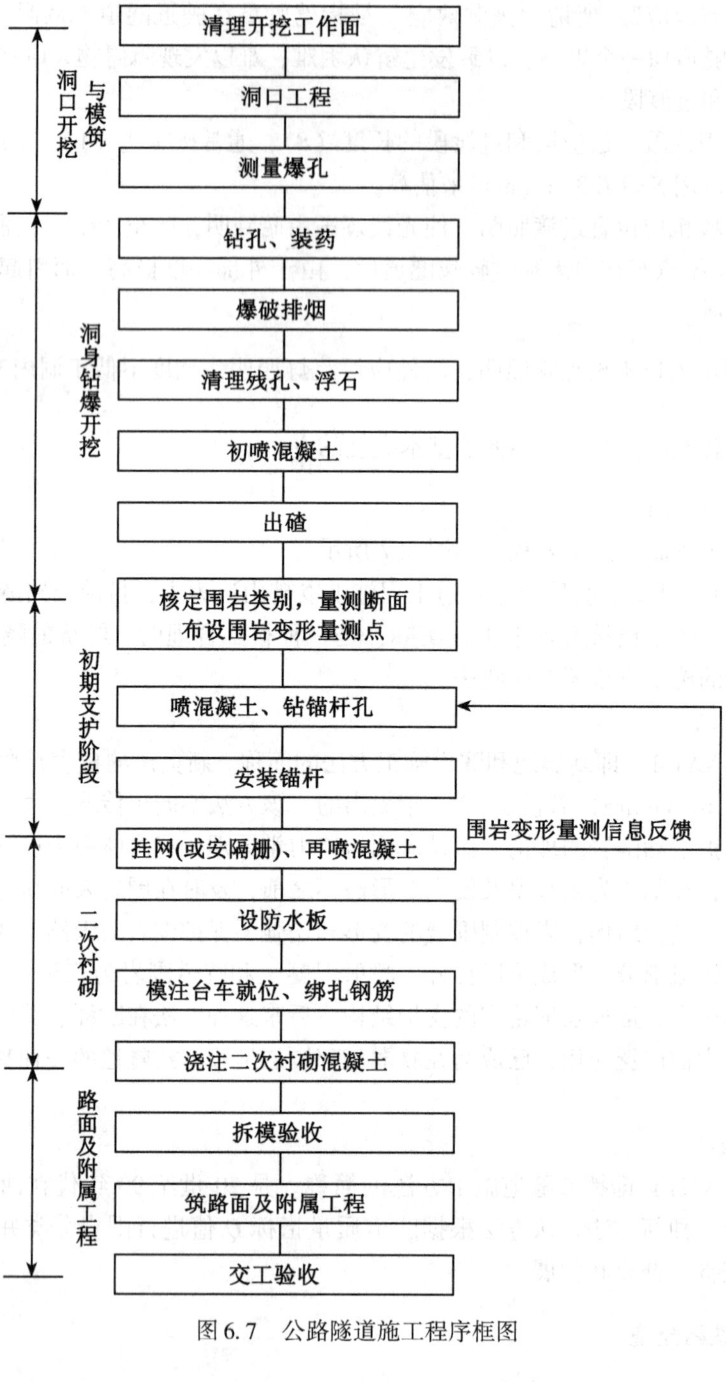

图 6.7 公路隧道施工程序框图

程量方面均占有较大比重。地铁区间隧道衬砌结构内应具有足够空间，以供车辆通行和铺设轨道、供电线路、电缆以及消防、排水和照明的装置。

1. 地铁隧道结构

地铁隧道结构包括浅埋区间隧道和深埋区间隧道。

（1）浅埋区间隧道。多采用明挖施工，常用钢筋混凝土矩形框架结构。如图6.8所示是浅埋明挖施工的区间隧道结构形式。

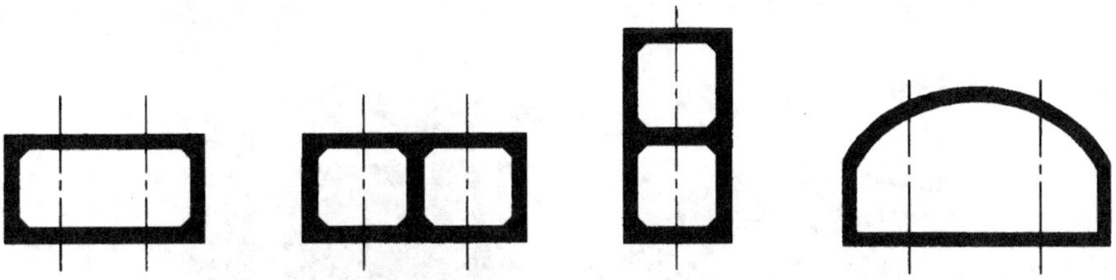

图6.8　浅埋区间隧道结构形式示意图

（2）深埋区间隧道。多采取暗挖施工，用圆形盾构开挖和钢筋混凝土管片支护。结构上覆土的深度要求应不小于盾构直径。从技术和经济观点分析，暗挖施工时，建造两个单线隧道比建造一个将双线放在一起的大断面隧道要合理，因为单线隧道断面利用率高，且便于施工。

莫斯科早期地下铁道为适应备战需要采用了深埋形式，有的路段深达40～50m。伦敦地铁有的建在30m左右深的粘土层中，利用其不渗水的特点以利于施工。

站台是地铁车站的最主要部分，是分散上、下车人流、供乘客乘换的场地。站台形式按其与正线之间的位置关系可以分为：岛式站台、侧式站台和岛侧混合式站台。

2. 地铁隧道施工

地下铁道一般沿城市主要街道布置，在市区或市郊修建。因此，地铁施工方案的选取应充分考虑其对城市交通、建筑物拆迁以及地面上、下管线的影响，要从技术、经济等方面全面加以权衡比较。地下铁道的修建方法很多，概括起来有两大施工方式，即明挖法和暗挖法。

（1）明挖法。

明挖法是浅埋地下通道最常用的方法，也称为基坑法。该方法是一种用垂直开挖方式修建隧道的方法（相对于水平方向掘进隧道而言）。基坑法施工是指从地面向下开挖，并在欲建地下铁道结构的位置进行结构的修建，待地铁结构封顶后，在其顶板上面回填土及恢复路面的施工方法。基坑支护的方法有钢桩加支撑或地下连续墙加支撑等。有时为了维持原来路面的交通运行，需在钢桩或连续墙上加盖钢结构或钢筋混凝土顶板，以便地铁施工的同时城市交通能够正常运行。

（2）暗挖法。

暗挖法有时也称为矿山法，尤其是指在坚硬的岩石层中采用的矿山巷道掘砌技术的开凿方式。但地铁施工多在浅部的松软土层中进行，暗挖法主要是指：

①盾构法。通常利用地铁车站或通风口等位置开凿竖井，将盾构机在井内进行拼装，并由此沿着地铁路线推进施工，以形成地铁区间隧道，如图6.9～图6.11所示。该方法比明挖法土方量小，地下各种管线和地面建筑物的迁移量小，对城市的交通影响也小。盾构法的施工示意图如图6.12所示。

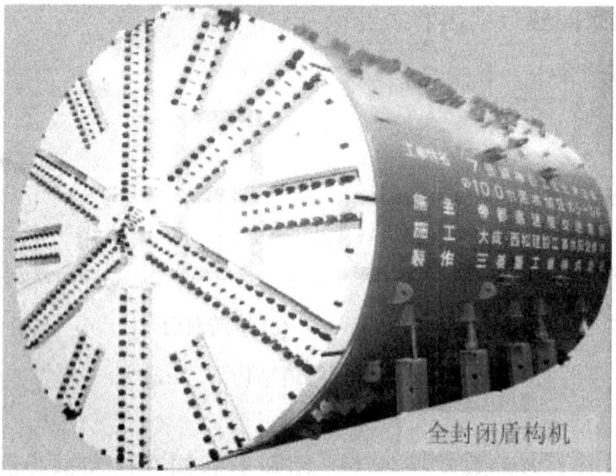

图 6.9　盾构机

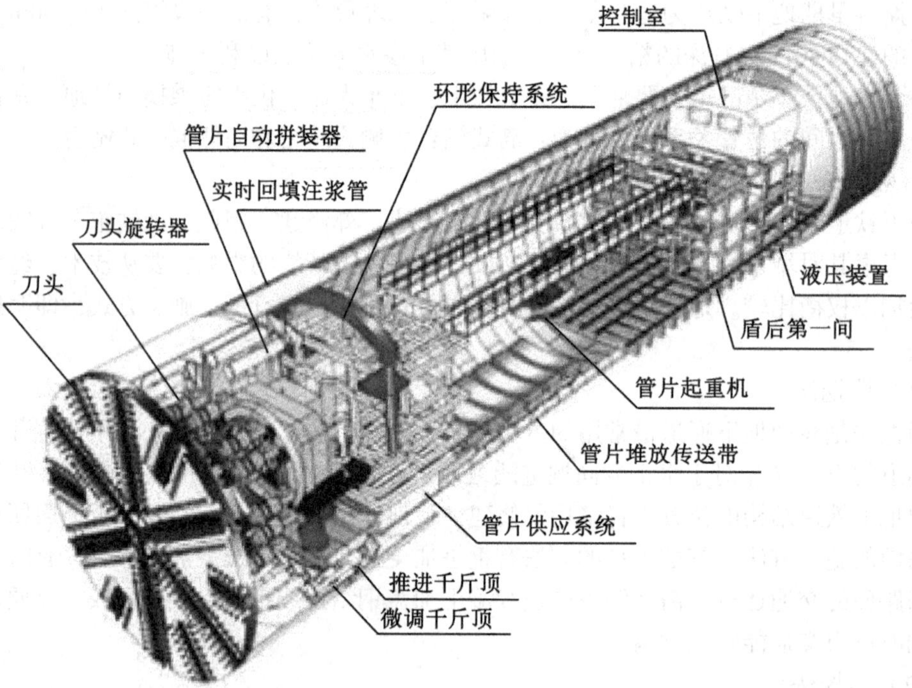

图 6.10　盾构机内部结构图

图 6. 11　盾构法施工形成的隧道

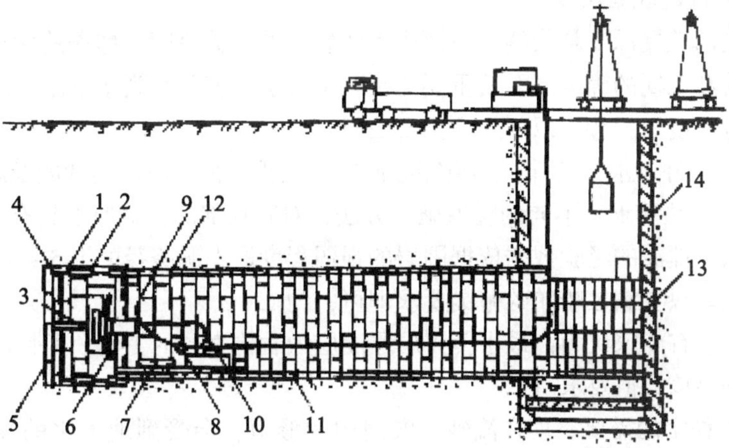

1—盾构；2—盾构千斤顶；3—盾构正面网络；4—出土转盘；
5—出土皮带运输机；6—管片拼装机；7—管片；8—压浆泵；
9—压浆孔；10—出土机；11—由管片组成的隧道衬砌结构；
12—在盾尾空隙中的压浆；13—后盾装置；14—竖井

图 6. 12　盾构法施工示意图

随着我国经济的发展，将有越来越多的城市建设地铁，而采用盾构掘进机施工将是必然的选择。正在建设中的深圳地铁和南京地铁都采用盾构掘进区间隧道。

②注浆法。在施工范围布置注浆孔，灌入水泥砂浆或其他化学浆液，以使土层固结，故该方法亦称为灌浆固结法。这样，甚至可以不加支撑来开挖竖井或隧道。

③沉管法。当地下铁道处于航道或河流中时，可以采用沉管法施工。这是水底隧道建设的一种主要方法。该方法施工是在船台上或船坞中分段预制隧道结构，然后经水中浮运或拖运将节段结构运到设计位置，再以水或砂土将其进行压载下沉，当各节段沉至水底预

先开挖的沟槽后，进行节段间接缝处理，待全部节段连接完毕，进行沟槽回填，遂建成整体贯通的隧道。

④顶管法。当浅埋地铁隧道穿越地面铁路、城市交通干线、交叉路口或地面建筑物密集、地下管线纵横的地区，为保证交通不致中断和行车安全，可以采用顶管法施工。顶管法施工是在做好的工作坑内预制钢筋混凝土隧道结构，待其达到强度后用千斤顶将结构推顶至设计位置。这种施工方法不仅用于浅埋地铁，还可以用于城市给排水管道工程、铁路桥涵等工程。

6.1.4 水底隧道

在有大吨位船舶航行的水域，或穿越水域的铁路运量和运输密度很大，或在城市内河流两岸建筑物密集区，经过技术经济比较，可以考虑修建水底隧道。水底隧道一般由岸边敞口段，岸边暗挖段和水底暗埋段三部分组成。容许纵坡不应大于该线的限制坡度。水底隧道与桥梁工程相比较，具有隐蔽性好、可保证平时与战时的畅通、抗自然灾害能力强、对水面航行无任何妨碍的优点，其缺点是造价较高。

1. 水底隧道的埋置深度

水底隧道的埋置深度是指隧道在河床下的岩土的覆盖厚度。埋深的大小关系到隧道长度、工程造价和工期的确定。尤其重要的是，覆盖层厚度关系到水下施工的安全。设计水底隧道的埋置深度需要考虑以下几项主要因素：

（1）地质条件及水文条件。隧道穿越河床的地质特征、河床的冲刷及疏浚状况。

（2）施工方法要求。不同的隧道施工方法，对其顶部的覆盖厚度具有不同的要求。

①矿山法。埋深的经验数据依据围岩的强弱程度取毛洞跨径的1.5~3倍。

②沉管法。只要满足船舶的抛锚要求即可，约1.5m。

③盾构法。有专家认为，最小覆盖层厚度应为盾构直径的1倍。但目前有些成功的施工实例并未满足该数值要求。

（3）抗浮稳定的需要。埋在流砂、淤泥中的隧道，会受到地下水的浮力作用。该浮力应由隧道自重和隧道上部覆盖土体的重量加以平衡。为保险起见，该平衡力应是浮力的1.10~1.15倍。检验抗浮稳定时，为偏于安全，不计摩擦力的作用。

（4）防护要求。水底隧道应具有一定的抵御常规武器和核武器破坏的能力。根据在常规武器攻击下非直接命中、减少损失和早期核辐射的防护要求，覆盖层应有适当的厚度。

2. 水底隧道的断面形式

水底隧道的断面形式包括圆形断面、拱形断面和矩形断面等形式。

（1）圆形断面。国内外水底隧道，特别是河底段，多采用盾构法施工，其断面多为圆形断面。采用沉管法时，有时也为圆形断面。

（2）拱形断面。采用矿山法施工时，一般用拱形断面，其断面受力和断面利用率均较好。

（3）矩形断面。采用沉管法时，有时也为矩形断面，主要取决于预制结构的断面形状。

3. 隧道防水

水底隧道的主要部分处于河床、海床下的岩土层中。常年在地下水位以下，承受着自水面开始至隧道埋深的全水头压力。因此，水底隧道自施工到运营均有一个防水问题。防水的主要措施有：

（1）采用混凝土防水。防水混凝土的制作主要靠调整级配、增加水泥量和提高砂率，以便在粗骨料周围形成一定厚度的包裹层，切断毛细渗水沿粗骨料表面的通道，达到防水的效果。

（2）壁后回填。对隧道与围岩之间的空隙进行充填灌浆，以使衬砌与围岩紧密结合，减少围岩变形，使衬砌均匀受压，提高衬砌的防水能力。

（3）围岩注浆。为使水底隧道围岩提高承载力、减少透水性，可以在围岩中进行预注浆。特别是采用钻眼爆破作业的隧道，通过注浆可以固结隧道周边的块状岩石，以形成一定厚度的止水带，并且填塞块状岩石的裂缝和裂隙，进而消除和减少水压力对衬砌的作用。

（4）双层衬砌。水底隧道采用双层衬砌可以达到两个目的：其一是防护上的需要，在爆炸载荷作用下，围岩可能开裂破坏，只要衬砌防水层完好，隧道内就不至于大量涌水而影响交通；其二是防范高水压力，有时虽然采用了防水混凝土回填注浆，在高水压下仍难免发生衬砌渗水，这种情况下，双层衬砌可以作为水底隧道过河段的防水措施。

4. 海底隧道

（1）英吉利海峡海底隧道。

英吉利海峡海底隧道又称英法海底隧道或欧洲隧道，是一条连接英国英伦三岛与欧洲法国的铁路隧道。英吉利海峡海底隧道从英吉利海峡最窄处即英国的多佛尔到法国的加来，如图 6.13 所示。英吉利海峡海底隧道由三条长 51km 的平行隧洞组成，其隧道断面构造如图 6.14 所示。隧道总长度 3×51km，其中海底段的隧洞长度为 3×38km，隧道最大埋深 100m，是目前世界上第二长的海底隧道，仅次于日本青函海底隧道。两侧主隧道为铁路隧道，衬砌后的直径为 7.6m，开挖洞径为 8.36～8.78m；中间一条为后勤服务隧道，衬砌后的直径为 4.8m，开挖洞径为 5.38～5.77m。每隔 375m 后勤服务隧道与两侧主隧道连通，供通风、维修使用。当主隧道因故列车不能通行时，辅助隧道还可以作为应急的通道。从 1986 年 2 月 12 日英、法两国签定关于隧道连接的坎特布利条约到 1994 年 5 月 7 日正式通车，历时 8 年多，耗资约 100 亿英镑（约 150 亿美元），也是世界上规模最大的利用私人资本建造的工程项目。

隧道横跨英吉利海峡，使由欧洲往返英国的时间大大缩短。乘坐时速 260km 的高速火车，穿越隧道只用 26min，从巴黎到伦敦由原来的 5h 缩短为 3h。列车全天运营，高峰时间每 3min 开出一列。通过隧道的火车有长途火车、专载公路货车的区间火车、载运其他公路车辆（如大客车、一般汽车、摩托车、自行车）的区间火车。

由于英吉利海峡隧道长 50 余 km，当高速列车通过时，巨大的压力和空气阻力会使隧道内的温度升高到 49～55℃。这样高的温度不仅会造成钢轨变形、设备发生故障，而且旅客也难以忍受。为了解决这个问题，科技人员在两个隧道之间加设了一条冷却管道，并在隧道两端建造了巨型水冷却设备，水温在这里被降到 3℃，然后流经管道以降低隧道内的温度。

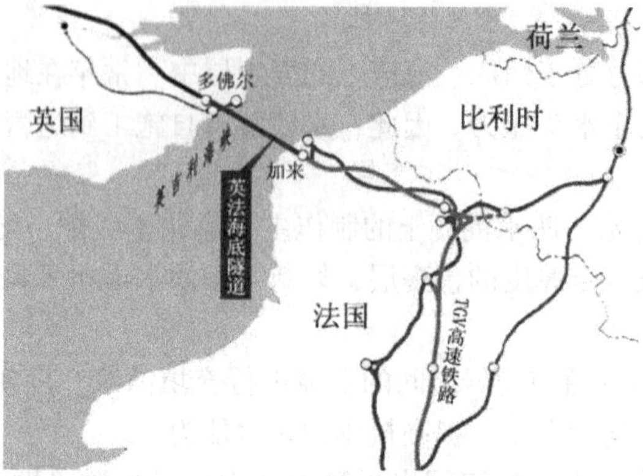

图 6.13　英吉利海底隧道

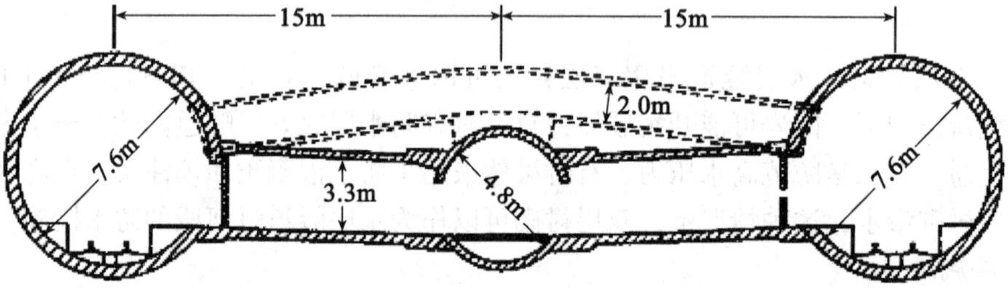

图 6.14　英吉利海底隧道断面构造示意图

（2）丹麦斯多贝尔海峡隧道。

丹麦斯多贝尔海峡隧道是丹麦跨海工程的一部分。全长 7.9km，由两条外径 8.5m 的铁路隧道组成，隧道最大埋深 75m，采用四台直径为 8.78m 的混合型土压平衡盾构掘进机施工。由于隧道穿越的地层为冰碛和泥灰岩，均为含水层，渗水量大，因而丹麦斯多贝尔海峡隧道比英吉利海峡隧道的掘进施工更为困难。

（3）日本青函海底隧道。

日本青函海底隧道是目前世界上最长的一条隧道，是一条铁路隧道。这条隧道穿越津轻海峡，将日本的本州和北海道连接起来，如图 6.15 所示。隧道由本州的青森穿过津轻海峡到北海道的函馆，为双线隧道，全长为 53.85km，其中海底部分为 23.3km。青函隧道 1964 年开挖斜坑道，经过 24 年的施工，于 1988 年 3 月 13 日正式投入运营。

长久以来，日本本州的青森与北海道的函馆两地隔海相望，中间横着水深流急的津轻海峡。两地的旅客往返和货运，除了飞机以外，就只能靠海上轮渡。从青森到海峡对岸的函馆，海上航行需要 4.5h，台风季节，每年至少要中断海运 80 次。于是，人们迫切希望海峡两岸除飞机和轮渡之外，再能有更经济、更方便的交通把两岸联系起来。青函隧道工程的设想也就应运而生。

1964 年 5 月，青函隧道开始挖调查坑道。经过 7 年的各种海底科学考察，专家们才最终选定了安全的隧道位置，并于 1971 年 4 月正式动工开挖主坑道。经过 12 年的施工，1983 年 1 月 27 日，南起青森县今别町滨名，北至北海道知内町汤里，世界上最长的海底隧道——青函隧道的先导坑道终于打通了。1988 年 3 月 13 日，青函隧道正式通车，从而

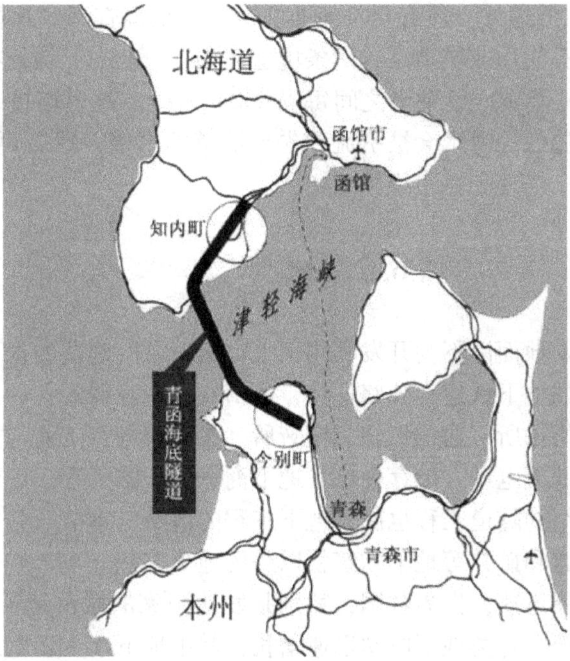

图 6.15　日本青函海底隧道

结束了日本本州与北海道之间只靠海上运输的历史。1988 年 3 月 13 日清晨，首班电气化列车满载乘客从青森站和函馆站相对发出。电车从海底通过津轻海峡只用了大约 30min。

如图 6.16 所示，日本青函隧道由三条隧道组成。主隧道全长 53.85km，其中海底部分 23.3km，陆上部分本州一侧为 13.55km，北海道一侧为 17km。主坑道宽 11.9m，高

图 6.16　日本青函海底隧道内景

9m，断面 $80m^2$。除主隧道外，还有两条辅助坑道：一是调查海底地质用的先导坑道；二是搬运器材和运出砂石的作业坑道。这两条坑道高 4m、宽 5m，均处在海底。两条辅助坑道与主隧道的中线间距为 30m，两者之间每隔 600m 用横向通道连接。现在，先导坑道用于换气和排水。漏到隧道的海水会被引流到先导坑道的水槽，然后再用高压泵排出地面。作业坑道则是用做列车修理和轨道维修的场所。

§6.2 地下工程

地下工程是指深入地面以下为开发利用地下空间资源所建造的地下土木工程。地下工程包括交通运输方面的地下铁道、公路隧道、过街或穿越障碍的各种地下通道等；军事方面的野战工事、地下指挥所、通信枢纽、掩蔽所、军火库等；工业与民用方面的地下停车场、各种地下车间、地下电站、储存仓库、地下商场、人防工程、市政地下工程以及地下娱乐城等。前一节介绍的隧道工程也属于地下工程的范畴，本节所介绍的地下工程是指除了作为地下通路的隧道和矿井等地下构筑物以外的地下工程。

现代地下工程发展迅速，世界各国，特别是发达国家的城市地下空间的开发与利用，已经达到了相当的规模。各类地下电站迅速增长，其中地下水力发电站的数目，全世界已超过 400 座，其发电量达 45 亿 W 以上。目前城市地下空间的开发利用，已经成为城市建设的一项重要内容。一些工业发达国家，逐渐将地下商业街、地下停车场、地下铁道及地下管线等集结为一体，成为多功能的地下综合体。

20 世纪 70 年代，我国修建了大量的地下人防工程，其中相当一部分目前已得到开发利用，改建为地下街道、地下商场、地下工厂和贮藏库等。20 世纪 80 年代上海建成延安东路过江隧道，同一时期，上海还建成了电缆隧道及其他市政公用隧道等 20 余条，总长度达 30 余 km。20 世纪 90 年代以来，我国城市地下交通与市政设施加快了修建速度，地下空间开发利用的网络体系已开始建设，大多在地表至地下 30m 以内的浅层修筑地下工程。可以预见，随着经济的发展，我国地下工程将进入蓬勃发展的时期。

6.2.1 地下电站

1. 地下水电站

地下水电站是指厂房设置在地下的水电站。地下水电站一般是由立体交叉的硐室群组成。其主要优点是厂房不占地面位置，与地面水工建筑物施工干扰较少，工期较短。采用这种厂房形式的首要条件是地质上能满足硐室对稳定性的要求，厂房位置要避开地质上大断裂；对地应力大的地方要考虑厂房硐室处于最有利的地应力方向，并比较各种硐室的断面形式（一般为城门洞形、椭圆形等），改善硐室的周边应力条件。硐室的跨度大小反映出开挖技术上的难度。中国鲁布革水电站地下式厂房采用水轮机平面扭转一角度的布置方式，使硐室跨度大为减小；同时对硐室采用喷锚技术，并用岩石力学和弹塑性理论、有限元法、模型试验方法等进行设计，从而降低了工程造价。

地下式水电站从枢纽布置来看，可以分成两类。一类是地下式厂房位于首部枢纽。有些地下式厂房为了缩短高压引水管道，根据地质和防污条件的许可，把厂房向岸边靠近。另一类是地下式厂房位置远离首部枢纽，设在下游尾水出口的部位。这种布置大多属于长洞引水式水电站。地下式水电站特别适宜于在山区狭谷河流修建。我国早在 20 世纪 50 年代末已建成流溪河、古田一级电站等地下式水电站，20 世纪 60 年代建成刘家峡、龚咀、白山等大型地下式水电站。其中白山水电站主厂房的硐室规模颇为庞大，其开挖尺寸为长 121.5m，宽 25m，高 54m。龙滩水电站是我国西部大开发的十大标志性工程和“西电东送”的重点项目之一，是我国规模第二大的在建水电站。水电站主体工程之一的地下厂房系统位于电站左岸，是目前国内在建工程中最大、世界第二大的地下工程。

2. 地下抽水蓄能水电站

地下抽水蓄能水电站，有时也称为地下扬水水电站。这种水电站通常设于千米左右的地下深处，具有地上、地下两个水库。供电时，水由地上水库、经水轮发电机发电后流入地下水库；供电低峰时，用多余的电力反过来将地下水库的水抽回原地面水库，以便循环使用。

深部电站和地下蓄水水库的建设，施工比较困难，而且造价高。但是由于蓄能电站在电力负荷高峰时供电，低峰时抽水，对解决电网负荷不均问题十分有利。同时其耗水量少，且又不受水库容量变化的影响，生产平稳、成本低、不占土地、不污染环境，因此在水力资源丰富、工业发达的国家得到应用和发展。

3. 地下核电站

1986 年，前苏联切尔诺贝利核电站发生事故以后，核电站设计专家们为提高核电站的安全系数，进行了深入的调查研究。其中一个研究方向是探讨地下核电站的可行性。研究结果表明，地下核电站比地上核电站更为安全，并且经济和技术上都是可行的。

前苏联核电站反应堆的防护罩只有 1.6m 厚，反应堆内的熔融核燃料一旦逸出而压到罩壁上，不到 1h 就会把罩烧毁。在新的“核电站—88”设计中，防护罩也只能耐受 4.6 个大气压的内部压力，电缆、管道等也只能耐受 8 个大气压，而在反应堆核燃料熔融事故中蒸汽与氢的爆炸会产生高达 13 ~ 15 个大气压的压力。所以，在未能设计出“绝对安全的反应堆”之前，应将核电站建在地下。目前所说的地下核电站，是把反应堆和控制系统建在石质或半石质地层中的中小型核电站。

据相关分析，这种地下核电站至少可以保证运营中不危害周围环境，不发生切尔诺贝利核电站那种浩劫式的事故后果，而且便于封存寿终正寝的反应堆，减轻地震对核电站的影响。此外，把核电站转入地下还可以使核电站的建设得以在现有技术水平上得到发展，而无须等到“绝对安全”的核电站设计问世之后再发展核电事业。

据相关分析，把 4 个机组的 1000MW 核电站反应堆和控制系统建在 50m 深的地下，建筑费用只增加 11% ~ 15%，但如果把关闭核电站所需费用计算进去，那么地下核电站的造价比地上核电站的造价还低。

6.2.2　地下仓库

由于地下环境对于许多物质的储存具有突出的优越性，诸如地下环境的热稳定性、密闭性和地下建筑良好的防护性能，为在地下建造各种仓库提供了十分有利的条件。由于人口的增长、集中和都市化，世界各国都面临着能源、粮食、水的供应和放射性及其他废弃物的处理问题。目前各种类型的地下储藏设施，在地下工程的建造总量中已占据很大的比重。在地下空间开发利用的储能、节能方面，北欧、斯堪的纳维亚地区、美国、英国、法国和日本成效显著。一些能源短缺国家的专家提出了建造地下燃料储库为主的战略储备主张。日本清水公司连续建造了6座用连续墙施工的液化天然气库，其中有一个直径64m、高40.5m，储存量可以供东京使用半个月的液化天然气储藏库。美国有2000多口井处理酸碱废料，而且还将钠加工废料捣成浆状，注入地下深层，以防污染。随着我国的经济发展，我国也需要建造大量的地下液体燃料储藏库。

地下燃料储藏库可以分为以下几种类型：

（1）开凿硐室储藏库。如岩石中金属罐油库、衬砌密封防水油库、地下水封石洞油库、软土水封油库等。

（2）岩盐溶淋洞室油库。

（3）废旧矿坑油库。

（4）其他油库。包括冻土库、海底油库、爆炸成形油库等。

诸多油库中，目前仍以开挖法形成地下空间进行储藏者为多。可以用钢、混凝土、合成树脂等作衬砌，也有不作衬砌，利用地下水防止储藏物漏泄的水封油库。如图6.17所示，采用变动水位法的地下水封油库，洞罐内的油面位置固定，充满洞罐顶部，而底部水垫层的厚度则随储油量的多少而变化。储油时，边进油边排水；发油时，边抽油边进水。罐内无油时，洞罐整个被水充满。这样既可以利用水位的高低调节洞罐内的压力，又可以避免油面较低时，洞罐上部空间过大，油品挥发使空间充满油气，存在爆炸的危险。

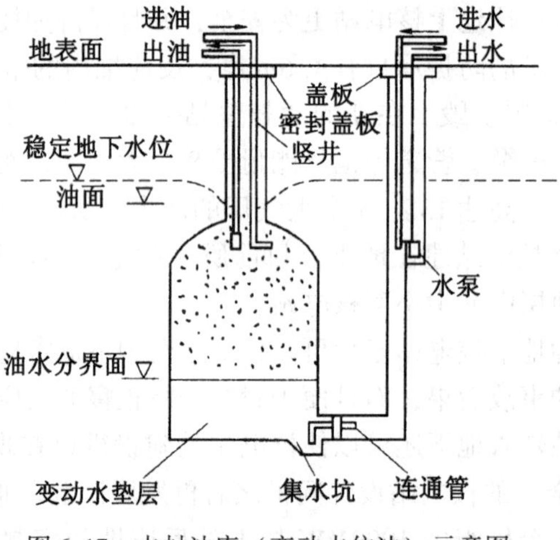

图6.17　水封油库（变动水位法）示意图

6.2.3　城市地下综合体

由于现代城市人口不断增多，城市用地不断减少，交通堵塞状况日益严重，因此对城市地下空间的开发利用已经是城市建设的迫切要求，已经成为现代城市规划和建设的重要内容之一。而且合理开发利用地下空间还有利于提高城市的防空、抗毁及防灾能力。

一些大城市从建造地下街道、地下商场、地下车库等建筑开始，逐渐发展为将地下商业街、地下停车场、地下铁道及管线设施等集结为一体，形成与城市建设有机结合的多功能地下综合体。因此，地下综合体可以考虑定义为沿三维空间发展的，地面地下连通的，结合交通、商业、娱乐、市政等多用途的大型公共地下建筑。地下综合体具有多种功能、空间重叠、设施综合的特点，与城市的发展应统筹规划、联合开发和同步建设。

如图 6.18 所示，上海市人民广场地下综合体，地理位置处于上海城市中心的最“黄金”地段，该综合体总建筑面积 5 万余 m^2，其中地下商业街约为 1 万 m^2，全长 36m，东端与地铁一号线人民广场站相连，西端是面积为 4 万余 m^2 的地下停车场，人们可以在广场下面购物、娱乐、乘车、停车，从而有效地缓解了地面上的交通压力。

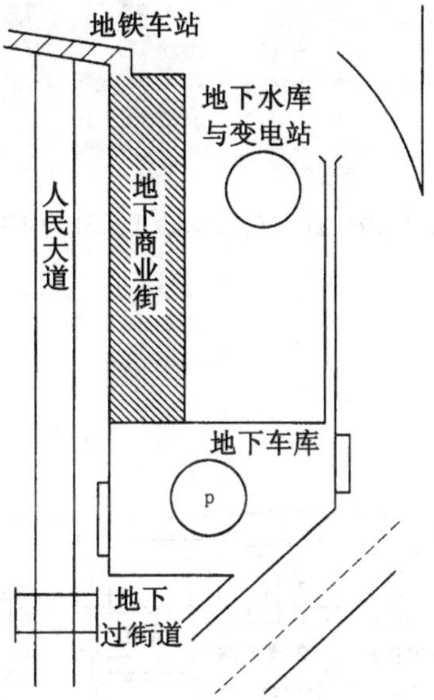

图 6.18　上海市人民广场地下综合体示意图

1. 地下街道

在各种建筑物的地下层之间建立地下连通道，或独立建造，形成总体形态狭长的旁边设有店铺、事务所、停车等设施的地下道路，统称为地下街道。地下街道在国土少、人口多的日本最为发达。

由于交通拥挤，地皮紧张，多层高架公路随之而起，这种公路在民房、商店的上方，路上车辆风驰电掣。空中的地方不够用，东京人又发展到地下。地下铁路、地下街、地下通道，阡陌相通、纵横交错。如图 6.19 所示，东京车站的八重洲地下街是日本最大的地下街道之一，其长度约 6km，面积达 7.4 万 m^2，共有 3 层。上层市场街有 250 家商店，中层是可停 520 辆汽车的停车场，底层是提供电、通风设备的地方。市场街呈“丁”字形，从日常生活用品到金银首饰、家用电器、古董工艺品都有。还有酒吧、餐厅、花店等，总之地上有的地下都有，八重洲地下街是全世界最大的地下商业网。比八重洲地下街小的地下商业街在东京还有 20～30 条。如图 6.20 所示是东京车站八重洲地下街的剖面图。

地下街道在城市建设中起着多方面的积极作用，其具体表现为：

(1) 有效利用地下空间，改善城市交通。近年来我国地下街道均建于大城市的十字路口的人流、车流繁忙地段，修建地下街道实现了人、车分流，改善了交通状况。

(2) 地下街道与商业开发相结合，活跃市场，繁荣了城市经济。

图 6.19　日本东京车站八重洲地下街

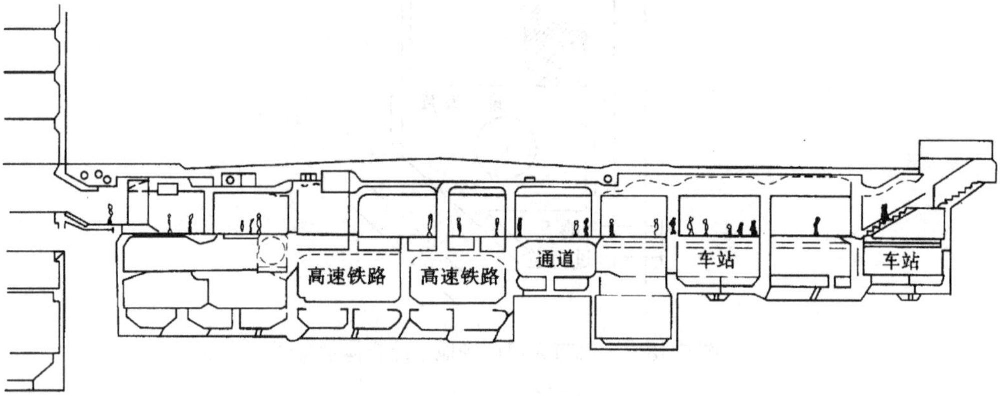

图 6.20　日本东京车站八重洲地下街剖面图

（3）改善城市环境，丰富了人民物质生活与文化生活。

2. 地下商场

商业是现代城市的重要功能之一。我国地下空间的开发和利用，在经历了一段以民用防空地下工程建设为主体的历程后，目前正逐步走向与城市的改造、更新相结合的道路。一大批中国式的大中型地下综合体、地下商场已经在许多城市建成，如北京、上海、广州、沈阳、南京、济南、大连、桂林等城市。如图 6.21 ~ 图 6.23 所示。

上海市人民广场地下商城是我国目前最大的地下商业中心，总面积 3 万余 m^2，包括地下商业街和地下商场，有两个地面出、入口，两架自动扶梯和四座人行扶梯。从人民广场东南端的草坪旁，乘自动扶梯下到 8m 以下的下沉式广场，步入地下商业街。这是一条长 300m，宽 36m 的长街，两旁共有近百家店铺，每间 $50m^2$，店铺皆用玻璃幕墙，地面全部用"印度红"和"蒙吉黑"花岗石。各家店铺布置高雅，有的店内布置成温馨的居室，有小圆桌、休闲椅、沙发等，顾客可以坐下来慢慢地选购。商店主要经营服饰、皮鞋、钟表、眼镜、摄影、美食、咖啡屋、银行、超市等。其中境外商店特别是香港名店占了约 80%，所以人们称这条街为香港名品街。地下商业街与地下商场相通。地下商场气势宏

图 6.21　南京新街口地下商场

图 6.22　大连地下商场

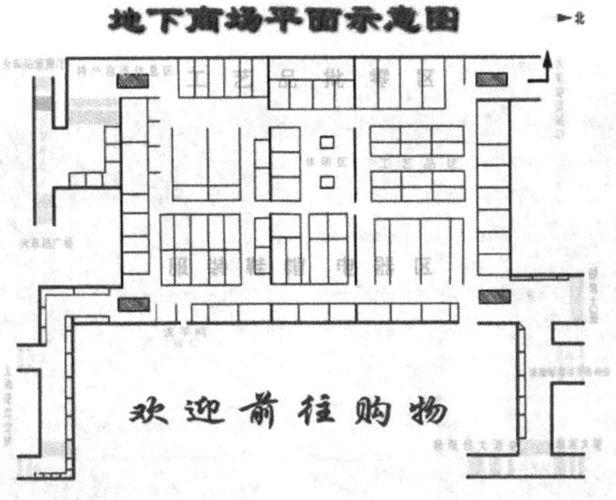

图 6.23　桂林市人防地下商场平面示意图

伟，犹如地下宫殿，面积达2.5万m^2，当中是一条长150m、宽12m的地下大道，把商场一分为二。左边第一区域是大百货商场，紧接着的是世界服饰名品店，休闲服饰店和超市。右面第一区域是西式快餐店、婚纱摄影广场、女装店、童装店、游乐场和美食广场。商城内开辟多处供游客休息的场所，其中商场的中央广场最为壮观，其顶部有一直径为9m的圆形采光窗，宛如太阳直照地下宫殿。商城与地铁相通，已成为人民广场集旅游、购物、观光、休闲的又一景点。

3. 地下停车场

近年来，我国若干大城市的停车问题已日益尖锐，大量道路路面被用于停车，加重了动态交通的混乱，对有组织地公共停车的需求已十分迫切。鉴于我国城市用地十分紧张的实际情况，结合城市再开发和地下空间综合利用的规划设计，直接发展地下公共停车设施，是合理和可行的。目前上海、北京、沈阳等大城市结合地下综合体的建设，正在建造和准备建造地下公共停车场，容量从数十辆到数百辆不等，这种发展方向目前已逐渐为人们所接受，如图6.24、图6.25所示。如图6.26所示为城市地下停车库的形式之一。

图6.24 地下停车场入口

图6.25 地下停车场内部

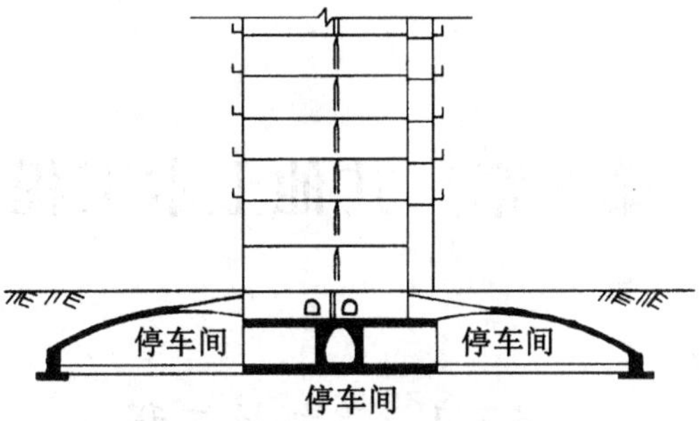

图 6. 26　附建在高层住宅楼的装配式地下停车库示意图

复习与思考题 6

1. 试问隧道按不同分类方法有哪些种类？
2. 试简述隧道结构的组成。
3. 试简述设计水底隧道的埋置深度所应考虑的因素。
4. 试简述各种地下电站的优点与缺点。
5. 试简述各种地下工程的功能与特点。

第7章 其他土木工程

§7.1 飞机场工程

7.1.1 概述

航空运输是20世纪初才开始出现的一种新型运输方式。1903年12月17日，美国莱特兄弟驾驶自制的双翼飞机，在北卡罗莱纳州的基蒂霍克附近飞行了36.38m，这是人类首次的飞机飞行。第二次世界大战以后，随着飞机制造技术的进步，航空运输得到了迅速的发展。航空运输在整个运输系统中所占比例并不高，但由于其速度快、舒适性好，能大大缩短时间和空间距离，从而对人们的经济和社会生活方式带来深远的影响。

飞机场（airport）是航空运输的基础设施，通常机场的定义是指在陆地上或水面上一块划定的区域（包括各项建筑物、装置和设备），其全部或部分用来供航空器着陆、起飞和地面活动之用。机场是飞机起飞、着陆、运行、停放、维修和实施飞行保障等活动的场所。机场工程则是指规划、设计和建造各项设施的统称。机场工程的内容主要包括：机场规划设计、跑道工程、导航工程、通信工程、空中交通控制系统、气象工程、旅客航站楼及指挥楼工程、地面道路工程以及其他辅助工程（如照明、排水、供水等）。

随着经济的迅速发展，我国航空运输量也迅速增长。但与北美和欧洲等发达国家相比较，目前我国民航运输还有较大差距，与我国巨大的人口数目和国土面积很不相称。可以预见，我国航空运输业在今后较长时期内会以较高速度发展。

7.1.2 机场分类及飞行区等级

1. 机场分类

（1）国际机场，是指供国际航线使用，并设有海关、边防检查、卫生检疫、动植物检疫、商品检验等联检机构的机场。

（2）干线机场，是指省会、自治区首府及重要旅游区域、开发城市的机场。

（3）支线机场，又称地方航线机场，是指各省、自治区内地面交通不便的地方所建的机场，其规模通常较小。

民航运输飞机中干线运输机是指载客量超过100人，航程大于3 000km的大型运输机。以美国波音公司的Boe-ing757（简称B757）、B767、B747、B777、DCl0（美国麦道公司制造，现麦道公司已并入波音公司），MDll（DC10的改进型），欧洲空中客车公司的A340/A330、俄罗斯的伊尔81等机型为代表。支线运输机是指载客量少于100人，航程为200～400km的中心城市与小城市之间及小城市之间的运输机。以美国的DC3，英国宇航公司的SH330和Bae146，中国与美国联合制造的MD82、MD90等机型为代表。

2. 飞行区分级

为了使机场各种设施的技术要求与运行的飞机性能相适应，飞行区等级由第一要素的代号和第二要素的代号所组成的基准代号来划分，飞行区等级如表7-1所示。第一要素是根据飞机起飞、着陆性能来划分飞行区等级的要素，第二要素是根据飞机主要尺寸划分飞行区等级的要素。如B757-200飞机需要的飞行区等级为4D。

表7-1　　飞行区等级

第一要素		第二要素		
代号	飞机基准飞行场地长度/m	代号	翼展/m	主要起落架外轮外侧间距/m
1	<800	A	<15	<4.5
2	800～1200	B	15～24	4.5～6
3	1200～1800	C	24～36	6～9
4	≥1800	D	36～52	9～14
		E	52～65	9～14

7.1.3　机场的组成

一个大型完整的机场由空侧和陆侧两个区域组成，航站楼则是这两个区的分界线。民航机场的空侧主要由飞行区（含机场跑道、滑行道、机坪、机场净空区）、旅客航站区、货运区、机务维修设施、供油设施、空中交通管制设施、安全保卫设施、救援和消防设施等组成；陆侧则由行政办公区、生活区、辅助设施、后勤保障设施、地面交通设施以及机场空域等组成。如图7.1所示。

7.1.4　机场主要建筑物

1. 跑道体系的组成

跑道体系包括跑道、道肩、跑道端的安全区、净空道、停止道、升降带等。除跑道外，其他部分是起辅助作用的设施。

（1）跑道，是专供飞机起飞滑跑和飞机着陆滑跑之用的地面构筑物。飞机在起飞时，必须先在跑道上进行起飞滑跑，边跑边加速，一直加速到机翼的上升力大于飞机的重量，飞机才能逐渐离开地面。飞机降落时速度很大，必须在跑道上边滑跑边减速才能逐渐停下来，所以飞机对跑道的依赖性非常强。如果没有跑道，地面上的飞机无法起飞，空中飞行的飞机无法落地。因此，跑道是机场上最重要的工程设施。

（2）跑道道肩，作为跑道和土质地面之间过渡用，以减少飞机一旦冲出或偏离跑道时有损坏的危险，也有减少雨水从邻近土质地面渗入跑道下基础的作用，确保土基强度。道肩一般用水泥混凝土或沥青混凝土筑成，由于飞机一般不在道肩上滑行，所以道肩的厚度要薄一些。

（3）停止道，停止道设在跑道端部，飞机中断起飞时能在停止道上面安全停止。设

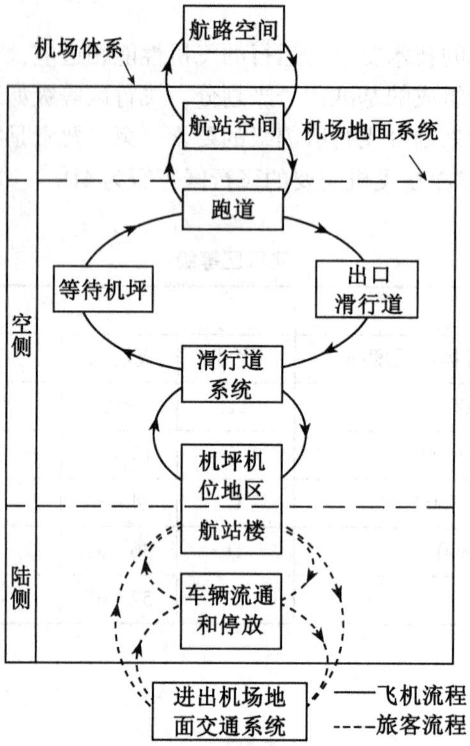

图 7.1 机扬组成示意图

置停止道可以缩短跑道的长度。

(4) 机场升降带，跑道两侧的升降带土质地区，主要保障飞机在起飞、着陆滑跑过程中一旦偏出跑道时的安全，机场升降带不允许有危及飞机安全的障碍物。

(5) 跑道端的安全区，设置在升降区两端，用来减少起飞、着陆时飞机偶尔冲出跑道以及提前接地时的安全用。

(6) 净空道，机场设置净空道是确保飞机完成初始爬升（10.7m 高）之用的。净空道设在跑道两端，其土地由机场当局管理，以确保不会出现危及飞机安全的障碍物。

2. 跑道的分类

(1) 按跑道作用区分。跑道按其作用可以分为：主要跑道、辅助跑道、起飞跑道、着陆跑道。

主要跑道是指在条件许可时比其他跑道优先使用的跑道，按该机场最大机型的要求修建，长度较长，承载力也较高。

辅助跑道也称为次要跑道，是指因受侧风影响，飞机不能在主跑道上起飞、着陆时，供飞机辅助起、降用的跑道。由于飞机在辅助跑道上起、降都有逆风影响，所以其长度比主要跑道短一些。

有些机场，将飞机起飞和着陆分开安排在不同跑道，从而又有起飞跑道、着陆跑道之分。

起飞跑道是指只供飞机起飞用的跑道；着陆跑道是指只供飞机着陆用的跑道。

(2) 按无线电导航设备区分。跑道根据其配置的无线电导航设备情况可以分为非仪表跑道和仪表跑道。

非仪表跑道是指只能供飞机用目视进近程序飞行的跑道；仪表跑道是指可以供飞机用仪表进近程序飞行的跑道。

仪表跑道又可以分为：非精密进近跑道和精密进近跑道，后者装有仪表着陆系统，能把飞机引导至跑道上着陆和滑行。

3. 跑道布置方案

(1) 跑道构形。跑道构形是指跑道的数量、位置、方向和使用方式，跑道构形取决于交通量需求，还受气象条件、地形、周围环境等的影响。如图 7.2 所示，一般跑道构形有以下五种。

①单条跑道：单条跑道是大多数机场跑道构形的基本形式。

②两条平行跑道：两条跑道中心线间距根据所需保障的起降能力确定，若有条件，其间距不宜大于 1 525m，以便较好地保障同时协调远近。

③两条不平行或交叉的跑道：下列情况时需要设置两条不平行或交叉的跑道。

需要设置两条跑道，但是地形条件或其他原因无法设置平行跑道。

当地风向较分散，单条跑道不能保障风力负荷大于 95% 时。

④多条平行跑道。

⑤多条平行及不平行跑道或交叉跑道。

(2) 航站区与跑道的关系。航站区的位置应布置在从航站区到跑道起飞端之间的滑行距离最短的地方，并尽可能使着陆飞机的滑行距离也最短。

对于单条跑道，如果在每个方向的起飞和着陆次数大致相等，航站区设在一跑道中部位置 [见图 7.2 (a)]，则不论哪一端用于起飞，其滑行距离均相等，并且也便于从各个方向着陆。

在设置两条平行跑道的情况下，如果飞机起飞和着陆可以在两个方向进行，航站区设在两条跑道的中间部位最合适 [见图 7.2 (b)]；如果一条跑道只用于着陆，而另一条跑道只用于起飞，则平行跑道的端部宜错位布置，航站区应设置在如图 7.2 (c) 所示的位置上，使起飞或着陆的滑行距离都减短。

如果风向要求多个方向的跑道时，宜把航站区设在 V 形跑道或交叉跑道的中间，如图 7.2 (d) 所示。航站区不宜放在两条跑道的外侧，因为这样一方面增加了滑行距离，另一方面飞机在滑行到另一条跑道时需穿越正在使用的邻近跑道。

采用 4 条平行跑道时，宜规定两条跑道专用于着陆，两条跑道专用于起飞，并规定邻近航站区的两条跑道用于起飞，如图 7.2 (e) 所示。

4. 跑道长度的确定

跑道的长度是影响机场规模大小的一个关键参数，也是衡量飞行区是否满足飞机起降要求的关键参数。确定跑道长度时，主要考虑以下因素：飞机起飞性能和着陆性能的要求、飞机质量、气候条件（温度和风）、跑道特性（纵坡和表面特性）、机场高程等。

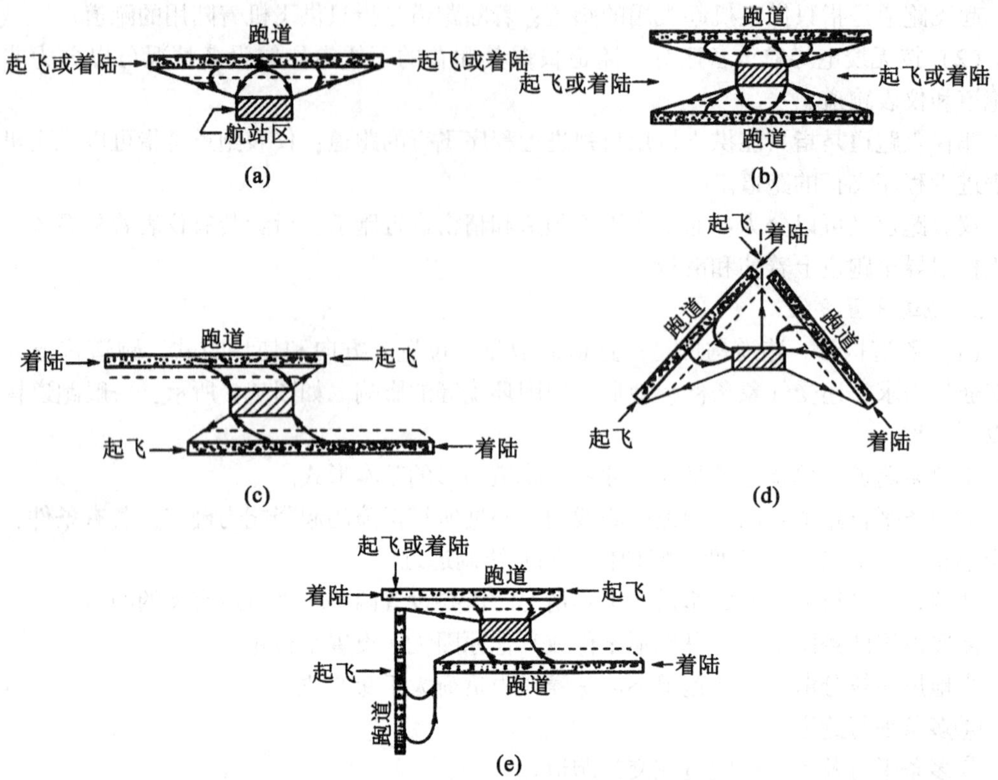

图 7.2　机场跑道布置方案示意图

7.1.5　飞机场航站区

旅客航站区主要由航站楼、站坪及停车场所组成。航站楼的设计涉及位置、型式、建筑面积等要素，如图 7.3 所示。

1. 航站楼

航站楼供旅客完成从地面到空中或从空中到地面转换交通方式之用。是机场的主要建筑。通常航站楼由以下五项设施组成：

（1）连接地面交通的设施，有上下汽车的车边道及公共汽车站等。

（2）办理各种手续的设施，有旅客办票、安排座位、托运行李的柜台以及安全检查、海关、边检（移民）柜台等。

（3）连接飞机的设施，候机室、登机设施等。

（4）航空公司营运和机场必要的管理办公室与设备等。

（5）服务设施，如餐厅、商店等。

航站楼的布局包括竖向布局和平面布局。航站楼的竖向布局主要是考虑把出发和到达的旅客客流分开，以方便旅客和提高运行效率，视旅客量的多少，航站楼可使用的土地面积和地面系统等情况，可以将航站楼布置为一层、一层半和两层或多层型式。一层式航站楼的离港活动和到港活动都在同一层平面内，适用于客运量较小的机场。一层半式航站楼是两层，楼前车道是一层。通常第一层供到港旅客用，第二层供离港旅客用，适用于客运

图 7.3　上海浦东国际机场大厅

量中等的机场。二层式航站楼是航站楼与楼前车道都是二层。通常第一层供到港旅客用，第二层供离港旅客用，适用于客运量大的机场。

航站楼及站坪的平面布局同旅客量、飞机运行次数、交通类型（国内或国际）、使用该结构的航空公司数以及场地的物理特性等许多因素有关。主要型式有线型、廊道型（上海浦东国际机场）、卫星型（原北京国际机场）、转运型等四种。

航站楼的建筑面积根据高峰小时客运量确定。面积配置标准与机场性质、规模及经济条件有关。目前我国可以考虑采用的国内航班为 14 ~ 26m^2/人，国际航班为 28 ~ 40m^2/人。

2. 站坪、机场停车场与货运区

站坪或称客机坪，是设在航站楼前的机坪，供客机停放，上、下旅客，完成起飞前的准备和到达后各项作业用。

机场停车场设在机场的航站楼附近，若停放车辆很多且土地紧张宜采用多层车库。停车场建筑面积主要根据高峰小时车流量、停车比例及平均每辆车所需面积确定。高峰小时车流量可以根据高峰小时旅客人数、迎送者、出入机场的职工与办事人员数以及平均每辆车载容量确定。

机场货运区供货运办理手续，装上飞机以及飞机卸货，临时储存，交货等用。主要由业务楼、货运库、装卸场及停车场组成。货运手段有客机带运和货机载运两种。客机带运通常在客机坪上进行。货机载运通常在货机坪上进行。

货运区应离开旅客航站区及其他建筑物适当距离，以便于将来的发展。

7.1.6　机场维护区及环境

1. 机场维护区

机场维护区是飞机维修，供油设施，空中交通管制设施，安全保卫设施，救援和消防设施，行政办公区等设置的地方。

飞机维修区是承担航线飞机维护工作，即对飞机在过站、过夜或飞行前进行例行检查、保养和排除简单故障。一般设一些车间和车库，有些机场设停机坪以供停航时间较长的飞机停放。有的机场还设隔离坪，供专机或其他原因需要与正常活动场所相隔离的飞机停放之用。

少数机场承担飞机结构、发动机、设备及附件等修理和翻修工作，其规模较大，设有飞机库、修机坪、各种车间、车库和航材库等。

供油设施供飞机加油，大型机场还有储油库及配套的各种设施。

空中交通管理设施有航管、通信、导航和气象设施等。

安全保卫设施主要有飞行区和站坪周边的围栏及巡逻道路。

救援与消防设施主要有消防站、消防供水设施、应急指挥中心及救援设施等。

行政办公区供机场当局、航空公司、联检等行政单位办公用，可能还设有区管理局或省、市管理局等单位。

2. 机场环境问题

环境问题是当今世界上人类面临的重要问题之一。机场占地多，影响范围广，且营运时对周边环境要求很高。机场环境分为两个方面：一是机场周围环境的保护，使机场建设和营运不至于对周围环境造成不良影响；二是做好机场营运环境的保护，使航空运输安全、舒适、高效进行。

（1）机场周围环境的保护。环境污染防治，主要有声环境、空气环境和水环境的污染与防治，固体废弃物的处理，其中声环境防治最为主要。

①声环境污染防治。声环境中有机场噪声污染，主要来自飞机起、降和进场的汽车所产生的噪声。防治办法有：用低噪声的飞机取代高噪声飞机；提高飞机的上升率或减小油门，使飞机较高地飞越噪声敏感区等。汽车噪声的防治办法有利用地形作屏障、设置声屏障、建筑隔声、植树造林、加强管理等。

②空气环境污染防治。飞机主要在起飞滑跑和初始爬升阶段，排出氮氧化物而污染空气。进场汽车流量大，也造成空气污染。防治措施有：邻近飞行区一侧植树，树的高度应符合机场净空要求，树的种类应不会招引鸟类。

③水环境污染防治。机场飞行区雨水直接排入当地污水域，候机楼等生活污水，经处理达标后，宜排入当地污水系统。

④固体废弃物主要来自飞机上清扫下来的垃圾、办公楼等各楼的生活垃圾等。按照城市垃圾的处理办法进行处置。

（2）机场营运环境保护。机场营运环境保护，主要有机场的净空环境保护，电磁环境保护，预防鸟击飞机等。

①机场的净空环境保护。随着机场的通航，附近城市的发展，高层建筑会对机场的净空产生威胁。机场管理部门应与当地政府或城建部门密切配合，按照标准的机场发展终端净空图，严格控制净空。

②电磁环境保护。机场附近的无线电设备、高压输电线、电气化铁路、通信设备等也会对机场的导航与通信造成有害影响。因此机场周边的电磁环境应符合国家对机场周围环境的要求，严格控制各个无线电导航站周围的建设，使机场的电磁环境不受破坏。

③预防鸟击飞机。飞机极易遭受鸟类的袭击，轻则受伤，重则机毁人亡。根据国际民

航组织统计，1986—1990 年鸟击飞机事件，在欧洲就达 9 980 次，在非洲也有 877 次。预防措施有：机场位置和飞机起降避开鸟类迁移路线和吸引鸟类的地方；机场安装驱鸟与监视装置；严格管理场内环境，使鸟不宜生存，等等。

（3）机场内部环境保护。机场内部环境保护的重点是声环境。事实上飞机噪声对机场内部的危害也很大，因此机场建筑物要进行合理的声学设计，将其设置在符合声环境要求的地方，对航站楼进行必要的建筑隔声，合理安排飞行活动，植树造林等均是机场内部环境保护的有力措施。

§7.2　港口航道工程

港口是位于江、河、湖、海沿岸，具有一定设施和条件，供船舶靠泊、旅客上下、货物装卸等作业的地方。港口包括水域、陆域两大部分。水域包括进港航道、港池和锚地，供船舶航行、运转、停泊之用；陆域包括码头、岸上仓库、堆场等其他辅助设施，供旅客集散、货物装卸、转载之用。

港口按所在地理位置可以分为海港、河口港、湖港、水库港等。按性质和用途可以分为商港、渔港、军港、工业港、避风港等。

港口工程是兴建港口所需的工程，主要包括港口建设的总体规划、进港交通、地基基础、码头结构、防波堤工程等。本节主要介绍码头结构、防波堤工程。

码头是供旅客上下、货物装卸、船舶停泊之用的地方。码头按断面形式可以分为直立式、斜坡式、半直立式、半斜坡式，如图 7.4 所示。直立式码头便于船舶停靠，是应用最广泛的码头，不仅用于海港，也用于水位差不大的河港；斜坡式码头用于水位变化较大的港口；半直立式码头用于高水位时间较长而低水位时间较短的港口；半斜坡式码头则用于枯水位时间较长而高水位时间较短的港口。

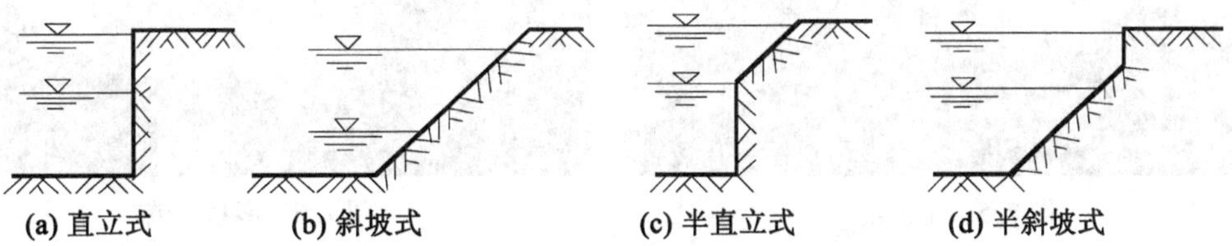

图 7.4　码头断面形式示意图

码头按结构形式可以分为重力式、板桩式、高桩式。

重力式码头是依靠码头自身重量和其内填料重量保持稳定。我国普遍采用的是方块、沉箱、扶壁三种结构形式。重力式方块结构形式是一种最古老的码头结构形式，具有施工方便、耐久性好、节省钢筋等优点；沉箱结构形式中沉箱形式主要有方形、矩形、不对称形等，广泛应用于码头、筏桥、墩台等工程；扶壁结构形式多用于华南沿海地区，与沉箱结构形式相比较属轻型结构，施工方便，但其整体性不如沉箱结构形式。

板桩式码头是依靠打入土中的板桩保持稳定，由于板桩较薄，且承受土压力，因此这种结构形式适用于墙高不超过 10m 的码头。

高桩式码头主要由上部结构和桩基两个部分组成。上部结构一般为现浇承台和框架结构，或者是装配整体式梁板结构，这些结构构件构成码头地面。板、梁跨度随桩长和桩截面的加大而逐渐增加。桩基主要采用预应力混凝土空心方桩。高桩式码头一般适用于软土地基。

防波堤工程位于港口水域外围，主要是抵御风浪、保证港内水面平稳。按断面形式防波堤主要分为直立式、斜坡式、混合式等。直立式防波堤一般适用于地基承载力较好的情况，主要有普通方块、双排板桩、巨型方块、沉箱几种类型，其中以沉箱防波堤为主。斜坡式防波堤一般适用于地基承载力较差的情况，在我国使用最为广泛，对地基沉降不太敏感。混合式防波堤是由直立式和斜坡式综合而成的，适用于水深很大的情况，一般是在高基床上放置重型沉箱，形成上部直立、下部斜坡的混合形式。

我国港口众多，较早的港口主要有广州港、泉州港、登州港等。目前的港口有全国最大的货运和客运港上海港，是我国主要对外轮开放的港口，为世界十大港口之一，如图 7.5 所示。最大的现代化煤炭输出港秦皇岛港，是我国重要的外贸口岸，是对外轮开放的港口之一，如图 7.6 所示。最大的原油输出港大连港，是我国东北地区辽宁沿海第一大港，是对外轮开放的港口之一，如图 7.7 所示。最大的内河港南京港，是沿长江仅次于上海港的第二大港，具有海港功能的江海中转枢纽，也是我国外贸口岸和对外轮开放的港口之一，如图 7.8 所示。另外还有最大的人工港天津港和青岛港等，如图 7.9、图 7.10 所示。

图 7.5　上海港

图 7.6　秦皇岛港

图 7.7　大连港

图 7.8　南京港

图 7.9　天津港

图 7.10　青岛港

如图 7.11 所示，荷兰鹿特丹港始建于 1328 年，是世界第一大港，具有“欧洲门户”的巨大作用，港区面积达 27.4km^2，港口水域 27.7km^2，鹿特丹港不仅是世界最大的原油转口港，也是全欧洲最大的集装箱码头，兼有海港和河港两大特点。鹿特丹港有 400 多条航线通向世界各地，每年至少有 3.8 万艘远洋轮开进鹿特丹港，使其成为“世界贸易中心”之一。

如图 7.12 所示，新加坡港是世界著名的大港之一，是亚太地区重要的转口港，为世界最繁忙的商港、航运服务总汇，货物集散和仓储中心，为国际航运枢纽。

图 7.11　荷兰鹿特丹港

图 7.12　新加坡港

如图7.13所示，日本神户港是日本最大的港口，位于日本大阪湾西部地区，海岸线长30km，神户港的集装箱货物吞吐量在世界上名列前矛。

图7.13 日本神户港

§7.3 水利水电工程

7.3.1 水资源与水利工程

水资源是重要的自然资源之一，是人类赖以生存和社会生产必不可缺少而又无法替代的物质资源。由于自然界的水能够循环，并逐年得到补充和恢复，因此水资源是一种不仅可以再生而且可以重复利用的资源，水资源不同于土地、矿藏等自然资源，是大自然赋予人类的宝贵财富。地球上水的总量很大，约为15亿km^3，但绝大部分是海洋中的咸水。人类可以利用的淡水总量约为0.38亿km^3，仅占全球总水量的2.5%，这其中有80%左右的淡水储藏在极地、冰山和冰川，还有相当大的一部分储藏于地下。对人类起着特别重要作用的地表水，全球约为470 000亿m^3，人均约9 000m^3。

我国人口众多，水资源人均占有量只有2 300m^3，相当于世界人均占有量的$\frac{1}{4}$，居世界第109位。我国以世界上7%的水、全球陆地6.4%的国土面积和全世界7.2%的耕地养活了世界上21%的人口，从这个意义上讲，我国又是一个严重缺水的国家，已被列入全世界人均水资源13个贫水国家之一。

因此，为了更加合理、有效地利用和调配水资源，就要兴建水利水电工程。水利水电工程通常包括防洪工程、农田水利工程、水力发电工程、地下电站工程、港口航道工程、海岸工程等。

由于水利水电工程是修建在河流、渠道、港口、海岸等处的建筑，直接受水的作用影响。水利水电工程有别于其他工程建筑的特点如下：

(1) 水利水电工程工作条件复杂，施工技术难度大。受水文、气象、地质、地形等复杂条件的影响，水工建筑物工作条件复杂且不尽相同。水的作用使得水工结构除了承受一般荷载外，还要承受因水引起的各种力，如水压力、浪压力、冰压力、渗透压力、冰胀力等。同时，水利水电工程地质条件复杂多变，对地基应进行细致周密的处理和研究。此外，水工建筑物施工受气候、温度等影响大，施工条件需控制的因素较多。对于大型水利水电工程从规划、设计到施工、管理、组织等方面均有较高的要求。

(2) 地质和地形条件决定了水利水电工程的独特性。水工建筑物的形式、构造和尺寸与建筑物所在地的地形、地质、水文等条件密切相关，尤其以地质条件对建筑物的形式、尺寸和造价的影响更大。水工建筑物的地基对水工建筑物的可靠性具有特别重要的意义，加上自然条件千差万别，因而水工建筑物具有较大的独特性，通常是一个建筑物对应一种形式和尺寸。除非特别小的建筑物，一般不能采用定型设计。此外，必须考虑由地层活动和断裂可能引起的地震现象。这些会使已有的建筑物变得不安全，甚至招致失事。

(3) 受自然条件的制约，施工难度大。在河道中兴建水利工程，首先，需要解决好施工导流，要求施工期间，在保证建筑物安全的前提下，让河水顺利下泄，这是水利工程设计和施工中的一个重要课题。其次，工程进度紧迫，截流、渡汛需要抢时间、争进度，否则就要拖延工期。其三，施工技术复杂，如大体积混凝土的温控措施和复杂地基的处理。其四，地下工程、水下工程多，施工难度大。其五，交通运输比较困难，特别是高山峡谷地区更为突出。等等。

(4) 水利水电工程不仅对社会、经济有很大影响，对自然环境、生态环境也会产生很大影响。作为蓄水工程主体的坝或江河的堤防，一旦失事或决口，将会给下游人民的生命财产和国家建设带来巨大的损失。据相关资料统计，近年来全世界每年的垮坝率虽较过去有所降低，但仍在 0.2% 左右。

水利工程的发展历史悠久。在公元前 4400 年左右，古埃及就修建了农田水利灌溉工程。我国最早记载的则是公元前 2280 年左右“三过家门而不入”的大禹治水工程。如图 7.14 所示，春秋战国时期，李冰父子建造的都江堰水利工程和公元前 219 年开始修建的沟通长江和珠江两大水系的灵渠都是闻名中外的水利工程。19 世纪以来，世界各国水利

图 7.14　都江堰水利枢纽工程

工程逐步发展，19世纪60年代法国修建了高60m的丹佛坝，为当时世界上最高的水坝。中华人民共和国成立以后，我国相继修建和改建了大量的农田水利工程、水力发电工程、防洪工程、航道工程等。例如，黄河、长江等堤岸扩建、蓄洪、分洪工程；丹江口、葛洲坝水利水电枢纽工程；韶山、江都泵站等水利灌溉工程；长江、珠江等航道整治工程等，这些水利水电工程对我国国民经济发展、人民生活水平提高都起到了非常重要的作用。如图7.15～图7.18所示。

(a) 长江防洪工程

(b) 荆江分洪工程

图7.15　防洪、分洪工程

(a) 丹江口水利枢纽

(b) 葛洲坝水利枢纽

图7.16　水力发电工程

图7.17　江都泵站

(a)

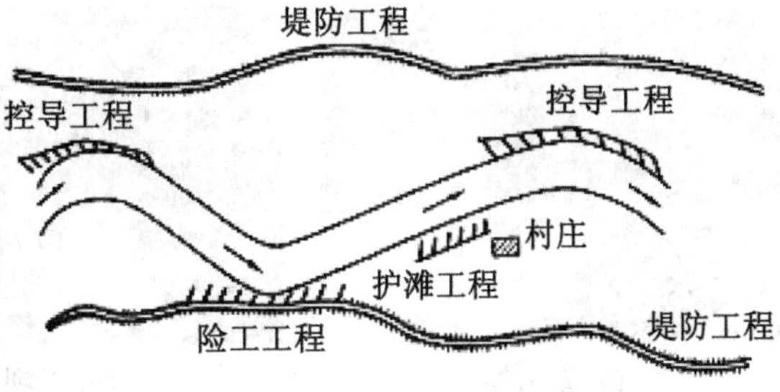

(b)

图 7.18 航道整治

7.3.2　防洪工程

防洪工程（flood control works）是预防、控制洪水或冰凌所修建的工程。主要包括挡水工程、河道整治工程、分洪工程和水库工程等，防洪工程的作用可以分为阻挡洪水侵袭、增加泄洪能力、拦蓄调节洪水。

挡水工程是为阻挡洪水泛滥、海水入侵而修建的水工建筑物，是防洪工程中最常用、最重要的组成部分，如堤、坝、拦河闸等。

堤是沿河、渠、湖、海岸边修建的挡水工程，主要是防御洪水对保护对象的侵袭。堤按材料区分，可以分为土堤、石堤、钢筋混凝土堤，如图 7.19～图 7.21 所示。

图 7.19　土堤

图 7.20　石堤

图 7.21　钢筋混凝土堤

坝是修建在河流中截断水流、抬高水位、形成水库的挡水工程，坝兼有泄洪、发电等功能。坝按材料区分可以分为土石坝、混凝土坝；按结构特点和力学性能区分可以分为重力坝、拱坝、支墩坝等，如图 7.22 所示。

土石坝泛指由当地土料、石料或混合料，经过抛填、辗压等方法堆筑成的挡水坝。当坝体材料以土和砂砾为主时，称为土坝；当坝体材料以石碴、卵石、爆破石料为主时，称为堆石坝；当两类当地材料均占相当比例时，称为土石混合坝。土石坝是历史最为悠久的一种坝型。近代的土石坝筑坝技术自 20 世纪 50 年代以后得到发展，并促成了一批高坝的建设。目前，土石坝是世界坝工建设中应用最为广泛和发展最快的一种坝型。

土石坝按坝高可以分为：低坝、中坝和高坝。土石坝按其施工方法可以分为：碾压式土石坝，冲填式土石坝，水中填土坝和定向爆破堆石坝等。应用最为广泛的是碾压式土石

(a) 重力坝　　(b) 拱坝　　(c) 支墩坝

图 7.22　坝的类型

坝。按照土料在坝身内的配置和防渗体所用的材料种类，碾压式土石坝可以分为：均质土坝、多种土质坝、心墙土坝、斜墙土坝，如图 7.23 所示。

(a) 均质土坝

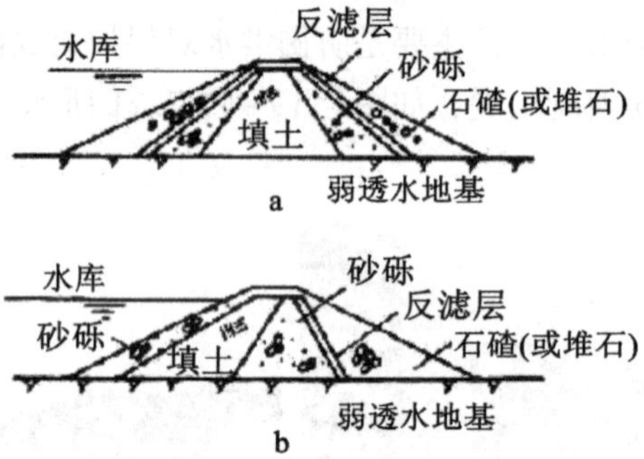

多种土质坝

a. 防渗体位于中间　b. 防渗体位于上游

(b) 多种土质坝

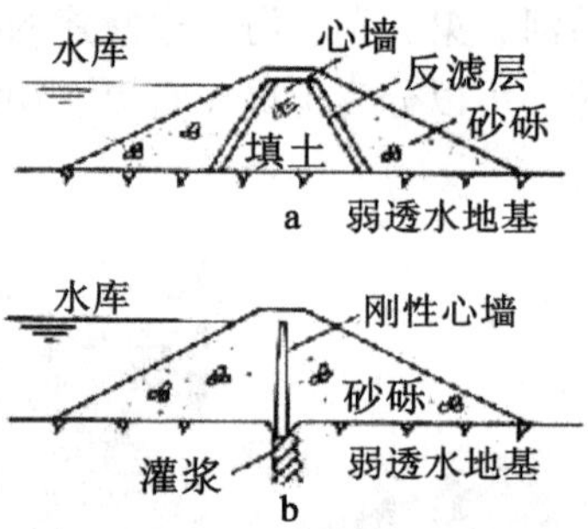

心墙土坝

a. 塑性心墙　b. 刚性心墙

(c) 心墙土坝

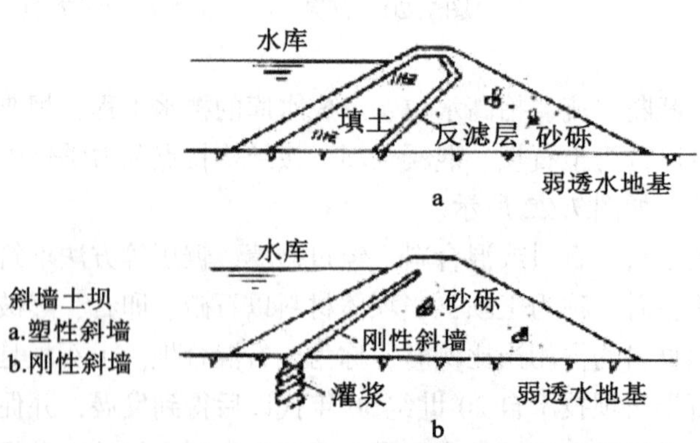

(d) 斜墙土坝

图 7.23　土石坝的类型示意图

混凝土坝是在砌石坝的基础上发展起来的。水泥出现后，混凝土逐渐代替砌石成为坝体的主要建筑材料。在高坝建设中，混凝土坝发展较早，我国的高坝中以混凝土坝为主。

重力坝主要是依靠自身重量在地基上产生的摩擦力和坝与地基之间的凝聚力来抵抗坝前的水推力以保持坝体的抗滑稳定，其断面一般呈三角形，直立或向上游面倾斜，利用部分水重增加坝体的稳定性。重力坝是混凝土坝中最早出现的坝型，根据历史记载，最早的重力坝是公元前2900 年古埃及在尼罗河上修建的一座高 15m、顶长 240m 的挡水坝。1962 年瑞士建成了世界上第一座重力坝，坝高 285m。我国水利水电事业蓬勃发展，1949—1985 年，在已建成的坝高 30m 以上的 113 座混凝土坝中，重力坝达 58 座，占总数的 51%。20 世纪 50 年代首先建成了高 105m 的新安江坝和高 71m 的古田一级坝两座宽缝重力坝。20 世纪 60 年代建成了高 97m 的丹江口宽缝重力坝和高 147m 的刘家峡坝、高 106m 的三门峡坝两座实体重力坝。20 世纪 70 年代建成了黄龙滩重力坝、龚嘴重力坝。20 世纪 80 年代建成了高 165m 的乌江渡拱型重力坝和高 107. 5m 的潘家口低宽缝重力坝等。20 世纪 90 年代开始修建的长江三峡水利枢纽重力坝，坝高 185m。

混凝土重力坝的优点是适用于从坝顶溢流，施工期间也易于通过较低的坝块或底孔泄流，坝体结构简单，宜浇筑，便于机械化施工，适合在各种气候条件下修建，设计、建造经验较丰富，工作可靠，使用年限较长，养护费用较低等。其缺点是重力坝由于依靠坝体自重维持稳定，因此坝体体积大，材料强度不能充分发挥，浇筑时水泥水化热消散困难，由于混凝土温降收缩易产生裂缝，易破坏坝体的整体性和强度。

混凝土重力坝按断面形式可以分为实体重力坝、宽缝重力坝、空腹重力坝和预应力重力坝，如图 7. 24 所示。宽缝重力坝是将横缝的中部加宽，宽缝的设置不仅可以节省混凝土，而且改善了混凝土的散热条件。其缺点是施工较复杂，模板用量多。空腹重力坝是在坝体内设置大型纵向空腔，可以减少坝底扬压力，节约混凝土用量。其缺点是施工较困难，钢筋用量多。预应力重力坝是利用受拉钢筋或钢杆对坝体施加预应力以增加坝身稳定，预应力重力坝能有效改善坝身应力分布，减少混凝土用量，其缺点是具有施工复杂，钢筋用量多的不足。

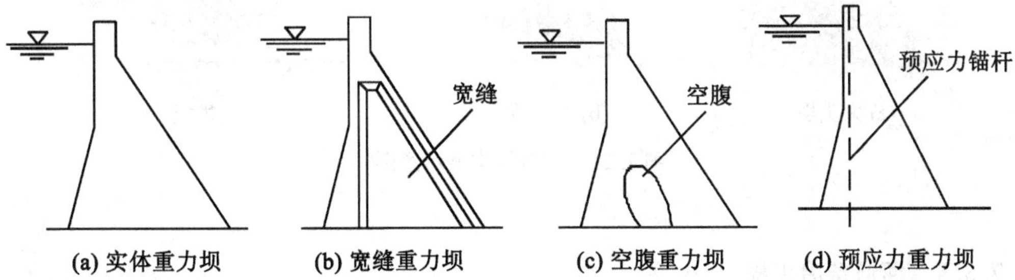

图 7. 24　混凝土重力坝示意图

拱坝一般依靠拱的作用，即利用两端拱座的反力，同时还依靠其自重维持坝体的稳定。拱坝的结构作用可以视为两个系统，即水平拱系统和竖直梁系统，如图 7. 25 所示。水荷载及温度荷载等由上述二系统共同承担。当河谷宽高比较小时，荷载大部分由水平拱系统承担；当河谷宽高比较大时，荷载大部分由梁承担。拱坝与重力坝相比较可以较充分地利用坝体的强度，其体积一般较重力坝为小，其超载能力常比其他坝型为高。其缺点是对坝址河谷形状及地基要求较高。

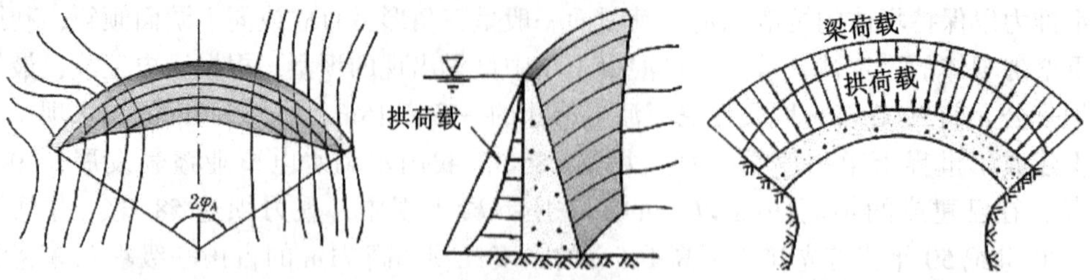

(a) 拱坝平面图　(b) 垂直剖面(悬臂梁)图　(c) 水平截面(拱)图

图 7.25　拱坝平面图和剖面图

支墩坝是一种轻型坝，支墩坝与重力坝相比较可以节省 20% ~60% 的混凝土，宜于修建在气候温和、河谷较宽、地质条件较好、运输条件差、天然建筑材料缺乏的地区。支墩坝是由一系列倾斜的面板和支承面板的支墩（扶壁）组成的坝。面板直接承受上游水压力和泥沙压力等荷载，通过支墩将荷载传递给地基。面板和支墩连成整体，或用缝分开。根据面板的形式，支墩坝可以分为三种类型：①平板坝：面板为平板，通常简支于支墩的托肩（牛腿）上，面板和支墩为钢筋混凝土结构，平板坝适用于中、低坝；②连拱坝：上游为拱形面板，常采用圆拱，与支墩连成整体，一般为钢筋混凝土结构；③大头坝：面板由支墩上游部分扩宽形成，称为头部。相邻支墩的头部用伸缩缝分开，为大体积混凝土结构。如图 7.26 所示。对于高度不大的支墩坝，除平板坝的面板外，也可以用浆砌石建造，连拱坝和大头坝适用于中、高坝。

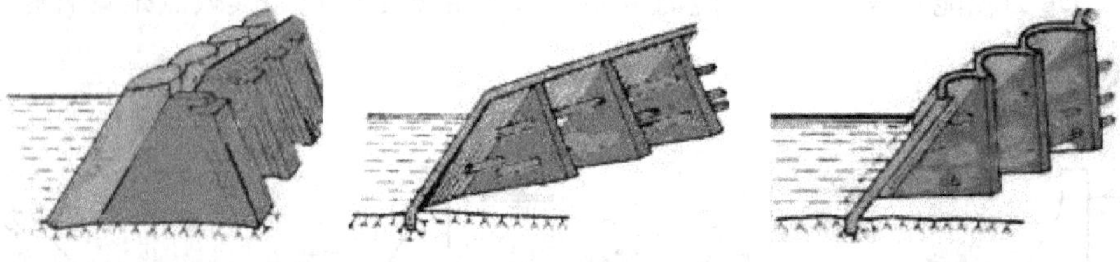

(a) 大头坝　(b) 平板坝　(c) 连拱坝

图 7.26　支墩坝类型示意图

7.3.3　河道整治工程

河道整治工程是为了稳定和改善河流水流流态、河流边界条件等在河床两岸修建的水利工程。河道整治的目的是防洪、航运、引水、城镇防护及综合开发和治理等。

河道整治工程按材料和使用年限可以分为临时性整治工程和永久性整治工程。例如，古代的竹筏、沉排等为临时性工程，而土、石、混凝土等材料修建的重型实体建筑物为永久性工程，主要用于调整水流方向、固滩护堤。

河道整治工程按与水流的关系可以分为丁坝、顺坝、潜坝、锁坝、环流、透水、不透水等形式。主要是改变水沙运动方向，控制河床冲淤变化，改善不利河湾，起到稳定滩岸、固定河道流路的作用。

7.3.4　分洪工程、水库工程

分洪工程是为了保障保护区安全，将超额洪水分流的工程。

水库是用堰、坝、水闸等围成的人工水域。水库防洪主要是利用水库的储水能力调蓄洪水。我国著名的水库有丹江口水库、龙羊峡水库、黄河小浪底水库等，如图 7.16（a）、图 7.27、图 7.28 所示。龙羊峡水库大坝主坝长 396m，最大坝高 178m，坝顶高度海拔 2610m，坝底宽 80m，拱顶宽 23.5m，全长 1227m（挡水长度），水库周长 108km，面积 383km^2，水库容量 247 亿 m^3，装机容量 128 万 kW（32 万 kW×4 台），年发电量 60 亿 kW · h。龙羊峡水库是我国自行设计、施工的大型水利枢纽。小浪底水库位于穿越中条山、王屋山的晋豫黄河峡谷中，库区全长 130km，小浪底库区总面积 278km^2。

图 7.27　龙羊峡水库

图 7.28　黄河小浪底水库

为了泻放超过水库调蓄能力的洪水，满足放空水库和防洪调节等要求，确保工程安全，一般都设有泄水建筑物。常用的泄水建筑物有坝身泄水道（包括溢流坝、中孔泄水孔、混式泄水孔、坝下涵管等）和河岸泄水量（包括河岸溢洪道和泄水隧洞等）。下面主要介绍河岸溢洪道。

河岸溢洪道的特点是地面开敞式，河岸溢洪道具有较大的超泄能力，泄水能力随水库水位的升高而迅速增加，可以减少泄水翻坝的可能性，同时河岸溢洪道还具有检查方便、运用安全可靠、减少开挖土石方量等优点，因此应用广泛。河岸溢洪道主要有正槽式、侧槽式、竖井式、虹吸式四种。正槽式溢洪道的泻槽与溢流堰轴线正交，过堰水流与泄槽轴线方向一致。侧槽式溢洪道的泻槽与溢流堰轴线接近平行，竖井式溢洪道则由溢流喇叭口段、竖井、弯道段、水平泄洪洞段组成。虹吸式溢洪道是利用虹吸作用泄水的封闭式溢洪道，可以单独修建在河岸上也可以和混凝土坝结合在一起使用，如图 7.29 所示。

7.3.5　农田水利工程

农田水利是为农业生产服务的水利工程，其主要任务是灌溉、排涝、改良土壤。

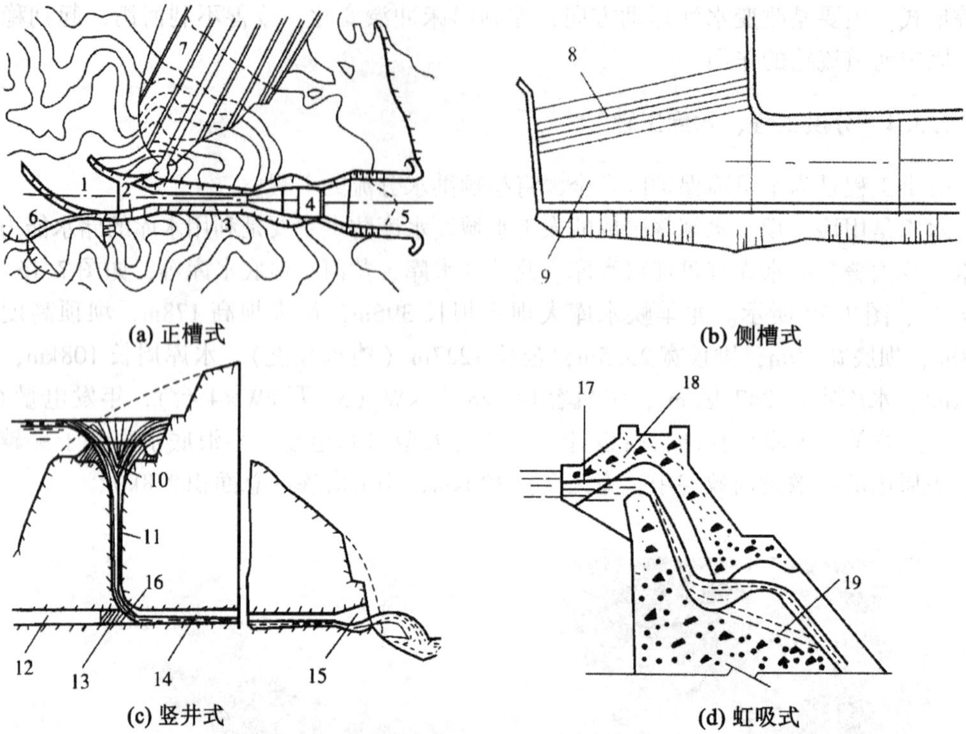

1—进水段；2—控制段；3—泄槽；4—消能防冲段；5—出水渠；6—非常溢洪道；7—土坝；8—溢流堰；9—侧槽；10—溢流喇叭口；11—竖井；12—导流隧洞；13—混凝土塞；14—水平泄洪隧洞；15—出口段；16—弯道段；17—通气孔；18—顶盖；19—泄水孔

图 7.29　河岸溢洪道类型示意图

渠首的主要作用是引进河道或水库中的水以满足灌溉、发电、工业和生活用水需要，渠首是农田水利工程中的重要建筑物之一。渠首可以分为无坝渠首和有坝渠首两种。

无坝渠首是不在河流中修建拦河坝引水灌溉，适用于河流水位、流量不经调节就能满足灌区用水要求的渠首。无坝渠首一般由进水闸、拦沙坝、沉沙池等建筑物组成，多用于江河中下游水量丰富、水位变化不大或不易修建拦河闸的情况。如图 7.30 所示。

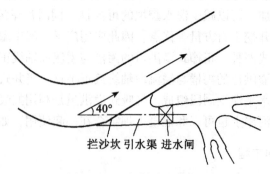

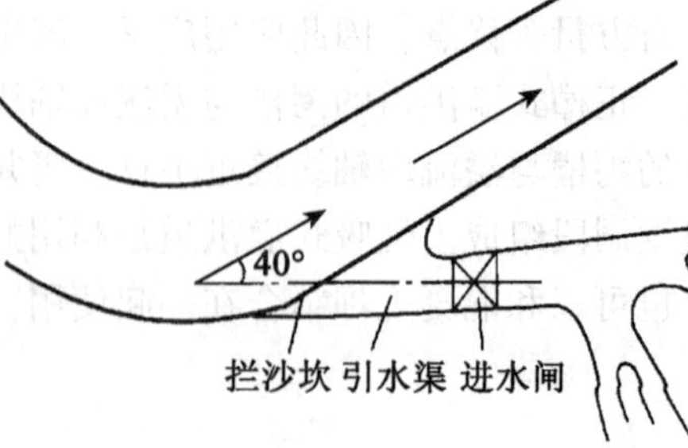

图 7.30　无坝渠首示意图

有坝渠首是采用拦河坝抬高水位，保证水流量满足灌溉要求的渠首。有坝渠首具有进水闸前水位稳定、工作可靠、利于将取水口设在灌区近处的优点。有坝渠首一般由拦河坝、进水闸及沉沙槽式、人工弯道式、底部冲沙廊通式、底栏栅式等沉沙冲沙建筑物组成。

沉沙槽式渠首是采用正面排沙、侧面引水的布置形式，利用进水闸前沉沙槽使水中粗粒泥沙下沉减少入渠泥沙。其优点是渠首形式简单，施工、管理方便。其缺点是具有沉沙槽内易出现旋流，易将底沙带入渠道。冲沙时需停止取水等。人工弯道式渠首是在河道内或岸边上修建人工弯道，利用弯道环流减少入渠泥沙的取水渠首。底部冲沙廊道式渠首是将冲沙廊道设在进水端底板下的渠首。其优点是可以边引水边冲沙，一般适用于来水量较丰富、用水保证率较高的情况。底栏栅式渠首是在壅水坝内设置廊道取水，利用廊道顶部栏栅筛析作用防止大粒径沙石入渠的有坝取水形式。这种渠首具有布置简单、施工方便、造价低，适用于河道流量不大、大粒径泥沙较少的小型水利工程。这几种形式渠首分别如图 7. 31 ~ 图 7. 34 所示。

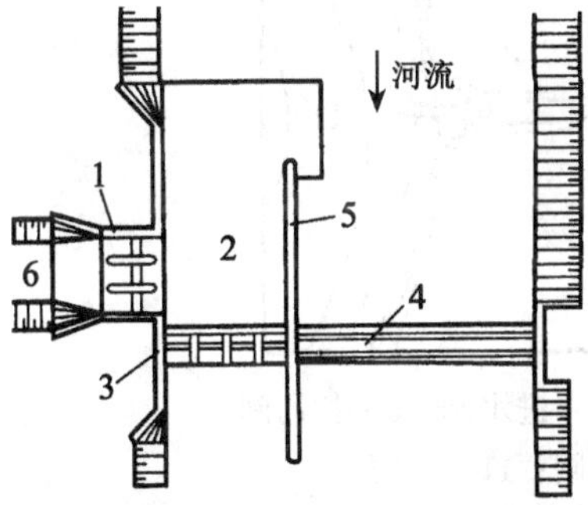

1—进水闸；2—沉沙槽；3—冲沙闸；
4—壅水坝；5—导流墙；6—渠道

图 7. 31 沉沙槽式渠首示意图

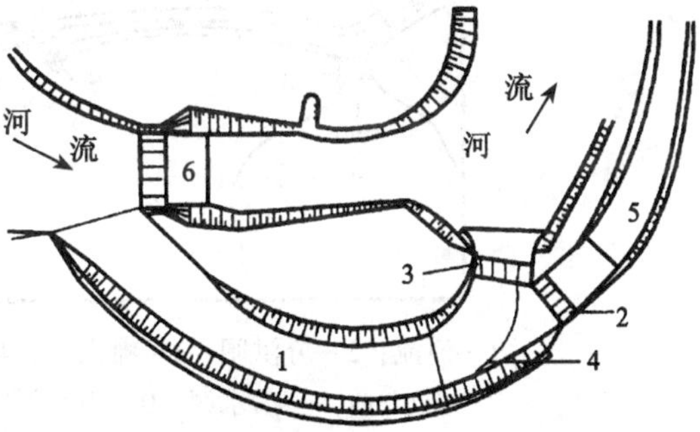

1—人工弯道；2—进水闸；3—冲沙闸；
4—拦沙坎；5—渠道；6—拦河闸

图 7. 32 人工弯道式渠首示意图

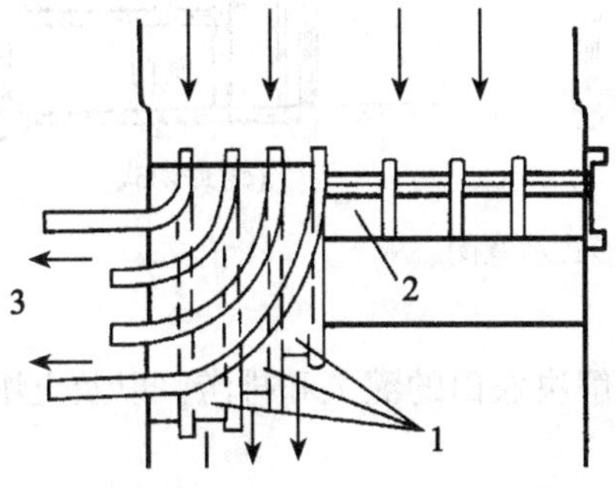

1—冲沙廊道；2—壅水坝；3—渠道

图 7. 33 底部冲沙廊道式渠首示意图

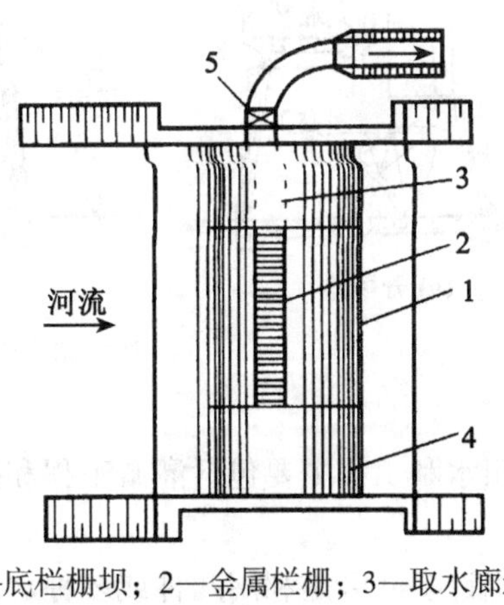

1—底栏栅坝；2—金属栏栅；3—取水廊道；
4—溢流坝；5—进水闸

图 7. 34 底栏栅式渠首示意图

水闸是用来控制闸前水位和调节过闸流量的低水头水工建筑物，通过闸门的启、闭具有挡水和泄水或取水的双重作用。广泛应用于防洪、灌溉、供水、发电等。

水闸的类型有许多种，按承担的主要任务划分可以分为进水闸、拦河闸、挡潮闸、分洪闸等，如图7.35所示。进水闸是在河流、湖泊、水库等岸边建闸引水，通常设在渠道首部，又称渠首闸。拦河闸一般用于截断河渠，抬高河渠水位，横断河流或渠道修建。排水闸常建于江河沿岸，既可以开闸排滞，又可以防止倒灌。拦潮闸常建于入海河口附近，其主要作用是拦潮、御咸、排水、蓄淡。分洪闸常建于河道一侧，用于分泄河道多条洪水。水闸按闸室结构形式区分可以分为开敞式、胸墙式、封闭式或涵洞式水闸，如图7.36所示。开敞式水闸和胸墙式水闸上面不填土封闭，其中不设胸墙的开敞式水闸多用于拦河闸、排水闸；设胸墙的开敞式水闸多用于进水闸、排水闸和挡潮闸。封闭式水闸或涵洞式水闸是闸身上面填土封闭的水闸。

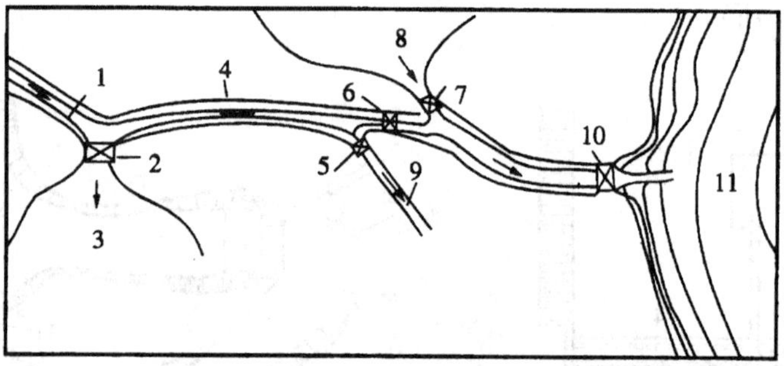

1—河流；2—分洪闸；3—滞洪区；4—堤防；5—进水闸；6—拦河闸；7—排水闸；8—渍水区；9—引水渠；10—挡潮闸；11—大海

图7.35 按承担的主要任务划分水闸

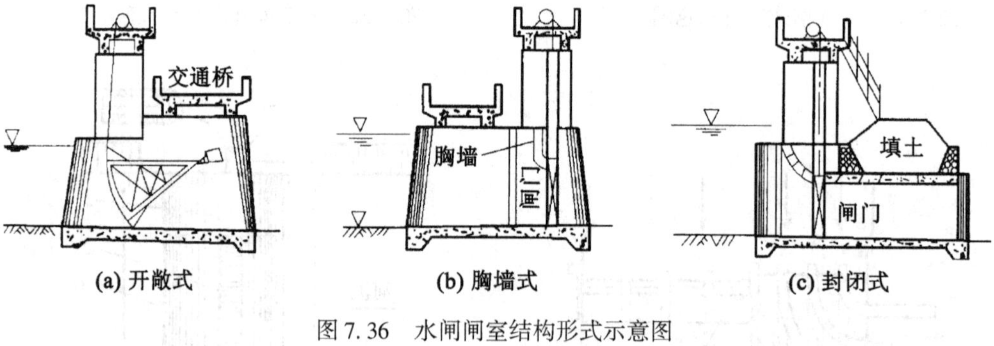

图7.36 水闸闸室结构形式示意图

农田水利工程主要包括灌溉工程和排涝工程，解决农田的灌溉和排涝，以及土壤改良工作。

我国许多灌区是利用两种或多种水源进行灌溉的，如井渠结合、引蓄堤结合等。依据灌溉水源来分，利用水库、塘堰蓄水灌溉的约占31%，由河川引水自流灌溉的约占28%，利用机电泵站提水灌溉的约占19%，利用地下水灌溉的约占18%，利用其他形式灌溉的约占 4%。

灌溉工程可以分为蓄水工程、自流引水灌溉工程、提水工程。我国蓄水工程主要有各种类型的水库和多种形式的小型蓄水工程。用于灌溉的水库就其功能可以分为拦蓄河川径流的、引蓄渠道余水的、提水后再蓄在库内的、拦蓄河川潜流的、拦蓄洪水泥沙的等。小型蓄水工程，如南方丘陵地区的塘堰工程，北方干旱地区的旱井、涝池、水窑等。自流引水灌溉工程是我国最早的灌溉工程形式，如都江堰、郑国渠等大型自流引水灌区。20 世纪 50 年代以后，除改建和扩建原有灌区外，还兴建了一大批新的自流灌区，如在黄河两岸新建了人民胜利渠、打渔张、位山等大中型引黄灌区，陕西关中地区的宝鸡峡引渭灌溉工程和江苏北部的灌溉总渠，等等。

提水工程是指用各种农用排灌机械取水灌溉的工程。排灌机械动力中电动机所占比重较大，在机电排灌中，有固定泵站、配套机电井、流动抽水机、喷滴灌等。如图 7.37 所示。

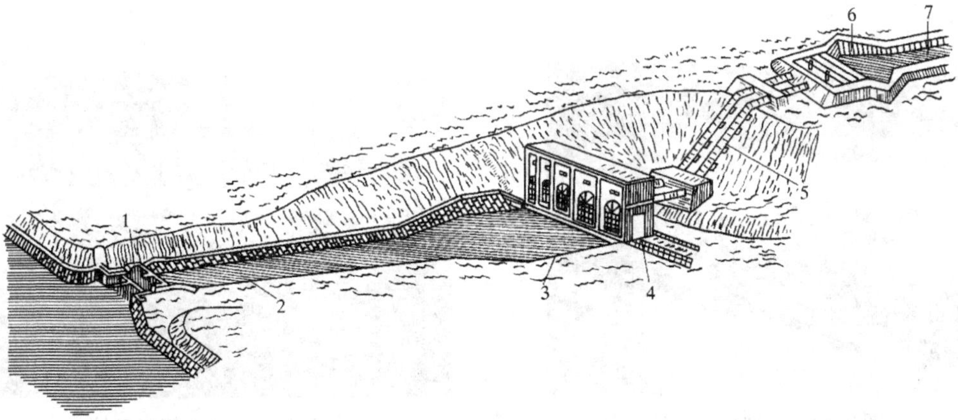

1—进水闸；2—引水渠；3—进水池；4—泵房；5—出水管道；6—出水池；7—灌溉干渠

图 7.37　引水泵站布置示意图

农田排涝工程从工程形式上可以分为明沟排水、暗管排水和竖井排水。明沟排水中，当有自流排水条件时为自流排水；当没有自流排水条件或自流排水条件不畅时为水泵抽排。明沟排水系统一般包括干、支、斗、农、毛各级排水沟道及相应排水控制建筑物。具有施工简单、见效快等优点，但其占地多，易淤积，维修工作量大。暗管排水系统一般包括吸水管、集水管、检修井、排水控制设备等，其优点是占地少，不影响农田耕作和交通，排水效果稳定，但需较多管材，基建投资高。竖井排水是利用水井抽取地下水，降低和控制地下水位，其优点是调控地下水位能力强，但井点分散，管理不便，需较多机泵核动力。在一些地区常因地制宜采取几种措施结合使用。

7.3.6　水力发电工程

我国水能资源理论蕴藏量为 6.76 亿 kW，其中可开发量 3.78 亿 kW，年发电量 19200 亿 kW · h，占全世界可开发水能资源总量的 16.7%，居世界第 1 位。水电资源在我国能源结构中占有重要的地位，经济可开发水电能源折合507亿t标准煤，是中国现有能源中唯一可以大规模开发的可再生能源。改革开放以来，我国水电事业有了突飞猛进的发展，截至2003年底，我国水电装机达9 217万kW，占发电总装机的24%，年发电量2 830亿kW·h，占总发电量的15%。

水力发电突出的优点是以水为能源，水可以周而复始地循环供应，是永不会枯竭的资源。更重要的是水力发电不会污染环境，成本要比火力发电的成本低得多。世界各国都尽量开发本国的水能资源。

我国的水力开发方针是大、中、小并举，以大型电站为骨干。电站规模的大、中、小是相对的，我国20世纪70—80年代对已建和在建水电站装机容量和年发电量统计时将装机大于25万kW的水电站作为大型水电站。中国是世界上水电开发较多的国家，早期修建的水电站规模都相当小，随着经济、电力工业的不断发展，电网规模的不断增大，水电站装机容量和机组容量也相应增大。

我国著名的水电站有葛洲坝水电站和长江三峡水电站，如图7.38、图7.39所示。

图7.38 葛洲坝水电站

图7.39 长江三峡水电站

长江三峡工程经过了中华民族几代人、70余年的构想、勘测设计、研究、论证，于1994年12月14日正式开工建设。三峡工程是我国也是世界上最大的水利枢纽工程，是治理和开发长江的关键性骨干工程。三峡工程水库正常蓄水位175m，总库容393亿m^3；水库全长600余km，平均宽度1.1km；水库面积1 084km^2。整个工程包括一座混凝土重力式大坝，泄水闸，一座坝后式水电站，一座永久性通航船闸和一座升船机。三峡工程建筑由大坝、水电站厂房和通航建筑物三大部分组成。大坝坝顶总长3 035m，坝高185m，水电站装机左岸设14台，右岸设12台，共装机26台单机装机容量为70万kW的水轮发电机组，总装机容量1820千kW，年发电量847亿kW·h，居世界首位。

§7.4 给水排水工程

7.4.1 建筑物内部给水系统

建筑物内部给水系统是将城镇给水管网或自备水源给水管网的水引入室内，经配水管送至生活、生产和消防用水设备，满足各用水点对水量、水压、水质要求的供应系统。

1. 给水系统的分类与组成

给水系统按用途主要分为供人们饮用、盥洗、洗涤、烹饪、淋浴等的生活用水系统，供生产设备冷却、原料产品洗涤、产品制造过程中所需生产用水的生产给水系统，供消防设备灭火用水的消防给水系统。这三类给水系统可以单独设置，也可以根据实际情况和具体要求进行组合。建筑物内部给水系统如图 7. 40 所示。

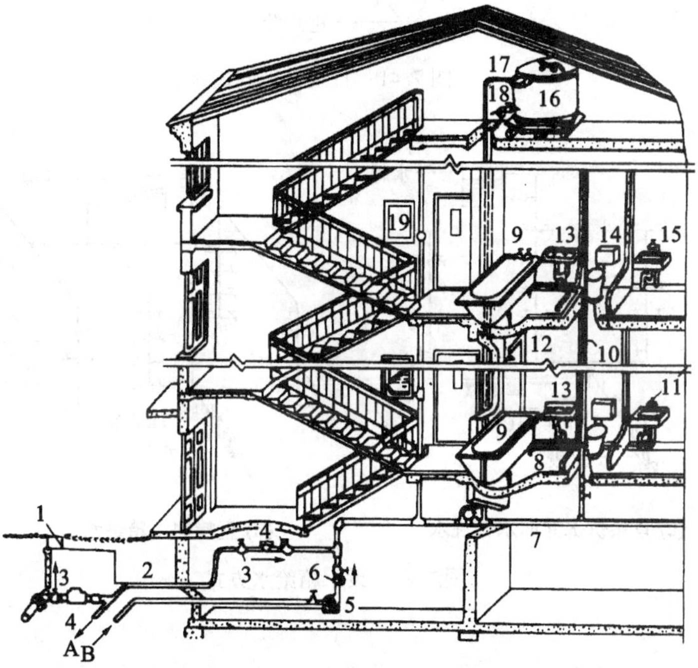

1—阀门井；2—引入管；3—闸阀；4—水表；5—水泵；6—逆止阀；7—干管；8—支管；9—浴盆；10—立管；11—水龙头；12—淋浴器；13—洗脸盆；14—大便器；15—洗涤盆；16—水箱；17—进水管；18—出水管；19—消火栓；A—入储水池；B—来自储水池

图 7. 40　建筑物内部给水系统示意图

引水水管：从室外给水管引入室内的管段。

水表节点：安装在引水管上的水表及其前后设置的阀门和泄水装置的总称。

给水管道：给水管道包括干管、立管和支管。

给水附件：管道系统中调节水量、水压、控制水流方向，以及关断水流，便于管道、仪表和设备检修的阀门。

2. 给水系统的给水方式

如图 7. 41 所示，直接给水，由室外给水管道直接供水，直接给水是最简单、最经济的给水方式。

如图 7. 42 所示，设水箱给水，宜在室外给水管网供水压力周期性不足时采用。

图 7. 43 所示，设水泵给水，宜在室外给水管网的水压经常不足时采用。

高层建筑（建筑高度超过 24m 的公共建筑或工业建筑 10 层及 10 层以上住宅建筑）

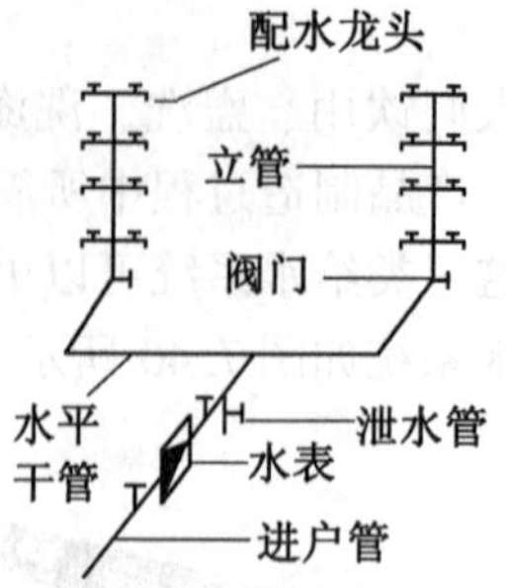

图 7.41　直接给水方式

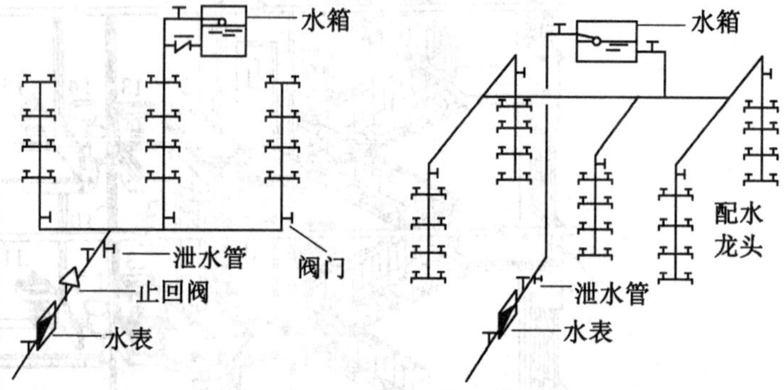

(a) 直接供水并向水箱进水　　(b) 直接向水箱进水

图 7.42　设水箱给水方式

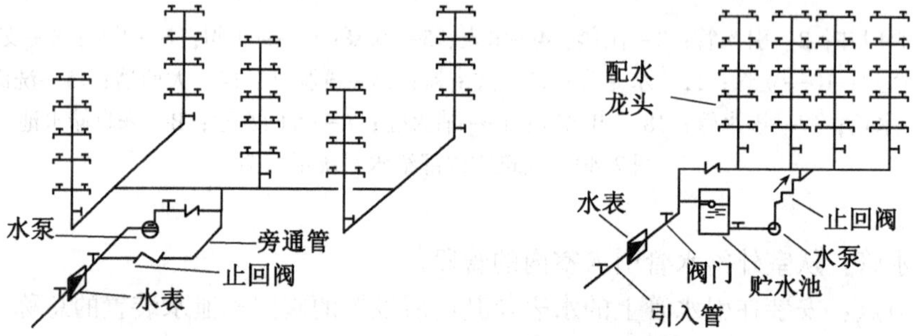

(a) 水泵与室外管网直接连接　　(b) 水泵与室外管网间接连接

图 7.43　设水泵给水方式

层多、楼高，其给水方式与非高层建筑给水方式不同。若整幢高层建筑采用同一给水系统供水，下层管道中静水压力必将很大，不仅产生水流噪声，易造成管道漏水、启闭龙头、阀门时出现水锤现象，而且还将影响高层供水的安全性。因此，高层建筑给水系统宜采取竖向分区供水，将建筑物垂直按层分段，各段为一区，分别组成各组给水系统。

7.4.2　建筑排水系统

建筑排水系统的任务是接纳、汇集建筑物内各种卫生器具和用水设备排放的污水、废水，以及屋面的雨水、雪水，并在满足排放的条件下，排入室外排水管网。

1. 排水系统的分类与组成

排水系统按接纳污水、废水类型分为排除居住建筑物、公共建筑物、工业建筑生活间污水、废水的生活排水系统，排除工艺生产过程中产生的污水、废水的工业废水排水系统，排除多跨工业厂房、大屋面建筑、高层建筑屋面上雨水、雪水的屋面排水系统。

对建筑物内部排水系统的基本要求是系统能迅速畅通地将污水、废水排到室外，系统气压稳定，有毒、有害气体不得进入室内，管线布置合理，工程造价低。

建筑物内部排水系统由卫生器具、受水器、排水管道、清通设备和通气管道等几个基本部分组成，如图 7.44 所示。

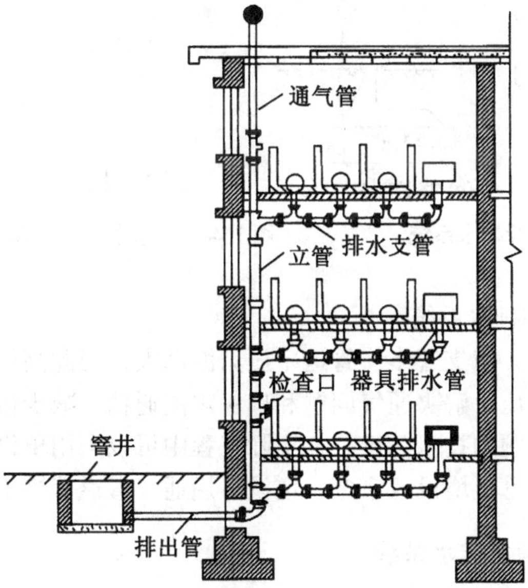

图 7.44　建筑物内部排水系统基本组成示意图

2. 排水系统的组合类型

（1）非高层建筑内部污水、废水排水系统。

非高层建筑内部污水、废水排水系统按排水立管和通气立管设置分类如下：

①单立管排水系统。只有 1 根排水立管，设有专门通气立管的排水系统。按卫生器具的多少，又分为无通气管的单立管排水系统（立管顶部不与大气连通），有通气管的普通单立管排水系统（立管向上延伸，穿出屋顶与大气连通），特制配件单立管排水系统（在立管与横支管连接处，立管底部与横干管或排出管连接处设置特制配件改善管内水流与通气状态），如图 7.45 所示。

②双立管排水系统。也称为双管制，由 1 根排水立管和 1 根通气立管组成，如图 7.46 所示。

③三立管排水系统。也称为三管制，由 1 根生活污水管，1 根生活废水立管，1 根通气立管组成，如图 7.47 所示。

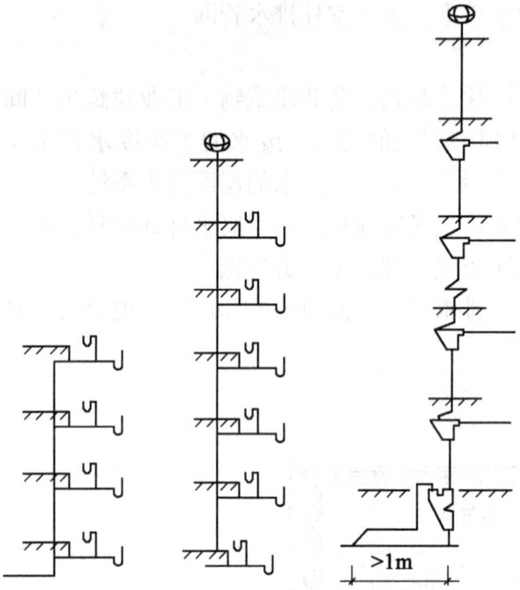

(a) 无通气　(b) 有通气　(c) 特制配件单立管

图 7.45　单立管排水系统

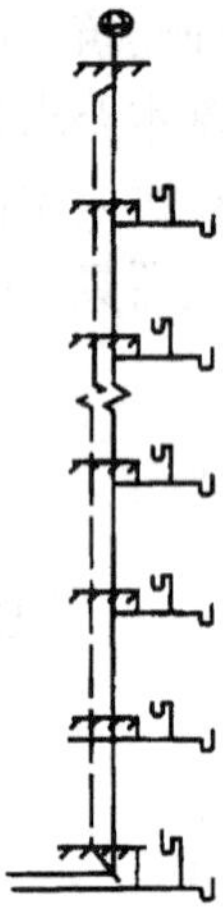

图 7.46　双立管排水系统

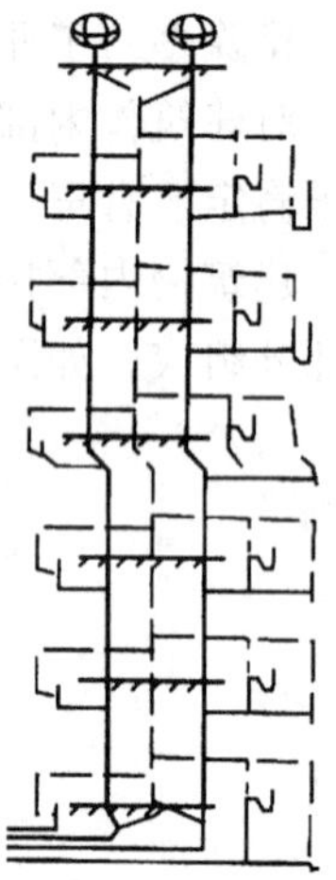

图 7.47　三立管排水系统

（2）高层建筑内部排水系统。

高层建筑排水量大，横支管多，管道中压力波动大，因此高层建筑内部排水系统应解决的问题是稳定管内气压，解决通气问题和确保水流通畅。减少极限流速和水舌系数是解决高层建筑排水系统问题的技术关键。在实际工程中可以采用单设横管，采用水舌系数小的管件连接，在排水立管上增设乙字弯，增设专用通气管道等措施。

7.4.3　建筑屋面雨水排水系统

建筑屋面雨水排水系统按照雨水管道位置分为外排水系统和内排水系统。实际设计时，应根据建筑物类型、建筑结构形式、屋面面积大小、气候条件、生活生产要求等，经过技术经济比较选择合适的排水系统。一般情况下，应尽量采用外排水系统，或将内、外排水系统结合利用。

1. 外排水系统

外排水系统是指屋面不设雨水斗，建筑物内部没有雨水管道的雨水排放系统。按屋面有无天沟分为普通外排水和天沟外排水，如图 7.48、图 7.49 所示。

（1）普通外排水。普通外排水由檐沟和水落管组成。雨水沿屋面集流到檐沟，再经水落管排至地面或雨水口。普通外排水适用于普通住宅，一般公共建筑和小型单跨厂房。

（2）天沟外排水。天沟外排水由天沟、雨水斗、排水立管组成。雨水沿坡向天沟的屋面汇集到天沟，沿天沟流至建筑物两端，大雨水斗，经立管排至地面或雨水井。天沟外排水一般适用于长度不超过 100m 的多跨工业厂房。

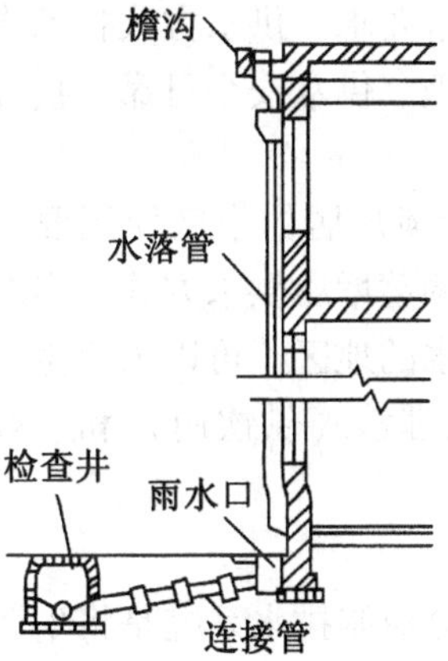

图 7.48　普通外排水

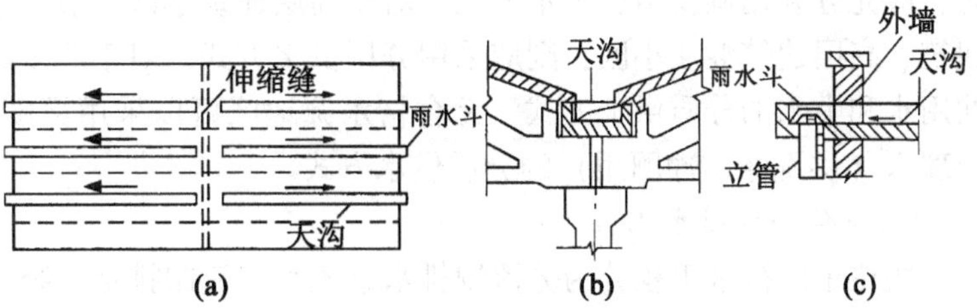

图 7.49　天沟外排水

2. 内排水系统

内排水系统是指屋面设雨水斗，建筑物内部有雨水管道的雨水排水系统，如图 7.50 所示。内排水系统由雨水斗、连接管、悬吊管、立管、排出管、埋地管、检查井等组成。雨水沿屋面流入雨水斗，经连接管、悬吊管、入排水立管，再经排出管流入雨水检查井或经埋地干管排至室外雨水管道。

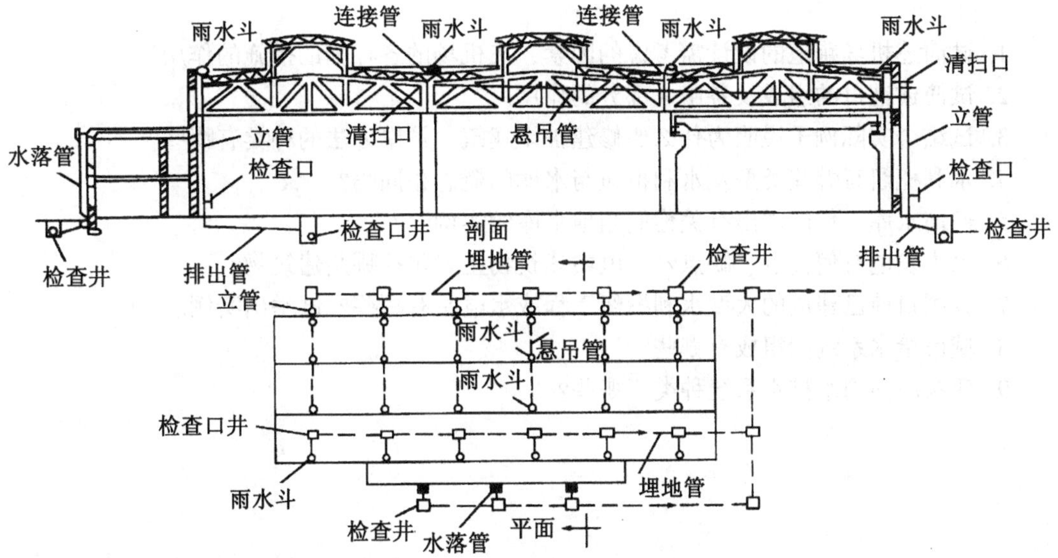

图 7.50　内排水系统

7.4.4　居住小区给水排水工程

居住小区给水排水工程包括给水工程、排水工程、中水工程。

1. 居住小区给水工程

居住小区供水方式选择应根据城镇供水现状、小区规模及用水要求、供水方式技术指标、经济指标、社会环境指标等综合考虑确定，做到技术先进合理、供水安全可靠、投资不高、便于管理等。

一般情况下，多层建筑的居住小区，当城镇管网水压、水量满足居住小区使用要求时，应充分利用调蓄增压供水方式。对于高层建筑小区一般采用调蓄增压供水方式。多层建筑、高层建筑混住小区，则应采用分压供水方式。对于严重缺水的地区，可以采用生活饮用水和中水的分质供水方式。无合格水源地区可以采用深度处理水（供饮用）和一般处理水（供洗涤、冲厕用）的分质供水方式。

2. 居住小区排水工程

居住小区排水工程分为分流制排水系统和合流制排水系统。分流制排水系统是将生活污水、工业废水、雨水用两个或两个以上排水管道系统汇集与输送的排水系统。合流制排水系统是指将生活污水、工业废水、雨水用一个管道系统汇集与输送的排水系统。

3. 中水工程

中水工程是指使用后的各种生活污水、冷却水及雨水等经适当处理后回用，作为冲厕、绿化、喷洒道路等杂用水的供水系统。中水系统按服务范围分为建筑中水系统、小区中水系统和城镇中水系统。

复习与思考题 7

1. 试简述机场跑道的设计需考虑的因素，飞机场的各种辅助措施的作用。
2. 试简述港口的组成及各组成部分的作用。
3. 试结合实际例子说明为什么要修建护岸建筑。护岸方法的种类有哪些？
4. 水利枢纽有哪些类型？水利枢纽与水库的概念相同吗？
5. 何谓水库？你能举出有关你们当地水库的实例吗？
6. 水力发电有何优点、缺点？水电站建筑物主要包括哪些建筑物？
7. 我国目前已建成的大型水利枢纽工程或水电站有哪些？试举出实例。
8. 城市给水系统的组成有哪些？
9. 建筑屋面雨水排水系统种类有哪些？

第 8 章　土木工程设计与施工

§8.1　土木工程设计

8.1.1　土木工程设计内容

土木工程设计是指设计建筑物或构筑物所要做的全部工作，即建筑工程设计。建筑工程设计是指根据建设工程主体的要求和地质勘察报告，对建设工程所需的技术、经济、资源、环境等条件进行综合分析、论证，编制建设工程设计文件的活动。建设工程设计在我国国民经济建设和社会发展中占有重要的地位和作用，建设工程设计是工程建设前期的关键环节。建设工程设计文件是安排项目建设和组织施工的主要依据。

土木工程设计包括建筑设计、结构设计、设备设计等专业方面的内容。各专业设计既有明确分工，又有密切配合。

建筑设计在整个建筑工程设计中起主导作用和现行作用，一般由建筑师完成。根据用户要求，在满足总体规划的前提下，对基地环境、建筑功能、结构施工、建筑设备、建筑经济和建筑美观等方面做全面的分析，确定建筑平面、空间布局和外形，选定主要建筑材料、设备型号和数量，进行建筑细部构造设计。

结构设计一般由结构工程师完成。结构工程师结合建筑设计选择结构方案，进行结构布置、结构计算和构件设计等，最后绘制出结构施工图。

设备设计一般由各相关专业工程师完成。设备设计包括给水排水设计、采暖通风、电气照明、通信、燃气、动力等专业的设计。

8.1.2　土木工程设计流程

土木工程设计一般分为初步设计和施工图设计两个阶段，即两阶段设计。对于技术上比较复杂而又缺乏设计经验的工程，经主管部门指定或设计部门自行确定可以增加技术设计阶段，进行三阶段设计，即初步设计、技术设计和施工图设计。大型民用建筑工程设计在初步设计之前应进行方案设计，小型建筑工程设计可以用方案设计代替初步设计。

1. 初步设计

初步设计是为了阐明在指定地点、时间和投资限额内，拟建项目在技术上的可行性、经济上的合理性，并对建设项目做出基本技术经济规定，编制建设项目总概算。

初步设计的必备条件：

（1）建设项目可行性研究报告经过审查，业主已获得可行性研究报告的批准文件。

（2）已办理征地手续，并取得规划局和国土局提供的建设用地规划许可证和建设用地红线图。

（3）业主已取得规划局提供的规划设计条件通知书。

初步设计的内容包括确定房屋内部各种使用空间的大小和形状，确定建筑平面、空间布局、外形以及平面布置；选定主要建筑材料、设备型号、数量以及结构方案；提出主要技术经济指标和建筑工程概算。

初步设计的图纸和文件有：

（1）设计总说明：设计指导思想和依据，设计意图及方案优、缺点；建筑结构方案及构造特点，建筑材料及装修标准，主要技术经济指标及结构、设备等系统的说明。

（2）建筑总平面：表示出用地范围，建筑物位置、大小、层数、朝向、设计标高，道路及绿化布置和技术经济指标。

（3）各层平面图、剖面图、立面图：表示出建筑物的主要控制尺寸，同时要表示出门、窗位置，各层标高，室内固定设备及有特殊要求的厅、室的具体布置，立面处理，结构方案及材料选用等。

（4）工程概算书：建筑物投资估算，主要材料用量及单位消耗量。

（5）大型民用建筑及其他重要工程：必要时可以绘制鸟瞰图、透视图或制作模型。

另外，在初步设计阶段，一般情况下结构、暖通等许多项目均是以设计说明书作为对外交付的文件。若需用概略图表示的，可以提供相关资料，由建筑师在建筑图上表示。

初步设计不得随意改变被批准的可行性研究报告所确定的建设规模、产品方案、工程标准、建设地址和总投资等控制目标。如果初步设计提出的总概算超过可行性研究报告总投资的10%以上，或其他主要指标需要改变时，应说明原因和计算依据，并重新向原审批单位报批可行性研究报告。

初步设计的深度要求，应满足审批要求：

（1）应符合已审定的设计方案；

（2）能据此确定土地征用范围；

（3）能据此准备主要设备和材料；

（4）应提供工程设计概算，作为审批确定项目投资的依据；

（5）能据此进行施工图设计；

（6）能据此进行施工准备。

2. 技术设计

技术设计是进一步解决初步设计的重大技术问题，如工艺流程、建筑结构、设备选型及数量确定等，同时对初步设计进行补充和修正，然后编制修正总概算。

实施技术设计的条件：

（1）初步设计已被批准；

（2）特大规模的建设项目，或工艺极为复杂，或采用新工艺、新设备、新技术而且有待试验研究的新开发项目，或经上级机关或主管部门批准需要做技术设计的项目。

技术设计的内容包括确定结构和设备的布置并进行结构和设备的计算；修正建筑设计方案并进行主要的建筑细部和构造设计；确定主要建筑材料、建筑构配件、设备管线的规格及施工要求等。技术设计的内容应视建设项目的具体情况、特点和需要而定，国家不做硬性规定。

技术设计的图纸和文件有建筑总平面图和平剖面图、立剖面图；结构、设备的设计图和计算书；各种技术条件说明书；根据技术要求修正的工程概算书。

技术设计文件要报主管部门批准，其深度能满足确定设计方案中重大技术问题和相关试验、设备制造等方面的要求，且以能指导施工图设计为原则。

3. 施工图设计

施工图设计是在初步设计或技术设计的基础上，完整地表现建筑物外形、内部空间尺寸、结构体系、构造状况以及建筑群的组成和周围环境的配合，还包括各种输送系统、管道系统、控制系统、建筑设备的设计与造型，绘制出正确的完整的和详细的建筑详图和安装详图。

实施施工图设计的条件：

(1) 上级文件，包括已取得的初步设计的审核批准书、批准的年度基本建设计划和规划局核发的施工图设计条件通知书；

(2) 初步设计审查时存在的重大问题和遗留问题已解决；

(3) 外部协作条件的各种协议已签定或基本落实，如水、电等；

(4) 设备总装图等资料齐全，满足施工图设计的要求。

施工图设计的内容包括确定全部工程尺寸和用料；绘制建筑、结构、设备等各种的全部施工图纸，编制工程说明书、计算书和预算书。

施工图设计的图纸和文件包括：

(1) 建筑总平面图，应详细标明建筑物的位置、尺寸、标高、道路、绿化以及各种设施的布置，并附必要的说明；

(2) 全套建筑、结构、给排水、供热、制冷、通风、电气的施工图（如平剖面图、立剖面图和构造详图）。应详细标明细部尺寸、标高以及详图索引，门窗编号等，表示清楚各部分构件的构造关系、材料、尺寸及做法等；

(3) 设计说明书、结构和设备计算书，以供施工需要；

(4) 主要结构用于装饰用材料、半成品和构配件的品种和数量，以及需用设备、供订货需要；

(5) 工程预算书。

施工图设计的深度要求：能据此编制施工图预算，能据此安排材料、设备订货和非标准设备的制作，能据此进行施工和安装，能据此进行工程验收。

8.1.3 土木工程设计质量的控制

土木工程设计阶段是根据项目决策已确定的质量目标和水平，通过工程设计使之具体化。设计在技术上是否可行、工艺是否先进，是否经济合理，设备是否配套，结构是否安全可靠，都将决定着建设项目建成后的使用价值和功能。因此，工程设计阶段是影响工程项目质量的决定性环节。

1. 建设项目设计质量

建设项目设计质量是指在严格遵守技术标准、法规的基础上，正确处理和协调资金、资源、技术、环境、时间条件的制约，使设计项目能更好地满足业主所需要的功能和使用价值，充分发挥项目投资的经济效益和社会效益。

建设项目的设计质量是建设工程的安全、适用、经济、美观等要求得以实现的保证。

2. 建设项目设计质量的控制

建设项目设计是智力劳动，设计文件是智力劳动的成果。由于设计工作本身具有的高智力性、技术性和工艺性的特性，设计过程和设计方案是否合理、经济和新颖，常常无法从设计文件的表面反映出来，其产品即设计图纸的质量也不能简单地用某个尺度去衡量，所以设计成果评价比较困难，设计质量很难控制。

（1）建设项目设计质量控制的依据。

①有关工程建设及质量管理方面的法律、法规，以及国家规定的建设工程设计深度要求；

②项目批准文件；

③有关工程建设的建筑标准，如设计参数等；

④建设项目的勘察、设计规划大纲和合同文件；

⑤其他相关补充资料。

（2）政府对建设项目设计质量的控制。

政府作为工程设计质量的监控主体，主要是以法律、法规为依据，对设计市场进行宏观控制和指导。通过对设计单位资质的审批和管理，以及对设计方案的审查和初步设计的审批，组织设计质量的年度检查及设计项目评优等工作，来实现对设计质量的控制。

（3）勘察、设计单位对建设项目设计质量的控制。

勘察、设计单位作为工程设计质量的自控主体，是以法律。法规及合同为依据，对勘察设计的整个过程进行控制，包括工作程序、工作进度、费用及成果文件所包含的功能和使用价值，以满足建设单位对勘察、设计质量的要求。

设计单位应对每一项设计和开发项目编制设计计划，明确划分设计和开发阶段对设计任务进行分解，规定各阶段质量活动的工作内容，落实相关部门，人员的职责和权限，并提出设计进度，建立设计质量的内部评审制度，对存在的质量问题进行分析研究，相互交流、共同提高。同时要重视设计人员的继续教育和培训，以提高设计的水平，保证设计质量。

（4）建设单位对工程项目设计的控制。

我国目前实行项目业主责任制。建设单位对自行选择的设计单位、施工单位发生的质量问题承担相应责任。建设单位要根据工程特点和技术要求，按相关规定实行招标，依法确定程序和方法，择优选择相应资质等级的勘察、设计单位，在合同中必须有质量条款，明确质量责任，并真实、准确、齐全地提供与建设工程有关的原始资料。在设计质量控制方面，建设单位应委托并授权监理单位对设计质量进行控制。

8.1.4 建筑设计

建筑是人们为满足生活、生产或其他活动的需要而创造的有物质的、有组织的空间环境。构成建筑的基本要素是建筑功能、建筑技术、建筑形象，通常称为建筑的三要素。随着社会的发展和人们物质生活水平的提高，建筑功能日趋复杂多样，人们对建筑功能的要求也越来越高。随着社会生产和科学技术的不断进步，各种新材料、新结构、新设备不断出现，施工工艺不断更新，人们的精神需求和审美要求在新时期下也有新的内容。因此，建筑设计就是要达到建筑功能、建筑技术和建筑形象这三者的辩证统一，以满足新时期人们物质生活和精神生活的需要。

1. 建筑设计的内容

建筑设计的内容包括总体设计和单体设计两方面。单体设计包括建筑空间环境的组合设计和建筑空间环境的构造设计两部分内容。

（1）建筑空间环境的组合设计。

建筑空间环境的组合设计主要是通过建筑空间的限定、塑造和组合，综合解决建筑物的功能、技术、经济和美观问题。包括建筑总平面图设计、建筑平面设计、建筑剖面设计、建筑造型设计和建筑立面设计。

（2）建筑空间环境的构造设计。

建筑空间环境的构造设计主要是对建筑物的各构造组成部分，确定其材料及构造方式，以解决建筑物的功能、技术、经济和美观等问题，主要包括对基础、墙体、楼地面、楼梯、屋顶、门窗等构配件进行详细的构造设计。这项设计也是建筑空间环境组合设计的继续和深入。

2. 建筑设计的原则

建筑设计应遵循以下原则：

（1）满足建筑物各项功能要求。

满足建筑物各项功能要求，为人们的生产和生活创造良好的环境，是建筑设计的首要任务。根据建筑物的位置及性质不同，进行建筑设计时必须满足不同的使用功能要求。例如，设计住宅区，首先要求具备隔声、安静、卫生的居住环境。设计电影院等公用建筑，要求听得清楚、看得见，而且疏散快等。

（2）保证结构坚固，使用安全。

正确选用建筑材料，根据建筑空间组合的特点，选择合理的结构、施工方案，广泛采用先进技术，充分利用标准设计、标准构配件及其制品，使房屋坚固耐久、建造方便，使用安全。

（3）具有良好的综合效益。

进行建筑设计，要注意建筑物的经济效益、社会效益和环境效益三者的有机结合。既要注意因地制宜，就地取材，尽量做到节省劳动力，节约建筑材料和资金，又要采用环保、节能材料，符合总体规划的要求，充分考虑和周围环境的关系，努力提高社会效益和环境效益。

（4）考虑建筑美观要求。

建筑物是社会的物质和文化财富，建筑物在满足使用要求的同时，还需要考虑人们对建筑物在美观方面的要求，考虑建筑物所赋予人们在精神上的感受。良好的建筑形象具有较强的艺术感染力，如庄严雄伟、宁静幽雅、简洁明快等，使人获得精神上的满足和享受。

总之，在进行建筑设计时，应全面执行坚固适用、先进合理、经济、美观的基本原则。

3. 建筑设计的依据

（1）人体和家具设备所需的空间尺度。

人体和家具设备所需的空间尺度是确定建筑空间的基本依据之一。例如，门、走道、楼梯的宽度和高度，以及房间的高度，都与人体尺度及人体活动所需的空间尺度密切相关。家具、设备的尺寸，以及人们在使用家具设备时所需的必要的活动空间，是确定房间面积大小的主要依据。如住宅居室的门和户门，考虑携带物品出入或家具设备的搬运，其宽度不应小于900mm。单排布置设备的厨房净宽不应小于1.5m。

（2）气象资料。

气候条件对建筑物的设计有较大影响，建筑物所在地区的温度、湿度、日照、雨雪、风向和风速等，是解决建筑物的自然通风、保温隔热、防水防潮等问题的重要依据。如湿热地区，建筑设计时要很好地考虑通风隔热和遮阳等问题。

（3）地质、水文资料和地震烈度。

建筑地形标高、土壤类别及承载力的大小，对建筑物的平面组合、结构布置和建筑体型及构造处理都有明显的影响。如位于岩石、软土或复杂地质条件的建筑物，要求基础采用不同的结构和构造处理。

地震烈度表示地面及建筑物遭受地震破坏的程度。地震烈度在6度以下时，地震对建筑物影响较小，一般可以不考虑抗震措施。地震烈度超过9度的地区，地震破坏力较大，除特殊情况外，一般应尽量避免在这些地区建设。建筑抗震设防的重点是地震裂度达6～9度的地区。

水文条件是指地下水的性质和地下水位的高低等，直接影响到建筑物的基础和地下室的防腐、防潮和防水构造处理。

（4）建筑模数、协调统一标准。

为了建筑设计、构件生产以及施工等方面的尺寸协调，以加快设计速度，提高施工质量和效率，降低建筑造价，建筑设计应采用《建筑模数协调统一标准》(GBJ2—1986)。建筑模数是选定的标准尺度单位，作为尺度协调中的增值单位。基本模数是模数协调中选用的基本尺寸单位，我国采用的基本模数 $M=100$mm，整个建筑物和建筑物的一部分以及建筑物组合件的模数化尺寸应是基本模数的倍数。

（5）建筑设计规范。

建筑设计应遵照国家制定的标准、规范以及各地或各国家部委颁布的标准执行号，如《民用建筑设计通则》(JGJ37—1987)、《住宅设计标准》(GB50096—1997)、《建筑设计防火规范》(GBJ16—1987) 等。

4. 建筑设计的原理和方法概述

（1）建筑总平面设计。

建筑总平面设计又称为场地设计，是建筑设计中必不可少的重要内容之一，是根据一幢建筑物或一个建筑群的组成内容和使用功能，结合所处位置及用地条件，相关技术要求，综合研究新建的建筑物、原有的建筑物、构筑物和各项设施等相互之间的平面关系和空间关系，使场地内各组成部分成为统一的有机整体，并与周围环境相协调而进行的总体布置设计。

场地设计的主要内容包括平面布置，交通组织、管线综合、竖向设计和绿化布置与环境保护等。

（2）建筑平面及组合设计。

建筑平面是表示建筑物在水平方向房屋各部分的组合关系，一般能够比较集中地全面反映出建筑物的功能和结构特点等问题。对于一般民用建筑，建筑平面基本上能够反映出空间组合的主要内容。建筑平面组合设计在分析建筑物整体使用要求的基础上，分析各房间之间及房间与交通联系部分的相互关系，使建筑物内房间与房间之间、房间与交通联系之间在水平方向上相互联系和结合，组成一个有机的建筑整体。

建筑平面组合设计时，要考虑功能要求、结构要求、设备要求和建筑造型要求。常见的平面组合方式有走道式组合、套间式组合、大厅式组合、单元式组合和混合式组合。

(3) 建筑剖面及其组合设计。

建筑剖面设计是对各房间和交通联系部分进行竖向的组合布局，直接表达了不同功能的建筑空间尺度关系。建筑剖面设计主要是确定房间的剖面形状、建筑各部分的高度及建筑物的层数，进行建筑剖面组合，研究空间的利用，设计时要与平面结合起来一起考虑。

建筑剖面组合是在平面组合的基础上，根据建筑物各部分在竖向的功能使用关系，将各个房间沿竖向按一定形式合理地组合在一起。在进行组合时，为避免因屋面和楼面高低错落过多，导致结构不合理，构造及施工复杂，应结合建筑规模、建筑层数、地形条件及建筑造型等要求，合理地调整和组织不同高度的房间，使建筑物的各个部分在竖向取得协调统一。

单层建筑的剖面组合方式根据各房间的高度及剖面形状的不同，主要有等高组合、不等高组合和夹层组合三种。多层建筑和高层建筑的剖面组合根据建筑物的使用要求、节约用地和城市规划等要求，大多采用多层和高层，所以，其组合方式主要有叠加组合、错层组合和跃层组合。

(4) 建筑造型与立面设计。

建筑造型和立面，即建筑的外部形象，建筑造型设计主要是对建筑外形总的体量、形状、比例、尺度等方面的确定，并针对不同类型建筑物采用相应的体型组合方式；建筑立面设计主要是对建筑物体型的各个方面进行深入刻画和处理，运用节奏、韵律、虚实对比等构图规律，使整个建筑物形象更加生动。

建筑物的外部形象，并不等于建筑物内部空间组合的直接表现，建筑造型和立面设计必须符合建筑构图的基本规律，如统一、均衡、稳定、对比、韵律、比例、尺度等。这样把适用、经济、美观三者有机结合起来。

建筑造型是建筑的雏形，建筑立面设计是建筑造型的进一步深化。造型组合不好，对立面再加装饰也是徒劳的。根据建筑物的功能要求特点、规模大小及基地条件的不同，建筑物的体型有的比较简单，有的比较复杂，这些体型从组合方式上大体有对称和不对称两类。对称的建筑体型有明确的中轴线，组合体主从关系分明，建筑形体比较完整，容易获得端正、庄严的感觉。如一些纪念性建筑和大型会堂等。不对称的建筑体型，布局比较灵活自由，适合于功能关系复杂、基地形状不规则的建筑物，容易获得舒展、活泼的造型效果。如疗养院、园林建筑等。

8.1.5　建筑结构设计

建筑结构是建筑物的空间骨架系统，是建筑物得以存在的基本物质要素。建筑结构由竖向承重结构体系、水平承重结构体系和下部结构三部分组成。竖向承重的结构构件有墙、柱等，承受竖向荷载和水平荷载；水平承重结构有梁、板、屋盖、楼梯等，主要承受竖向荷载；下部结构包括地基和基础。

1. 建筑结构的功能要求

建筑结构的功能，首先是提供一个良好的为人们生活和生产服务并满足人们审美要求的结构空间；另一个功能是抵御自然界的各种作用。诸如结构自重、使用荷载、风荷载等。因此，从结构的观点来考虑，建筑结构应满足的功能要求概括如下：

（1）建筑结构的安全性。

建筑结构的安全性即结构能承受在正常施工和正常使用条件下可能出现的各种荷载和变形，在偶然事件发生时及发生后，结构仍能保持必要的整体稳定，不致发生倒塌。

根据建筑物的重要性，即结构破坏时可能产生的后果严重与否（如危及人的生命、造成经济损失、产生的社会影响等），建筑结构划分为不同的安全等级，如表 8-1 所示。进行建筑结构设计时，应采用相应的安全等级。

表 8-1 **建筑结构的安全等级**

安全等级	破坏后果	建筑物类型
一级	很严重	重要的建筑物
二级	严重	一般的建筑物
三级	不严重	次要的建筑物

注：1. 特殊的建筑物的安全等级应根据具体情况另行确定。

2. 抗震建筑结构及其地基基础的安全等级应符合国家现行相关规范中的规定。

（2）建筑结构的适用性。

建筑结构的适用性是指结构在正常使用期间具有良好的工作性能。如不发生影响正常使用的过大挠度、永久变形和过大的振幅等。

（3）建筑结构的耐久性。

建筑结构的耐久性是指结构在正常维护下具有足够的耐久性能。如不发生钢筋严重锈蚀，不发生混凝土的严重风化和脱落等。

建筑结构的安全性、耐久性和适用性概括起来说即为建筑结构的可靠性，就是建筑结构在规定的时间内，在规定的条件（正常设计、正常施工、正常使用和正常维护）下完成预定功能的能力。

2. 建筑结构上的荷载

荷载一般是指作用在建筑结构上的外加力。建筑结构上的荷载是建筑结构上的“作用”中的一类。

（1）荷载的分类。

1）荷载按随时间变异分：

①永久荷载：也称恒载，是指在结构使用期间，其值不随时间变化，或者其变化与平均值相比较可以忽略不计的荷载。如结构的自重。

②可变荷载：也称活载，是指在结构使用期间，其大小或位置随时间而变化，且变化

不可忽略的荷载。如风荷载、楼面活荷载等。

③偶然荷载：是指在结构使用期间不一定出现，但一旦出现，持续时间很短并且量值很大的荷载。如撞击力、爆炸力等。

2）荷载按作用方向分：

①竖向荷载：也称垂直荷载，是指作用方向垂直于地面的荷载。如雪载、屋面荷载、恒载等。

②水平荷载：是指作用方向平行于地面的荷载。如风荷载。

3）按作用分布不同分：集中荷载、均布荷载和分布荷载。

（2）荷载代表值与标准值。

为了方便设计，给荷载规定一定的量值即荷载代表值。进行结构设计时，应根据不同的设计要求，采用不同的荷载代表值。荷载的标准值是指在结构使用期间正常情况下可能出现的最大荷载值。即《建筑结构荷载规范》(GB50009—2001）中规定的荷载基本代表值。标准值是荷载的基本代表值，而其他代表值是荷载的标准值乘以相应的系数得出的。

结构或非承重构件的自重为永久荷载，由于变异性不大，一般以自重平均值作为荷载的标准值，对变异性较大的材料和构件，在《建筑结构荷载规范》(GB50009—2001）附录 A 中给出了常用材料和构件的自重，有的列有上限值、下限值。

（3）可变荷载的组合值、频遇值和准永久值。

为了确定可变荷载值以及与时间有关的材料性能（如变形模量、强度等)，取值采用了一个时间参数，称为设计基准期。统一标准规定的设计基准期为 50 年。当需同时考虑结构上两种或两种以上的可变荷载时，其代表值可以根据设计的不同要求分别采用标准值、组合值、频遇值和准永久值。

组合值即为荷载的效应在设计基准期内的超越概率与该作用单独出现时的相应概率趋于一致时的作用值。可变荷载的标准值乘以组合值系数 ϕ_c 即为可变荷载的组合值。

频遇值是指荷载值的效应在设计基准期内被超越的总时间仅为设计基准期的一小部分的作用值。可变荷载的标准值乘以频遇值系数 ϕ_f 即为其频遇值。

准永久值是指荷载的效应在设计基准期内被超越的总时间为设计基准期的一半时的作用值。可变荷载的标准值乘以准永久值系数 ϕ_q 即为可变荷载的准永久值。

3. 结构的极限状态

结构上的作用是指结构产生效应的各种原因的总称。有直接作用和间接作用。直接作用是指施加在结构上的集中荷载和分布荷载。间接作用是指引起结构外加变形或约束变形的其他作用，如地震、焊接影响等。结构上的作用是建筑结构设计的基本依据之一。

作用对结构产生的效应称为结构的作用效应，所以荷载的产生称为荷载效应，用 S 表示。如荷载作用引起的结构或构件的内力（轴力、剪力、弯矩等）和变形（如裂缝、扰度等)。

荷载 Q 与荷载效应 S 的关系一般可近似按线性考虑，即

$$S=CQ \tag{8-1}$$

式中：C——荷载效应系数，为常数。

结构抗力 R 是指结构或构件承受作用效应的能力，如构件的承载能力、抗裂能力等。

当结构能够满足功能要求良好地工作，我们称结构“可靠”或“有效”。反之，则称

结构“不可靠”或“失效”。结构构件完成预定功能的工作状态可以用荷载效应 S 和结构抗力 R 的关系式来表示。令 $Z=R-S$，则：

当 $z>0$ 时，表示结构可靠，处于有效状态；

当 $z=0$ 时，表示结构可靠，处于极限状态；

当 $z<0$ 时，表示结构不可靠，处于失效状态。

当 $Z=R-S=0$ 时，称为极限状态方程，即此时结构正处于极限这一临界状态，超过这一界限，结构或构件就不再能满足设计规定的该项功能要求，进入失效状态。

结构的极限状态分为两类：承载能力极限状态，正常使用极限状态。

承载能力极限状态是指结构或构件达到最大承载力，或达到不适于继续承载的变形的状态，即结构或构件发挥允许的最大承载功能的状态。如由于细长柱达到临界荷载发生压曲，长柱整体失稳，就认为超过了其承载能力极限状态。

正常使用极限状态是指结构或构件达到适用性能或耐久性能的某项规定限值的极限状态，即结构或构件达到使用功能上允许的某一限值的状态。如不允许出现裂缝的结构开裂，就认为超过了结构的正常使用极限状态。

4. 结构设计方法

我国采用概率极限状态设计法进行结构设计。结构设计中的极限状态以结构的某种荷载效应，如内力、变形等超过相关规定的状态为依据，故称极限状态设计法。概率极限状态设计法又称为近似概率法，即用概率分析法来研究结构的可靠性。概率极限状态设计法与过去采用过的其他各种方法相比较更为科学合理。

长期以来，由于工程设计人员习惯采用基本变量的标准值和分项系数这种形式来进行计算，因此，《建筑结构可靠度设计统一标准》(GB50068—2001）提出了一种便于实际使用的设计表达式，称为实用设计表达式，以加速设计进程。实用设计表达式采用了以荷载和材料强度的标准值乘以相应的“分项系数”来表示的方式。其中分项系数的取值是根据目标可靠指标 β 并考虑工程经验确定的。这样，结构构件的设计可以按照传统的方式进行，不需进行概率方面的确定。

(1）承载能力极限状态实用设计表达式。

结构设计时考虑到荷载组合多种多样，在所有可能的组合中，取其中各自的最不利效应组合进行设计。承载能力极限状态设计表达式为

$$r_0 S \leqslant R \tag{8-2}$$

式中：r_0——结构重要性系数。

概率设计方法分析表明，r_0 值可以大体相应取为：

安全等级为一级时，$r_0=1.1$；

安全等级为二级时，$r_0=1.0$；

安全等级为三级时，$r_0=0.9$。

S——荷载效应基本组合的设计值；

R——结构构件抗力的实际值。

由于实际遇到的荷载作用情况要复杂得多，除恒荷载以外，活荷载可能不止一个，对两个或两个以上活荷载进行组合时考虑其同时出现的可能性较小而对其标准值进行折减，引入荷载组合值系数，因此，荷载效应的组合设计值 S 应取两组合中的最不利值，此时承

载能力极限状态实用设计表达式的一般形式为

$$r_0(r_G G_G G_k + r_{Q1} C_{Q1} G_{1k} + \sum r_{ql} C_{qi} \phi_{ci} Q_{ik}) \leqslant R(f_s, f_c, f_{\alpha_k}, \cdots) \tag{8-3}$$

式中：r_0——结构重要性系数；

G_k——永久荷载标准值（G 表示永久荷载）；

Q_{1k}——影响最大的一个可变荷载的标准值（Q 表示可变荷载）；

Q_{ik}——其余可变荷载的标准值；

r_G——永久荷载分项系数，r_G一般取 1.2，当永久荷载对承载力有利时，r_G取 1.0；

r_{Q1}——影响最大的一个可变荷载分项系数，r_{Q1}一般取 1.4；

r_{Qi}——其余可变荷载分项系数，r_{Qi}一般取 1.4；

C_G，C_{Q1}，C_{Qi}——荷载效应系数；

ϕ_{ci}——可变荷载 Q_i的组合值系数，风载组合系数取 0.6；雪载组合系数取 0.7；否则取 0.1；$i=2$，3，…，n；

n——参加组合的可变荷载数；

R（f_s，f_c，f_{α_k}，…）——结构构件的抗力函数；

f_s，f_c——分别为钢筋和混凝土强度设计值；

a_k——几何参数标准值。

（2）正常使用极限状态实用设计表达式。

按正常使用极限状态设计时，虽然出现各种状态，如裂缝过宽，妨碍正常使用，但其危害程度没有由于承载力不足引起结构破坏造成的损失来得大，所以可以适当降低其可靠度要求，《建筑结构设计统一标准》规定计算时可以取荷载标准值，不需要乘以分项系数，也不考虑结构重要性系数 r_0。根据不同的设计目的，分别考虑荷载的频遇组合（短期效应组合）和准永久组合（长期效应组合），并按下列表达式进行

$$S \leqslant C \tag{8-4}$$

式中：C——结构或结构构件达到正常使用要求的规定限值。该值各相关建筑结构设计规范中有相应规定。

频遇组合（短期效应组合）的荷载效应组合设计值表达式为

$$S_k = C_k G_k + C_{q1} Q_{1k} + \sum C_{qi} \phi_{ci} Q_{ik} \tag{8-5}$$

式中，永久荷载和影响最大的可变荷载采用标准值；其他可变荷载均采用组合值。$i=2$，3，…，n。

准永久组合（长期效应组合）的荷载效应组合设计值表达式为

$$S_k = C_G G_k + \sum \phi_{qi} C_{Qi} Q_{ok} \tag{8-6}$$

式中，永久荷载采用标准值，可变荷载均采用准永久值。$i=2$，3，…，n。

5. 建筑结构设计过程

（1）结构方案的选择。

结构工程师在进行结构设计时，首先要收集基本资料和数据，如建筑物使用要求、荷载种类和大小、地基承载力等。在此基础上，与其他工种，特别是建筑师互相配合、协调，选择经济合理的结构方案，包括结构型式和结构承重体系。目前，民用建筑中常用的结构类型有墙承重结构、框架结构、空间结构等。然后在选定结构方案的基础上，确定各

构件之间的相互关系，确定各种荷载的传递路径。

（2）构件材料几何尺寸和材料强度的确定。

因为结构构件的几何尺寸和所用材料的强度是影响承载力大小的主要因素。所以，确定了结构布置方案后。结构工程师按相关规范要求选定适合等级的构件材料，并按使用要求初步确定构件尺寸。在条件具备的情况下，可以参考相关手册，或用估算法或凭丰富的工程经验来初步确定构件尺寸。

（3）荷载计算。

构件尺寸和材料确定后，建筑物或构筑物所承受的荷载（永久荷载、可变荷载）以及地震作用就可以根据其使用功能要求和所在地区抗震设防等级确定。

（4）内力分析及组合计算。

因为荷载同时出现的可能性是多样的，而且活荷载位置是可能变化的，所以结构承受的荷载以及相应的内力情况也是多样的，结构工程师在计算各种荷载下结构所受内力的基础上，要进行内力组合，求出截面的最不利内力组合值作为极限状态设计计算承载能力、变形、裂缝等的依据。

（5）结构构件设计。

结构工程师应根据构件的材料，按相关的设计规范计算结构构件控制截面的承载力，必要时应验算位移、变形裂缝以及振动等的限值要求。

（6）构造设计。

对于无法通过计算确定的结构设计部分，一般按构造措施进行设计。构造设计是根据结构布置和抗震设防要求确定结构整体及各部分的连接构造。

在实际设计工作中，随着设计的不断细化和与其他工种的配合，结构布置、构件尺寸和材料选用有可能作适当调整。若变化较大时，应重新从荷载计算起，直至验算达到正常使用极限状态为止。

§8.2 土木工程施工

按照建设程序，建设项目在完成建设准备和具备开工条件后，就进入了施工安装阶段，即将设计的施工蓝图转变为实际的建筑物的过程。施工安装包括土建工程施工、建筑装饰施工和建筑设备施工。

土木工程施工范围广泛，内容极为丰富。如土石方工程、基础工程、砌筑工程、模板工程、钢筋混凝土工程、结构安装工程、脚手架工程、装饰工程等。土木工程施工包括施工技术和施工组织两大部分。随着社会经济的发展和建筑工程技术的进步，现代土木工程施工已成为一项十分复杂的生产活动。一项大型的建设项目施工安装工作，不但要组织成千上万的各种专业工人和数量众多的各类施工机械、设备有条不紊地投入工程施工中，还要选择合理的施工方案，有效的施工技术措施，才能完成。

施工技术主要结合具体施工对象的特点，以施工方案为核心，研究各工种工程的施工方法、工艺流程、机械的选用等。施工组织则考虑施工现场管理、场地平面布置、劳动力的组织、进度安排、安全施工等对施工活动的全过程进行科学的管理。

8.2.1　土木工程施工技术

1. 土石方工程施工

在土木工程施工中，首先遇到的就是土石方工程。土石方工程根据施工对象、目标和要求的不同，可以分为场地平整、基坑（槽）开挖、填筑和运输等，土石方工程包括开挖过程中的基坑降水、排水、坑壁支护等辅助工程。

（1）场地平整。

场地平整主要是通过对整个建筑场地的竖向规划，把天然地面改造成满足人们生产、生活要求的平面。场地平整包括场地设计标高确定、土方量计算、土方调配以及挖、运、填的机械化施工等。如满足后续建筑场地与已有建筑场地的标高对应关系，满足整个场地的排水系统的要求等，并力求使场地内土方挖填平衡且土方量最小。

土方工程具有工程量大、劳动繁重、大多为露天作业等特点，因此，施工机械化尤为重要。土方机械化施工常用的机械有：推土机、铲运机、挖掘机、装载机等。一般根据工程规模、地质状况、基础形式、工期要求、土方机械的特点等合理选择挖土机械，如深度不大的大面积基坑开挖，宜采用推土机或装载机推土、装土，用自卸汽车运土；长度和宽度均较大的大面积土方一次开挖，可以用铲运机铲土、运土，卸土、填筑作业。实际工程施工中，土方工程常考虑综合机械化施工，以主导机械和辅助机械的组织协调作业，提高机械的效能，加速工程进度。如用挖土机挖土，松土机松土，装载机装土，自卸汽车运土，用推土机平整土壤，用碾压机压实，等等。

（2）基坑（槽）开挖。

基坑（槽）开挖主要是按设计要求开挖适合的空间形式，对具有较深基坑的工程，该施工过程的成败与否对整个建筑工程的影响甚大，有时甚至是关键性的。

在开挖基坑、沟槽或填筑路堤时，为防止塌方，保证土体稳定，施工安全和边坡稳定，应采取相应的措施。

①土方放坡。

开挖基坑时，当周围环境允许且基坑不太深时，基坑开挖宜考虑放坡较为经济。边坡的留设应符合相关规范中的要求，其坡度的大小，应根据土壤的性质、水文地质条件、施工方法、开挖深度、工期的长短等因素确定。当基坑深度较大，且周围环境不允许时，则可以设置土壁支撑。

土方边坡的坡度$=\frac{h}{b}=1:m$，式中：h——边坡高度；b——边坡宽度；m——坡度系数。如图 8.1 所示。

土方边坡坡度应根据不同的挖填高度、土的物理力学性质和实际工程的特点、边坡附近的地面堆载状况而定。为减少土方量，在边坡整体稳定情况下，其边坡可以做成直线形、折线形或台阶形。

放坡开挖要正确确定土方边坡，对深度 10m 以内的基坑，土方边坡的数值可以从《土方与爆破工程施工及验收规范》（BNJ201—83）中查出，对深基坑的土方边坡，有时需要通过爆破稳定验算来确定，否则处理不当就会产生事故。

②土壁支撑。

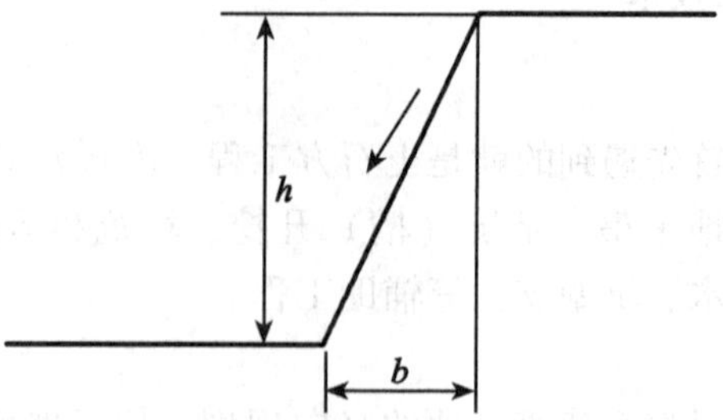

图 8.1　土方边坡的坡度示意图

根据基坑（槽）深度及平面宽度的大小，土壁支撑可以采用不同的形式。当土体的含水量较大且不稳定或受周围场地限制而需用较陡的边坡或直立开挖而土质较差时，应采用临时性支撑加固，挖一层土，支一层支撑，挡土板紧贴土面，并用小木桩或横撑顶住挡板。当基坑较大，局部无法放坡时，应在下部坡脚采取加固措施，如用短桩与横隔板支撑或砌砖、毛石或用编织袋、草袋装土堆砌临时矮挡土墙进行坡脚保护。开挖较窄的沟槽时，多用木挡板横撑式土壁支撑。横撑式土壁支撑根据挡土板设置的不同，有水平式、垂直式和水平、垂直混合式三种。水平挡土板式根据土质和深度的不同，又可以分为间断式水平支撑、断续式水平支撑、连续式水平支撑，当基槽土质为能保持直立壁的干土或天然湿度的粘土，且地下水很少时，挖掘深度在 2m 以内，用间断式水平支撑，挖掘深度在 3m 以内，用断续式水平支撑。当土质为较松散的干土或天然湿度的粘土，且地下水很少时，挖掘深度在 3 ~ 5m 时，用连续式水平支撑。垂直支撑适用于地下水较少，土质较松散或湿度很高的土，其挖掘深度不限。当沟槽深度较大，下部有含水土层时，则用水平、垂直混合支撑，在沟槽上部设连续支撑或水平支撑，下部设连续支撑或垂直支撑。重力式边坡支护如图 8.2 所示。

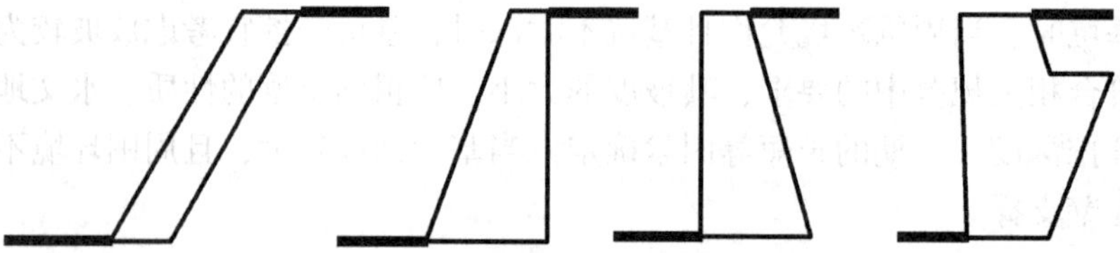

图 8.2　重力式边坡支护形式示意图

③基坑排水与降水。

在地下水较高地区开挖深基坑时，由于土的含水层被切断，地下水会不断地渗入基坑内，为保证挖土施工的要求，防止地下水位的变化对基坑周围的环境和设施带来危害，应排除地下水和基坑中的积水，即做好基坑的排水和降水工作。

一般工程的基础施工中，当开挖深度较浅时，可以采用边开挖边用排水沟和集水井进行集水明排，多是在基坑的两侧或四周设置排水明沟，在基坑四周或每隔 30 ~ 40m 设置集水井，使渗出的地下水通过排水明沟汇集于集水井内，再用水泵将其排出基坑外。排水沟和集水井的截面尺寸取决于基坑的涌水量。

在软土地区基坑开挖深度超过 3m 时，地下水的动水压力和土的组成有可能引起流砂、管涌、边坡失稳和地基承载力下降，宜采用井点降水。井点降水是在基坑开挖前，沿基坑四周以一定的间距埋设一定数量的井点管和滤水管，在地面上用水平铺设的集水总管将各井管连接起来，在挖土前和挖土过程中利用抽水设备（真空泵、射流泵、隔膜泵），使地下水经滤管进入井管，然后经集水总管排出，使地下水位降至坑底以下，保证土方开挖正常进行。当 $b<6$m，$h<6$m 时采用单排井点，如图 8.3 所示。

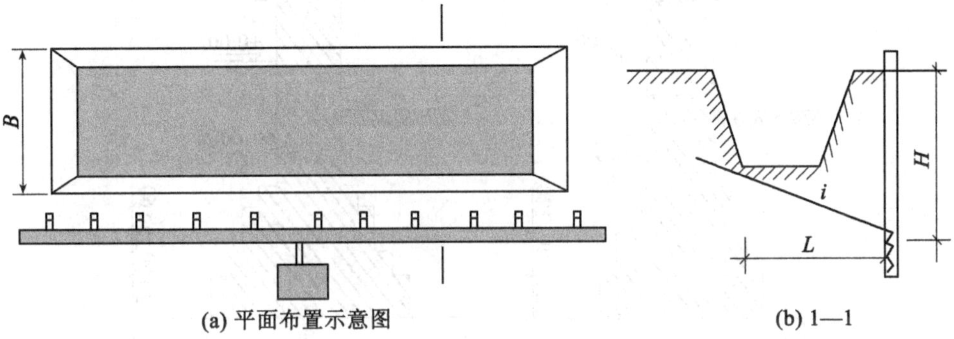

B—基坑（槽）宽度；*H*—降水深度

图 8.3　单排轻型井点布置示意图

2. 地基和基础工程施工

（1）地基的换填施工。

建筑物的全部重量及其各种荷载，最终将通过基础传递给地基，因此地基的承载力应足以保证。当建筑物或构筑物的地基为软弱地基时，为满足基础设计的要求，一般应对基础作用范围内的土作技术加固和处理。地基处理和加固方法很多，如换填法、压实法、强夯法、深层搅拌法等。换填法适用于淤泥、淤泥质土、湿陷性黄土、素填土、杂填土地基及暗塘、暗沟等的浅层处理。

实际工程施工中，根据建筑体型、结构特点、荷载性质和地质条件，选择换垫层的材料和夯实施工方法。换填材料的压实施工，根据材料的不同和施工条件状况而定。一般情况下，有碾压法和夯实法，如粉质粘土、灰土使用平碾或振动碾压法，中小型工程采用蛙夯等夯实法；砂石垫层采用振动碾碾压法；粉煤灰垫层采用平碾碾压法或平板振动器等夯实法施工。

（2）浅基础施工。

基础依据埋置深度，可以分为浅基础和深基础。一般工业与民用建筑物基础埋置深度不会很大，多采用浅基础，浅基础造价低，施工简便，可以用普通开挖基坑（槽）和集水井排水的方法按钢筋混凝土工程或砌体工程施工。下面介绍常见的几种浅基础施工。

①砖基础施工。

砖基础用普通粘土砖和水泥砂浆砌成，多砌成台阶形状，俗称“大放脚”，有等高式和不等高式两种。等高式大放脚简称“两皮一收”，即每隔两皮砖厚两边各收进$\frac{1}{4}$砖长的形式。当基础底宽较大时，采用不等高式，简称“二一间隔收”，即采用两皮一收和一皮一收相间的砌筑方法。如图 8.4 所示。

砖基础砌筑前，要先检查垫层施工是否符合要求。砖基础中的洞口、管道、沟槽等应在砌筑时正确留出，当洞口宽度大于 500mm 时，在洞口上方应砌筑平拱或设置过梁。抹防潮层时应清扫干净基础墙顶面，并浇水湿润。

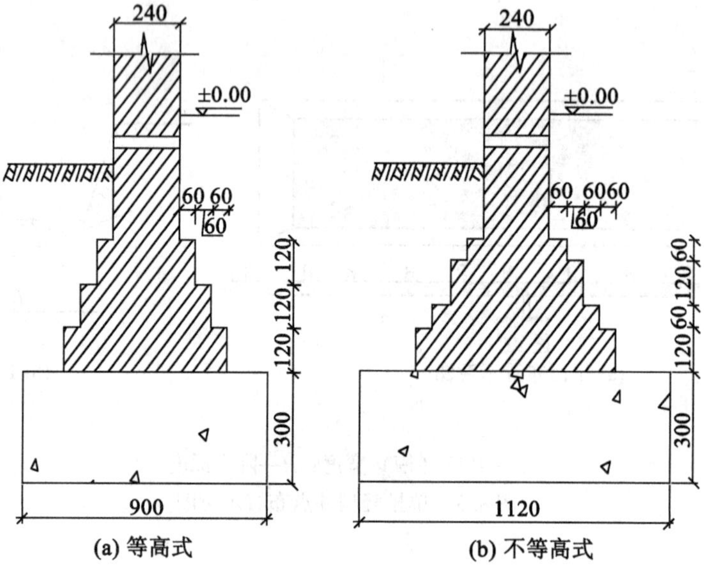

图 8.4　砖基础示意图（单位：mm）

②现浇钢筋混凝土独立基础施工。

现浇钢筋混凝土独立基础施工，先进行基坑验槽，确保轴线、基坑尺寸和土质符合相关设计规定，将坑内清扫干净。验槽后浇灌混凝土垫层，用平板振动器进行振捣。当垫层混凝土强度达到一定值后，在其上弹线、支模、铺设钢筋网片、底部垫塞水泥砂浆块。将模板浇水湿润或涂隔离剂，支模后分层连续浇筑混凝土。

③筏型基础施工。

当建筑物上部荷载大，且为软弱地基时，可以使用筏型基础。筏型基础浇筑前，应先做好准备工作，如清扫基坑、模板准备等，然后支模、铺设钢筋。混凝土应一次浇灌完成，否则应留设垂直施工缝，并用木板挡住。梁板式筏型基础施工缝应留设在次梁中部$\frac{1}{3}$跨度范围内，平板式筏型基础施工缝可以留设在任何位置。

当基础混凝土强度达到设计强度的 30% 时，可以进行基础回填。基坑回填时应注意四周同时进行并按基底排水方向由高到低分层进行。

（3）深基础施工。

对于高层建筑和上部荷载很大的工业建筑物或对变形和稳定有严格要求的一些特殊建

筑物，若土层软弱，无法采用浅基础时，则经过技术经济比较后应采用深基础。深基础是指桩基础、墩基础、沉井基础和地下连续墙等。其中，由于桩基础具有承载能力大，抗震性能好、沉降量小等特点，同时在施工中可以减少大量土方支撑和排水降水的设施，施工方便，因而被广泛应用于高层建筑基础和软弱地基中的多层建筑基础。

柱基础由承台和桩身两部分组成。如图 8.5 所示。桩的作用是将上部建筑物的荷载传递到深处承载力较大的土层。桩基础的种类很多，按材料的不同有木桩、钢筋混凝土桩和钢桩。按受力性能的不同有端承桩（桩埋入硬土层或硬岩层，由桩端承受上部结构的荷载）和摩擦桩（桩埋入软土层，由桩和土之间的摩擦力承受上部结构的荷载）。按施工方法的不同有预制桩和灌注桩。

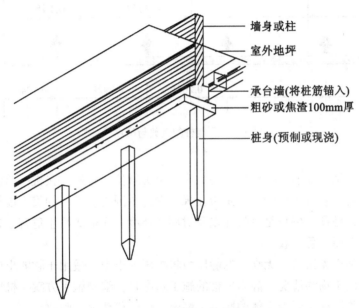

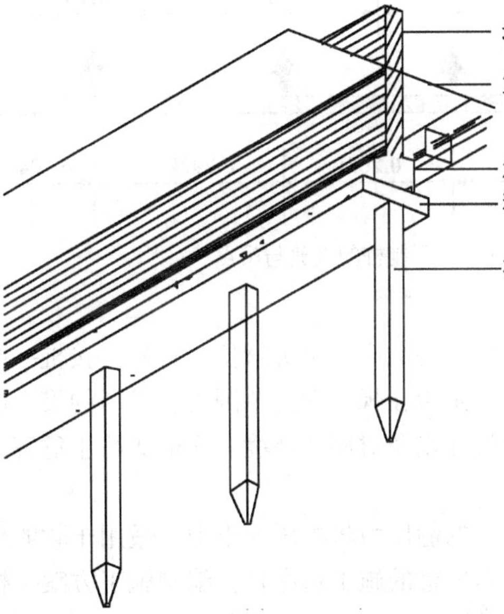

图 8.5　桩基础组成示意图

①预制桩施工。

预制桩是在工厂或施工现场预先制好桩，而后用沉桩设备将桩打入、压入、旋入或振入土中。预制桩施工包括预制、起吊、运输、堆放和沉桩等过程。

钢筋混凝土预制桩多数在打桩现场或附近就地预制，较短的（长度在 10m 以内）桩可以在预制厂预制。制作预制桩有并列法、间隔法和重叠法等。为节约场地，现场预制桩多用叠浇法施工，当桩的混凝土强度达到设计强度的 30% 以后才可以进行邻桩或上层桩的预制，桩与桩之间用隔离剂或隔离物隔开。根据地面允许荷载条件和施工条件，桩的重叠层数一般不宜超过 4 层。支撑点在吊点处。如图 8.6 所示。

桩的混凝土强度达到设计强度的 70% 后方可起吊，按设计规定的位置设置吊点。起吊应平稳，不得损坏桩身。若提前起吊，必须采取必要的措施，并经验算合格后方可进行。

桩的混凝土强度达到设计强度后，方可运输和打桩。

钢筋混凝土预制桩沉桩有锤击法、静力压桩法、振动法等沉桩方法。锤击法是利用桩锤的冲击克服土对桩的阻力，使桩沉到预定深度或达到持力层，这是最常用的方法。锤击

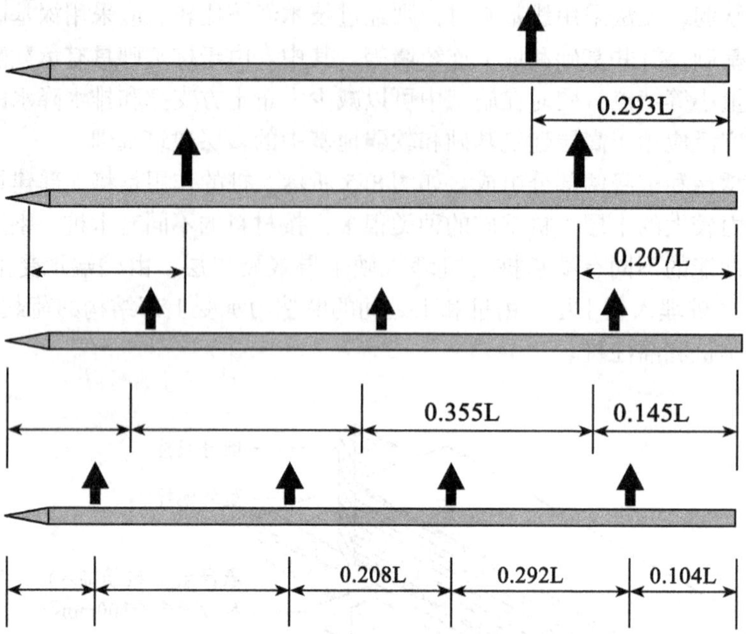

图 8.6　预制桩的叠放与吊点

法的施工顺序是：施工前准备—确定打桩顺序—吊桩就位—打桩—接桩—验收。打桩时应严格进行质量控制，看打入后的偏差是否在规定允许范围内，最后的贯入度与沉桩标高是否满足设计要求，桩顶、桩身是否打坏以及对周围环境有无造成严重危害。打桩过程应做好测量和记录，以便工程验收。

静力压桩是利用无振动、无噪音的静压力将桩压入土中，适用于软弱土层和邻近有怕振动的建筑物或构筑物的情况。静力压桩的施工顺序是：编制施工方案—桩堆场地平整—制桩—压桩—检测压桩对周围土体的影响—测定桩位位移情况—验收。

振动法压桩与锤击沉桩法基本相同，是利用振动机将桩与振动机连接在一起，振动机产生的振动力通过桩身使土体振动，土体的内摩擦角减小、强度降低而将桩沉入土中，振动法压桩适用于沙土。

②灌注桩施工。

灌注桩施工是在施工现场的桩位上用机械或人工成孔，然后在孔内灌注混凝土或钢筋混凝土而成。根据成孔方法的不同，灌注桩可以分为钻孔灌注桩、挖孔灌注桩、冲孔灌注桩、套管灌注桩和爆扩桩等。

灌注桩与预制桩相比较，不受土层变化的限制，无需接桩，施工时无振动、无挤土和噪音小，适合在建筑物密集地区使用，但其施工操作要求严格，施工后混凝土需一定的养护期，不能立即承受荷载，在软土地基中易出现颈缩、断裂等质量事故。

（4）地下连续墙施工。

地下连续墙施工工艺是近几十年来在地下工程和深基础工程中发展并广泛应用的一项技术，地下连续墙具有刚度大、施工时无振动、噪音小、既挡土又挡水等优点，适用于任何土质。其缺点是施工技术复杂、成本高。

地下连续墙是利用泥浆护壁，用专门的挖槽机械分段挖土、分段放入钢筋笼、浇筑壁段混凝土，如此逐段施工，最后成为一个完整的地下构筑物。.

挖槽是地下连续墙施工中的主要工序。挖槽是在泥浆中进行的，泥浆在挖槽过程中用来护壁，防止槽壁塌方。我国已能生产多种成槽机械，如冲击钻、抓斗式成槽机、多头钻式成槽机等。采用多头钻式成槽机时施工的质量较好，能利用泥浆的循环将钻下的土屑携带出槽段，但泥浆处理和弃土脱水比较麻烦。因此，一般选用抓斗式成槽机。目前，国内最深的地下连续墙工程是宝山钢铁总厂的铁皮坑工程，深达 50m。

(5) 墩基础施工。

墩基础也称为大直径人工挖孔桩，墩基础是在人工成孔或机械成孔的大直径孔中浇筑钢筋混凝土而成。墩身直径很大，一般为 1～5m，大部分穿过深厚的软土层直接支撑在岩石或密实土层上。在地下水位较高的软土地区开挖墩身时应注意隔水，若为人工开挖，则每开挖一段应浇筑一段护圈，防止塌方。墩基础在桥梁工程中使用较为广泛。

(6) 沉井基础施工。

在软土地区土质极差，基础深度又较大的情况下，沉井施工可以提供刚性和稳定性都比较高的挡土结构。沉井是由刃脚、井筒、内隔墙等组成的圆形或矩形的筒状钢筋混凝土结构。沉井基础多用于重型设备、桥墩、水泵站、超高层建筑物。

沉井基础是先做砂垫层设置枕木，制作角钢刃脚后第一节沉井，当强度满足设计要求后，抽出枕木，在井筒内边挖土边下沉，然后加高沉井，分段浇筑，多次下沉直至设计标高，浇筑钢筋混凝土底板封底，则完成地下结构。近几年，我国沉井施工技术不断改进，沉井的面积和深度都不断加大，下沉速度也大大加快。

3. *砌筑工程施工*

砌筑工程是指用砂浆和普通粘性空心砖、硅酸盐类砖、石材和各类砌块组成砌体的工程。砖石砌体由于取材方便，造价低廉，施工简便，有着悠久历史，在土木工程中得到广泛应用。砌块是采用素混凝土、工业废料和地方性材料制造的墙体材料，砌块制作方便、施工简单、造价经济，具有较大的灵活性，能适应现代化建筑工业化的需要，因此，需要深入研究和推广使用。

砌筑工程是一个综合的施工工程，包括砂浆制备、材料运输、脚手架搭设及砌块砌筑等。

(1) 砂浆的制备。

砌筑用砂浆宜选用中砂，并过筛，不得含有草根等杂物。使用的水泥品种及标号，应根据砌体部位和所处环境来选择。砂浆拌合用水应为不含有害物质的纯净水。砂浆配料应采用重量比，配料应准确。砂浆应采用机械拌合，拌和时间至投料用完算起，不得少于 1.5min。砂浆拌成后和使用时，均应盛入贮灰斗内，若出现泌水现象，应在砌筑前再次拌合。砂浆应随拌随用，拌成后的砂浆其种类和强度等级应符合设计要求，符合规定的砂浆稠度，具有良好的保水性且应拌合均匀。

(2) 材料运输。

砌筑工程中各种材料（如砖、砂浆等）、工具（如脚手架、脚手板和过梁等）都需要送到各层楼的施工面上，因此，不仅需要地面和楼面的水平运输，最主要的还要垂直运输。目前，常用的垂直运输机械有井架、龙门架、塔式起重机、卷扬机等。根据建筑物的类型和运输机械的性能，合理选择垂直运输机械，使其满足砌筑施工及进度的需要，是砌筑工程中首要解决的问题之一。选择好垂直运输机械后，应注意结合安全、便利、高效等因素考虑机械的设置位置。

(3) 脚手架搭设。

砌筑用脚手架是砌筑过程中堆放材料和工人进行操作的临时设施，考虑到砌墙工作效率及施工组织等因素，当砌筑高度达到1.2m左右时，必须搭设脚手架后再继续砌筑，实际工程中把1.2m高度称为"一步架高度"，即墙的可砌筑高度。

实际工程中，脚手架种类很多。按用途可以分为砌筑用脚手架、装修用脚手架、混凝土工程用脚手架；按搭设位置可以分为外脚手架、里脚手架；按构造形式可以分为多立杆式脚手架（分单排、双排和满堂脚手架）、碗扣式钢管脚手架、挑式脚手架、框式脚手架、桥式脚手架、悬吊式脚手架、塔式脚手架、工具式脚手架等；按所用材料可以分为木脚手架、竹脚手架和金属脚手架等。

脚手架应坚固、稳定，在各种可能出现荷载作用的情况下，不变形、不倾倒、不摇晃，装拆方便，能长期周转使用，搭设宽度一般为1.5~2m，步架高度为1.2~1.4m，以满足工人操作、材料堆放和运输的要求。此外，脚手架的搭设绝对要安全，普通脚手架搭设应符合相关规定，特殊工程、特殊情况下脚手架搭设必须经过设计和计算，要有可靠的安全防护措施。脚手架按相关要求搭设完毕后，应进行质量检查和验收，合格后方可使用。使用过程中，应加强检查，检验安全与否，发现问题及时解决。

(4) 砌筑工艺。

①砖墙砌筑施工工艺。

砖墙砌筑施工工艺一般是：抄平—放线—摆砖样—立皮数杆—盘角、挂线—砌筑—勾缝等工序。

砌砖操作方法很多，一般宜采用"三一"砌筑法，即"一铲灰、一块砖、一揉压"。当一层砖砌体砌筑完毕后，应进行墙面、柱面及落地灰的清理。对清水砖墙，勾缝是其最后一道工序，可以有两种方式：原浆勾缝（采用砌筑砂浆随砌随勾）、加浆勾缝（用1∶1水泥砂浆或加色砂浆勾缝）。

砌体的质量取决于组成砌体的原材料的质量和砌筑的质量，砖砌体的组砌原则是砖缝横平竖直、错缝搭接，砂浆饱满、厚薄均匀，墙面垂直、平整、接搓可靠。如图8.7所示。

②中小型砌块施工。

砌块代替粘土砖作为墙体材料，是墙体改革的一个重要途径。因地制宜，以天然材料或工业废料为原材料制作各种中小型砌块，由于其形状、改造等与砖有较大差异，因此，砌筑时，工艺流程也有所不同。

在砌筑前的准备工作中，编制砌块排列图是很重要的工作。砌块排列时，必须根据砌块尺寸和灰缝的宽度、厚度来计算砌块皮数和排数，排列时应尽量用主规格和大规格砌块，以减少吊次。对于设计规定或施工所需要的孔洞口、管道、沟槽和预埋件等应在排列图中标出，不得在砌筑好的墙体上打洞、凿槽。需镶砖时，应整砖镶砌，并尽量对称分散布置。上、下皮砌块应孔对孔、肋对肋、错缝搭砌。小砌块搭接长度不小于90mm。若不能满足上述要求，应在灰缝中设拉结筋。小砌块要底面朝上，反砌于墙上。

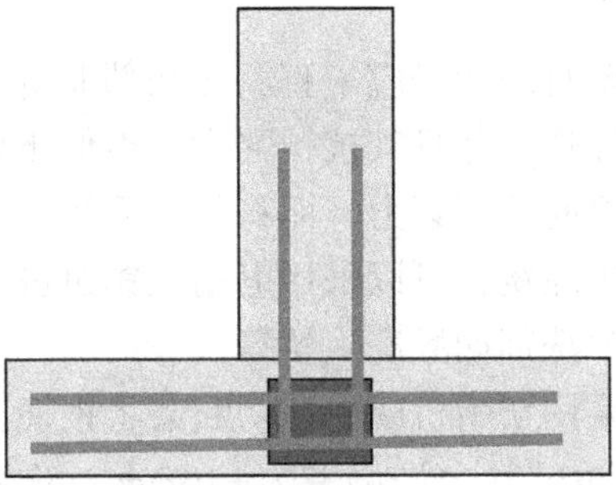

(a)

(b)

图8.7　砖砌体

砌块施工的主要工序是：铺灰—吊砌块就位—校正—灌缝和镶砖等。砌块校正时可以用人力轻微推动砌块或用撬杠轻轻撬动砌块，自重在150kg以下的砌块可以用木锤敲击偏高处，灌竖缝时用夹灰板在竖缝两边夹住砌块，用砂浆或细石混凝土进行灌缝，用竹片或捣杆插捣密实。当砂浆和细石混凝土稍收水后，将竖缝和水平缝勒齐。

4. 钢筋混凝土工程施工

钢筋混凝土工程在土木工程施工中占有非常重要的地位，钢筋混凝土工程包括钢筋工程、模板工程、混凝土工程。

（1）钢筋工程。

在钢筋混凝土结构中，钢筋起着关键作用。钢筋工程属于隐蔽工程，因此，在施工过程中应严格控制钢筋工程的质量。钢筋工程包括钢筋进场检验、钢筋加工、钢筋连接和钢筋安装。

①钢筋进场验收。

钢筋进场应有出厂质量证明或试验报告单，并按品种、批号及直径分批验收。验收内容包括钢筋标牌、外观检查、按相关规定进行力学性能试验，必要时还需进行化学成分分析或其他专项检验。

②钢筋加工。

钢筋加工一般集中在钢筋车间或工地的加工棚，采用流水作业法进行，然后运至现场进行安装和绑扎。钢筋加工包括冷拉、冷拔、调直、切断、镦头、弯曲、焊接、机械连接和绑扎等。

钢筋的冷拉和冷拔俗称钢筋的冷加工，能提高钢筋的强度，是节约钢筋和提高钢筋混凝土结构构件强度和耐久性等的一项重要技术措施。钢筋冷拉是在常温下对热扎钢筋进行强力拉伸，让拉应力超过钢筋的屈服强度，使钢筋产生塑性变形，以提高其强度。通过冷拉还可以增加长度，一般可以节约钢材10%～20%，同时还能完成调直、除锈等工作。钢筋冷拔原理与冷拉相似，是在常温下将直径为6～10mm的Ⅰ级光圆钢筋通过特制的钨合金拔丝模孔，在拉伸和压缩的共同作用下，产生塑性变形，拔成比原钢筋直径小的钢丝，称为冷拔低碳钢丝。冷拔低碳钢丝呈硬钢性质，强度可以提高40%～90%，故能大量节约钢材。冷拔低碳钢丝分为甲、乙两级，甲级钢丝主要用于预应力筋，乙级钢丝用于焊接网、焊接骨架、箍筋和构造筋。

③钢筋调直、切断、弯曲等一般加工。

钢筋的调直可以利用冷拉进行，经调直的钢筋应平直，无局部曲折。用钢筋调直机调直的冷拔低碳钢丝，其表面不得有明显擦伤，并且其抗拉强度不得低于设计要求。

钢筋除锈是为了保证钢筋与混凝土之间的握裹力，而将其表面的油渍、漆污、铁锈等清除干净。钢筋可以在冷拉或调直过程中除锈，可以采用电动除锈机进行局部除锈，也可以用钢丝刷、砂盘进行手工除锈或经化学洗剂如酸洗除锈等。

钢筋切断一般根据钢筋直径的大小采用切断机或手动切断器将钢筋剪切，剪切时应注意钢筋的下料长度，不要过长也不要过短，其允许偏差为±10mm，以免不好使用，浪费钢筋。

钢筋的弯曲宜采用弯曲机和弯箍机进行。为使钢筋弯曲成设计所要求的尺寸，下料后，应在钢筋上划线做标记（如弯曲处等），对于形状比较复杂的弯曲，应先进行钢筋放样，再进行弯曲。钢筋弯曲成型后的形状、尺寸必须符合设计的要求。钢筋末端弯钩，Ⅰ级钢筋为180°，Ⅱ，Ⅲ级钢筋为90°或135°，应符合相关规定。

④钢筋的连接。

由于钢筋品种多，实际工程中用量大，供货形式多样（如圆盘形式、直条形式），因此，在施工过程中不可避免会有钢筋连接问题，钢筋的连接包括以下三种方式：绑扎、焊接和机械连接。

钢筋绑扎一般采用20～22号铁丝，绑扎位置应准确、牢固。搭接长度和绑扎点位置应符合相关规定。

钢筋的焊接是利用焊接技术将钢筋连接起来，采用焊接代替绑扎，可以节约钢材、改善结构受力性能、提高功效、降低成本。目前，钢筋焊接常用的方法有：闪光对焊、电弧焊、电阻点焊、气压焊和电渣压力焊等。钢筋的焊接效果除与钢材的可焊性有关外，还与焊接工艺有关。无论是哪种焊接方式，最终都要对焊接接头进行外观检查，对钢筋进行强度检验。

钢筋的机械连接是通过机械手段将两根钢筋进行对接。20世纪90年代，钢筋机械连接技术在我国迅猛发展，已达国际先进水平。目前已形成规模化和产业化，钢筋机械连接相继出现了套筒挤压连接、锥螺纹套筒连接、直螺纹套管连接、活塞式组合带肋钢筋连接等技术。通过机械连接的钢筋一样要对接头作外观检查，对钢筋的力学性能作检验，必须符合相关规定。

（2）模板工程。

模板是混凝土成型的模具，在现浇混凝土结构施工中使用量大、面广、消耗多，对施工质量、工程成本和安全等具有重要影响。模板工程在钢筋混凝土工程中占有举足轻重的地位。

作为混凝土构件几何尺寸成型的模型板，要求模板能保证准确的构件形状和尺寸，具有足够的刚度和强度，接缝严密且不漏浆，拆装方便，能够多次周转使用，为加速施工、降低造价、节约模板，应尽可能采用定型模板。定型模板和常用的拼板，在其适应范围内一般不需进行设计或验算，但对于一些特殊结构及新型体系的模板，或超出适应范围的一般模板则需进行设计和验算。

模板种类很多，按所用材料的不同分为木模板、胶合板模板、竹胶板模板、钢木模板、钢模板、塑料模板、铝合金模板、玻璃钢模板等。按结构或构件的施工方法不同，分为现场装拆式模板（多为定型模板和工具式支撑）、固定式模板（如各种胎膜）和移动式模板（如滑升模板）等。

目前，木模板、胶合板模板在一些工程中仍广泛应用。这类模板一般在加工厂或施工现场做成拼板，也可以制成一定尺寸的定型板，装拆都很方便，可以周转使用。

组合模板是目前土木工程施工中用得最多的一种模板，作为一种工具式模板，组合模板采用各种工具式的定型桁架、支柱、托具、卡具等组成模板的支架系统和多种类型的板块、角模，拼出多种尺寸和几何形状，以满足各种类型建筑物的梁、板、柱、墙、基础等结构构件施工的需要，组合模板可以在施工现场直接组装，也可以预先拼装成大块模板或构件模板用起重机吊运安装。

近年来，随着各种建筑体系和施工机械化的发展，出现了各种新型模板。有用于浇筑垂直构件的大模板、滑升模板等，有用于浇筑大跨度、大空间水平构件的胎膜（飞模）等，有同时浇筑垂直构件与水平构件的隧道模等。这些模板都已形成系列化的模板体系，已在实际工程中推广使用。

滑升模板（简称滑模）由模板系统、操作平台系统和液压提升系统三部分组成，滑升模板能随着混凝土的浇筑而沿结构或构件表面利用自身设备向上垂直移动。滑升模板可以大大节约模板和支撑料，降低工程成本，缩短工期，作为一种工业化模板，常用于高层建筑的剪力墙结构和筒体结构混凝土的浇筑。

大模板是一种大尺寸的工具式模板，一般由面板、加劲肋、竖楞、支撑、操作平台、连接附件等组成，大模板能确保浇筑结构或构件表面的平整和整体性。由于其尺寸大。重量大，一般需起重机吊装，能提高施工的机械化程度。在建筑、桥梁和地下工程中广泛应用。爬升模板（简称爬板），施工中不需起重机吊运，能在楼层间自行爬升，爬升模板具有滑升模板和大模板的优点，是高层建筑施工中的有效方法。目前，我国研制成功内外墙整体爬模施工方法，爬模技术有了新的进步。

混凝土浇筑成型后，经养护，其强度达到一定要求后，模板就可以拆除，对于重大体系、复杂的模板，应先研究制定拆除方案。模板的拆除应遵循以下原则：从上而下、先支的后拆、后支的先拆、先拆非承重部位的、后拆承重部位的。在模板拆除过程中，一旦发现混凝土有影响结构安全的质量问题，应暂停拆除工作，进行处理，解决问题后再继续拆除。

(3) 混凝土工程。

混凝土工程包括混凝土配料、搅拌、运输、浇筑、振捣成型、养护等过程。在其施工工艺中，任何一个工序处理不当，就会影响到其他工序，影响混凝土工程的质量，直接关系到结构构件的承载能力和建筑物的使用寿命，因此，在施工中每一个环节都要采取合理且有效的措施，确保混凝土工程的质量。

①混凝土配料。

混凝土配料包括原材料的选择、配合比的确定和材料的称量等。混凝土的配合比是指实验室配合比，是根据完全干燥的砂、石骨料制定的。在现场施工中，砂、石两种原材料都是露天堆放的，一般都含有一些水分，所以，在施工中，要及时测定砂、石骨料的含水率，将混凝土的实验室配比换算或考虑了砂、石含水率条件的施工配合比，控制投料的数量。

②混凝土的搅料。

混凝土的搅料一般采用机械搅拌，目前广泛使用的商品混凝土是工厂化生产的混凝土制备模式，在工厂，大型搅拌站已实现了微机控制自动化，通过混凝土搅拌运输车和汽车式混凝土泵，将混凝土直接运送到浇筑地点，十分方便。自搅拌混凝土是在施工现场通过搅拌机制备的。混凝土搅拌机按其工作原理分为自落式搅拌机和强制式搅拌机两大类。自落式搅拌机主要是利用搅拌机筒内材料的自重进行工作，比较节约能源，主要用于搅拌流动性混凝土和低流动性混凝土。强制式搅拌机是利用拌筒内转轴上的叶片强制搅拌混凝土拌和物，适用于搅拌干性、硬性或低流动性混凝土和轻骨料混凝土。

③混凝土的运输。

混凝土拌合物运输的基本要求是在运输进程中应保持混凝土的均匀性，要避免产生分层离析、水泥浆流失现象，保证浇筑时规定的坍落度，要保证有充分时间进行浇筑和捣实，避免产生初凝现象等。

混凝土运输的机具种类很多，有适于进行地面水平运输的双轮手推车、小型翻斗车、混凝土搅料运输车等，用于垂直运输的井架、塔式起重机、混凝土泵等。在实际工程中，常常是几种机具共同协作使用，完成混凝土的水平运输、垂直运输工作。在运输前，应选择检查运输机具，保证容器平整光洁、不吸水、不漏浆，装料前先用水润湿。根据天气情况，适当加以遮盖，防止风雨天气进水或炎热天气水分蒸发。

④混凝土的浇筑。

混凝土的浇筑包括混凝土浇灌和混凝土振捣两个进程。浇筑前应检查模板、支架、钢筋和预埋件等，保证结构的整体性、尺寸准确和钢筋、预埋件的位置正确，并进行验收。做好施工组织工作和技术安全交底工作。

为使混凝土振捣密实，混凝土必须分层浇筑，在下层混凝土凝结之前，上层混凝土应浇筑振捣完毕，其浇筑层的厚度最大不应超过表 8-2 中的规定。对于大体积混凝土的浇筑，根据结构的大小、混凝土供应等状况，有全面分层、分段分层和斜面分层三种浇筑方法。

浇筑混凝土时，因混凝土拌合物由料斗、漏斗、混凝土输送管或运输车内卸出时，由于自重或高度过大易产生离析现象，因此，混凝土自高处倾落的自由高度不应超过 2m，在竖向结构（如桩、墙）中浇筑混凝土的高度不超过 3m，否则，应采用串筒、溜槽和振动溜管下料。混凝土的浇筑应连续进行，以保持其整体性，若因技术或组织上的原因必须有间歇时，且间歇时间有可能超过混凝土的初凝时间，则应事先确定按相关规定在适当的位置设置施工缝。施工缝一般设置在结构剪力较小且便于施工的部位。柱宜设置水平施工缝，梁、板、墙应设置垂直施工缝。从施工缝继续浇筑混凝土，应先对已硬化的施工缝进行处理：清理表面，除掉水泥薄层和松动的石子等，表面冲洗干净，保持充分润湿，铺一层水泥浆或与混凝土砂浆成分相同的砂浆。待已浇筑的混凝土强度达到 1.2N/mm^2 时才能继续浇筑。由于混凝土工程属于隐蔽工程，因此，在混凝土浇筑过程中应及时认真填写施工记录。

混凝土的振捣包括人工振捣和机械振捣两种方式。人工振捣是利用捣锤、插钎等工具的冲击力密实混凝土。机械振捣是将振动器的振动力以一定方式传递给混凝土使其密实成型。机械振捣效率高、密实度大、质量好。实际工程中，一般用机械振捣。目前使用较普遍的振动机械有内部振动器（即插入式振动器）、表面振动器、外部振动器和振动台等，一般根据工程实际情况，结合各振动器的工作特点和适用范围进行选用。

表 8-2　　混凝土振捣方法

捣实混凝土的方法		浇筑层的厚度/(mm)
插入式振捣		振动器作用部分的 1.25 倍
表面振动		200
人工振捣	在基础、无筋混凝土或配筋稀疏的结构中	250
	在梁、墙板、柱结构中	200
	在配筋密列的结构中	150
轻骨料混凝土	插入式振捣	300
	表面振动（振动时需加荷）	200

⑤混凝土的养护。

混凝土浇捣成型，主要是因为水泥水化作用的结果。为保证混凝土凝结和硬化必需的湿度和适宜的温度，促使水泥水化作用充分发挥，应及时进行混凝土的养护。

混凝土的养护包括人工养护和自然养护，现场施工大多采用自然养护。混凝土的自然养护是指在平均气温高于+5℃的条件下，在一定时间内，对混凝土采用的覆盖、浇水润湿、挡风、保温等养护措施，使混凝土保持湿润状态。自然养护分覆盖洒水养护和喷涂薄膜养生液养护两种。

5. 预应力混凝土工程施工

由于预应力混凝土能充分发挥钢筋和混凝土各自的特性，提高钢筋混凝土构件的刚度、抗裂性和耐久性，近年来，预应力混凝土的应用范围越来越广。预应力混凝土使用的数量和范围，已成为衡量一个国家建筑技术水平的重要指标之一。预应力混凝土的施工需要专门的机械设备。

预应力混凝土施工常用的施工方法有先张法和后张法。

(1) 先张法。

先张法是在浇筑混凝土构件之前先张拉预应力筋，并将其临时固定在台座或钢模上，浇筑混凝土，待混凝土达到一定强度（大约是设计强度的 70%）后，即保证预应力钢筋和混凝土具有足够粘结力后，放松预应力钢筋，借助预应力钢筋的弹性回缩及其与混凝土的粘结，使混凝土产生预压应力。先张法中预应力的传递主要依靠钢筋和混凝土的握裹力，有时需补充设置锚具或对高强钢丝“刻痕”或“压波”，以提高钢丝和混凝土的粘结力。

先张法适用于预制厂生产的中小型预应力构件。先张法生产包括长线台座法（构件所有工序在台座上进行）或钢模中的机组流水法（构件与模板通过固定机组以流水方式生产）两种。

（2）后张法。

后张法是先浇筑混凝土构件，并在预应力钢筋的位置预留出相应的孔道，当混凝土达到设计规定的一定强度后，在预留孔道内穿入预应力钢筋进行张拉，并加以锚固，张拉力通过构件两端的锚具传递给混凝土构件，使混凝土构件产生预压应力，最后进行孔道灌浆。也有不灌浆作为无粘结的预应力混凝土的。有时，若为长构件或是曲线构件，由于穿钢筋比较困难，在预留孔道时，可以加胶管，先在胶管中充入压缩空气或压力水浇筑构件，待混凝土初凝后，放出压缩空气或压力水，将孔径变小的胶管抽出形成孔道。

后张法不需要台座设备，施工灵活性大，适用于现场生产大型预应力构件或现场拼装大中型预制构件、特种结构和构筑物。由于锚具作为预应力钢筋的组成部分永远留在构件上，因此钢材消耗量大，成本比较高，与先张法相比较，由于要预留孔道、灌浆等，施工工序较多。

6. 结构安装工程

当土木工程中采用预制构件时，如装配式框架结构，结构安装显得特别重要。结构安装工程是指用起重机械将预制成型的单个构件在施工现场按设计要求进行吊运安装，形成装配式结构。由于建筑物结构类型、场地条件、构件的尺寸、重量、形状等不同，因此，合理的结构安装方案是关键，结构安装工程直接影响整个工程的施工进度、工程质量、工程成本和施工安全。

装配式结构安装工程主要内容有起重机的选择、结构安装方法、起重机械的开行路线及停机点的确定、构件平面布置等。

（1）起重机械和设备。

结构安装工程中，起重机械占有极其重要的地位，因为起重机械不仅是解决垂直运输的主要工具，而且还直接影响到构件安装方法、起重机械的开行路线与停机点位置、构件平面布置等问题。

结构安装工程中常用的起重机械有桅杆式起重机、自行杆式起重机（包括履带式起重机、汽车式起重机、轮胎式起重机）、塔式起重机三种类型。起重辅助设备有卷扬机、滑轮组、吊具（包括卡环、横吊梁）、钢丝绳等。

起重机的选择包括起重机类型的选择和起重机型号的确定。选择起重机时应先考虑建筑物的类型（跨度、柱距高度等），选择起重机的类型，再根据构件重量、构件安装高度和构件外形尺寸确定其型号，使起重机的工作参数，即起重重量、起重高度及回转半径满足结构安装工程的需要。

（2）结构安装方法。

单层工业厂房的结构安装方法，有分件安装法和综合安装法两种。

①分件安装法。

分件安装法，又称为大流水法，是指起重机每开行一次，仅安装一种或两种构件。分件安装法每次基本安装同类型的构件，安装速度快，能充分发挥起重机的作用，提高其效率。目前，我国装配式钢筋混凝土单层工业厂房，大多采用分件安装法。分件安装法的构件吊装顺序如图 8.8 所示。

②综合安装法。

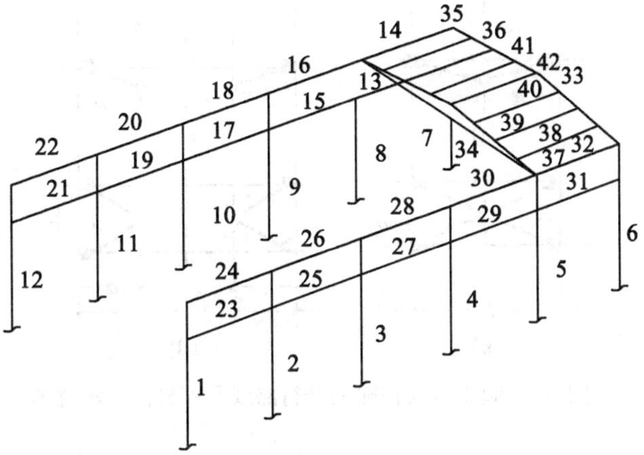

1 ~ 12 为柱；13 ~ 32 中单数为吊车梁，双数为连系梁；33，34 为屋架；35 ~ 42 为屋面板

图 8.8　分件安装法安装顺序图（图中数字表示构件安装顺序）

综合安装法，又称为节间安装法，是指起重机每开行一次就安装完所在节间的全部构件。当全部安装完该节间的所有构件后，起重机再移至下一个节间进行安装。依此类推，直至整个厂房结构安装完毕。综合安装法起重机开行路线较短，停机点较少，可以缩短工期。但安装速度较慢，不能充分发挥起重机的工作效率；目前该方法很少采用。只有某些特殊结构（如门式框架结构）或当采用桅杆式起重机移动不便时，才采用该方法。

综合吊装法的构件吊装顺序如图 8.9 所示。

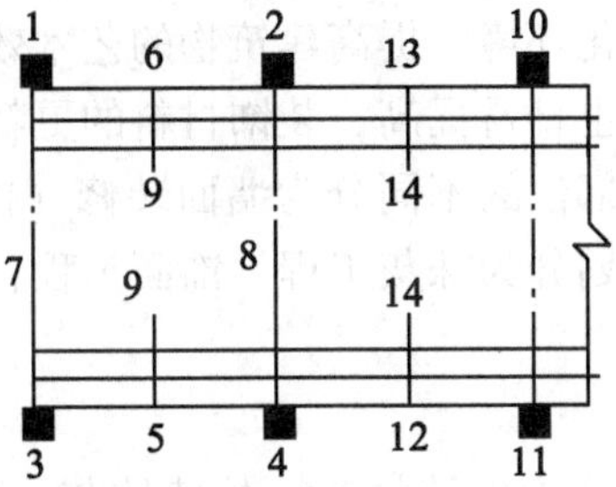

图 8.9　综合安装法的构件安装顺序图（图中数字表示构件安装顺序）

（3）起重机的开行路线。

起重机的开行路线与停机位置和起重机的性能、构件尺寸及重量、构件的平面布置、构件的供应方式、安装方法等有关。安装柱子时，起重机的开行路线根据厂房跨度大小、柱的尺寸、重量及起重机的性能，可以沿跨中开行或跨边开行。如图 8.10 所示。

（4）构件的平面布置与运输堆放。

单层工业厂房构件的平面布置，受许多因素的影响，其布置是否合理、妥当，对工程的进度和工程的施工效率有很大的影响。应根据施工现场实际情况，考虑安装工艺要求，因地制宜，确定切实可行的构件平面布置图。

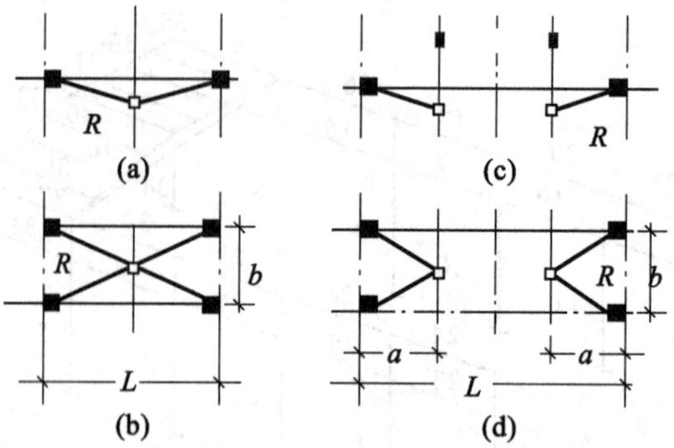

图 8.10 起重机安柱时的开行路线及停机位置示意图

单层工业厂房预制构件运到施工现场后，按施工组织设计中施工平面图规定的位置，按其编号及构件安装顺序进行就位和集中堆放。吊车梁、连系梁一般堆放在其安装位置的柱列附近，跨内或跨外均可。屋面板常以 6 ~ 8 层为一叠靠柱边堆放。当屋面板跨内就位时，常退后 3 ~ 4 个节间沿柱边堆放；跨外就位时，常退后 1 ~ 2 个节间靠柱边堆放。

7. 装饰工程施工

建筑装饰工程是指建筑物除主体结构部分以外，使用浇筑材料及其制品或其他装饰性材料对建筑物内、外与人接触部分以及看得见的部分进行装潢和装饰。

建筑装饰工程可以保护结构不直接受到外力的磨损、碰撞和破坏，从而提高结构的坚固性和耐久性，延长其使用寿命；可以提高结构的保温、隔热和隔声能力，改善清洁卫生条件，满足房屋的使用功能要求；可以通过恰当处理和巧妙组合，创造出优美、和谐、统一且丰富的空间环境，从而美化环境，提高建筑物的艺术效果。现代建筑物对装饰的要求越来越高，装饰工程的重要性也日益提高，装饰材料的更新和新工艺发展十分迅速。

建筑装饰工程根据建筑物部位的不同分为墙面装修（内墙装修、外墙装修）、地面装修和顶棚装修。根据分部工程划分为抹灰工程、饰面工程、幕墙工程、涂料工程、裱糊工程、吊顶工程等。

(1) 抹灰工程。

抹灰工程按工程部分可以分为内墙抹灰、外墙抹灰、顶棚抹灰、地面抹灰和饰面抹灰；按装饰效果可以分为一般抹灰和装饰抹灰两大类。

①一般抹灰。

抹灰是指用石灰砂浆、水泥砂浆、水泥石灰混合砂浆、聚合物水泥砂浆、膨胀珍珠岩水泥砂浆以及麻刀灰、纸筋灰、石膏灰等作为饰面层的装修做法。

一般抹灰按质量要求、操作工序的不同，分为普通抹灰、中级抹灰和高级抹灰三级。为保证抹灰层与基层粘结牢固，表面平整均匀，在抹灰前基层表面要清除杂物、灰层，常温下在抹灰前应浇水充分湿润。一般抹灰施工抹灰层不能太厚，应分层施工，各抹灰层厚度应根据基层材料、砂浆种类、墙面平整程度、抹灰质量要求以及气候、温度条件而定。

普通抹灰一般由底层和面层组成；中级抹灰由底层、一层中间层和面层组成。高级抹灰由底层、多层中间层和面层组成。如图 8.11 所示。

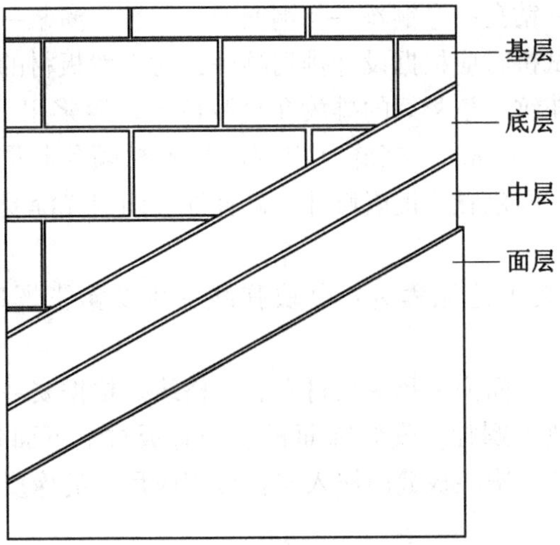

图 8.11　墙面抹灰分层构造示意图

一般抹灰材料的来源广泛，施工操作简便，造价低廉，其缺点是耐久性差、易开裂、湿作业量大、劳动强度高、工效低。

②装饰抹灰。

装饰抹灰由于材料质感和色泽不同，具有较强的装饰效果。装饰抹灰的种类很多，但其底层和中间层的做法和一般抹灰基本相同。根据面层材料的不同，常用装饰抹灰有：水刷石、干粘石、水磨石、斩假石、拉毛灰、彩色抹灰等。

装饰抹灰工程由于效果要求，施工工艺较一般抹灰复杂，且要求较高，如色泽均匀、沟纹清晰，接缝要整齐，棱角不得损坏；抹灰分格缝宽度、深度要均匀，表面光滑，棱角整齐，符合设计要求。

（2）饰面工程。

饰面工程是指将陶瓷、玻璃锦砖、金属、塑料、木质、石材等饰面材料粘贴或安装在建筑物室内外的饰面工程和混凝土外墙板的饰面工程。这类装饰耐久性好、施工方便、装饰性强，质量高、易于清洗。

饰面工程按工艺不同可以分成两类：直接镶贴类和采用一定构造连接方式的饰面镶贴类。直接镶贴饰面构造比较简单，大体上由底层砂浆、粘结层砂浆和块状贴面材料面层组成。采用一定构造连接方式的镶贴类构造与直接镶贴类构造有显著的差异。

①陶瓷贴面施工工艺流程。

陶瓷贴面施工工艺的流程为：基层处理—找规矩—基层抹灰—弹线—粘贴—勾缝或擦缝。基层处理时应注意对钢模板施工的光滑混凝土墙面进行“毛化处理”，并对基底浇水，充分湿润。浸砖时应将饰面砖扫净，放在净水中浸泡 2h 以上，直至不泛泡为止，取出待表面晾干或擦净待用。粘贴时同一立面应按设计要求挑选同一规格、型号、批号、颜色一致的饰面砖。面砖勾缝或擦缝后，应用白色废棉纱或混纺毛巾将面砖擦洗干净，并注意养护。

②石材饰面施工工艺流程。

石材饰面安装方法有湿法安装和干法安装两种。大规格板材湿法粘贴工艺流程为：基层处理—找规矩—试拼—钻孔—穿铜丝—扎钢筋网—安装—灌浆—擦缝—整修。基层处理同陶瓷贴面工艺相同。试拼时应根据设计排列顺序，对天然板材的自然花纹及色调，进行挑选、调整、编号，将花纹、色彩好的排放在显眼位置。灌浆用1：2.5水泥砂浆分层灌注，每次灌注高度一般为200mm。擦缝时应调制与板材颜色相同的色浆，板材灌浆后，若有轻微损坏处，可以用同色腻子批嵌修补。修补处理面层光泽受到影响时重新抛光、打蜡上光。

大规格板材干法安装工艺流程为：分块弹线—埋设膨胀螺栓—饰面板安装—防水处理。

根据设计排列，在结构面弹出每块板材安装分格线。根据安装节点，在分格缝内定出膨胀螺栓的位置，钻孔放置螺栓。安装饰面板前先对板材上下面各钻两个孔，再按线就位、找平找直安装。安装完毕在板缝内嵌入与板缝相应尺寸的橡皮圆条，再在缝内注入防水油膏，以防渗水。

③木质饰面安装工艺流程。

木质饰面安装工艺流程为弹线—防潮层安装—木龙骨安装—基层板安装—饰面板安装。

根据设计图纸上的尺寸要求，在墙上弹出分格线；在基层龙骨与实体墙之间铺一层油毡或刷二道防水柏油，对墙面进行防潮处理。

木龙骨应进行防火处理，饰面板的背面涂刷三道防火漆，将色泽相同或相近、木纹一致的饰面板拼装在一起，用气泵气钉枪把调整好的木夹板固定在木龙骨上进行安装。

（3）涂料工程。

在已做好的墙面基层上，经局部或满刮腻子处理使墙面平整，然后涂刷选定的涂料即为涂料工程。这种饰面工程做法省工省料，工期短、功效高，自重轻，颜色丰富，便于维修更新，而且造价相对比较低。适用于室内外各种水性涂料、乳液型涂料、涂剂型涂料、清漆以及美术涂料等。

涂料饰面一般可以分为三层，即底层、中间层和面层。施涂涂料方法可以分为刷涂法、喷涂法、高压无气喷涂法、擦涂法和滚涂法。

刷涂法：以人工用刷子蘸油刷在物件表面上，使其匀净平滑一致。

喷涂法：用喷枪工具，将涂料从喷枪的喷嘴中喷成雾状液散布到物件表面上。

高压无气喷涂法：利用压缩空气驱动的高压泵，使涂料增压，通过特殊喷嘴喷出，遇空气时剧烈膨胀、雾化成极细小漆粒散到物件表面上。

擦涂法：用棉花团纱布蘸漆在物面上擦涂多遍直至均匀擦亮。

滚涂法：采用人造皮毛、橡皮或泡沫塑料制成的滚筒滚上油漆，在轻微压力下来回滚涂于物面上。

8.2.2 施工组织设计

现代建筑工程施工是一项十分复杂的生产活动，一幢建筑物或构筑物的施工必须由许多工种来完成。每一项工种的施工过程都可以采用不同的施工机具。每一项构件都可以采用不同的方式生产。每一项运输工作都可以采用不同的运输方式和运输工具进行。施工现场场地机械设备、办公用房、构件加工等可以有不同的布置方案。总之，现代建筑工程施工，无论在技术方面还是在组织方面，通常都有许多可行的方案供施工人员选择。但是选择的方案不同，其经济效果是不一样的。伴随着社会的经济发展与科学技术的不断进步，现代建筑产品越来越体现出规模化、人性化和环保化的特点，现代建筑产品的生产也越来越朝着机械化、工业化、智能化和环保化的方向发展。要达到上述目的，并确保建筑工程施工的顺利进行，必须对施工的各项活动作出全面部署，进行施工组织设计。

施工组织设计是对工程施工准备和施工全过程的规划设计，是指导施工准备和组织施工的技术经济保证，是指导现场施工的施工方法，是工程施工顺利进行的重要保证。施工组织设计的主要任务是依据国家对建设项目的相关规定，结合业主对建设项目的具体要求，为拟建项目选择确定经济合理的规划方案。即从施工的全局出发，根据各种具体条件，拟定工程施工方案，确定施工程序、施工流向、施工顺序、施工方法、劳动组织、技术组织措施，安排施工进度和劳动力、机具、材料、构件与各种半成品的供应，对现场设施的布置和建设作出规划，以达到拟建工程优质、低耗、工期合理，取得最佳的经济效益和社会效益。

1. 施工组织设计的分类

施工组织设计按编制对象的不同可以分为施工组织总设计、单位工程施工组织设计、分部分项工程施工组织设计三种。

（1）施工组织总设计。

施工组织总设计是以整个建设项目或群体工程为对象编制的，用来指导其施工全过程各项活动的技术、经济和组织管理的综合性设计。

施工组织总设计的内容和深度，根据拟建工程自身的情况（性质、规模、结构等）和施工复杂程度、工期要求及建设地区环境（经济的、社会的、自然的条件等）有所不同，但都应突出“规划”和“控制”的特点。

施工组织总设计一般是在初步设计批准后，由总承包单位组织编制。

（2）单位工程施工组织设计。

单位工程施工组织设计是以单位工程或一个交工系统工程为对象编制的。用来直接指导单位工程施工全过程各项活动的技术、经济设计。是施工组织总设计的具体化，具有很强的针对性和可操作性，是施工单位编制月旬作业计划的基础。

单位工程施工组织设计一般是在施工图设计完成后，由施工承包单位负责编制。

（3）分部分项工程施工组织设计。

分部分项工程施工组织设计是以难度较大、技术复杂的分部分项工程或新技术项目为编制对象，用来具体指导其施工活动的技术、经济设计，是单位工程施工组织设计的具体化。

分部分项工程施工组织设计一般在单位工程施工组织设计确定了施工方案后，由施工队技术队长负责编制。

2. 施工组织设计的内容

（1）编制依据。

不同种类的施工组织设计编制的依据基本相同，主要依据是：

①工程承包合同；

②工程项目的有关地质勘察资料；

③设计文件和施工图纸及图纸会审文件；

④工程项目招标文件及其答疑函件；

⑤国家现行的技术标准，施工及验收规范，工程质量评定标准及操作规程；

⑥施工企业拥有资源状况，施工经验和技术水平，企业标准；

⑦施工现场周边各种条件等；

⑧工程所涉及的主要的国家行业规范、标准、规程、法规、图集，地方标准、地方法规、地方图集等。

（2）工程概况及施工特点分析。

①工程建设概况：工程建设概况主要介绍工程的名称、规模、性质、结构形式、地理位置、建设单位、设计单位、施工单位、工程总投资额、质量要求、建设工期、开工日期、竣工日期等基本情况。

②建筑设计概况：简述拟建工程平面形状及尺寸、平面组合情况、层数、层高和总建筑面积、室内外装修情况、屋面保温隔热及降水的做法等。

③结构设计概况：简述建筑物的结构特点，说明基础类型、基础埋置深度、主体结构的类型、结构复杂程度和抗震要求等。

④工程施工特点：主要说明拟建工程的地形、地质和水文地质条件、地下水位、气温、冬雨季施工及按要求进行施工时的重点、难点等。

（3）施工部署。

施工部署是对整个建设项目从全局上做出的统筹规划和全面安排。施工部署的内容和侧重点因建设项目的性质、规模和客观条件的不同而不同。

1）施工指导思想及实施目标。

根据国家对建设项目的相关规定及工程所在地相关要求，结合项目的质量要求、工期要求、制定具体且明确的目标。如质量目标、工期目标、安全目标、文明施工目标、环境保护目标、卫生目标等。

2）项目组织管理机构。

介绍施工单位组织强有力的项目班子组织结构形式、下设的各个部门等，明确项目管理组织机构的管理层次、管理人员，制定项目管理各项规章制度与各岗位职责，对拟建工程进行有计划地组织、指挥、管理和控制。

3）施工方案设计。

施工方案设计是单位工程施工组织设计的核心内容。施工方案设计依据施工图纸、施工现场勘察调查得来的资料和信息、施工验收规范、质量检查验收标准、安全操作规程、施工机械性能手册、新技术、新设备、新工艺等确定施工程序和施工顺序，进行施工段的划分，选择施工机械、确定施工方法、组织各种资源等。施工方案合理与否，直接关系到工程的进度、质量和成本，必须充分重视。

①施工程序的确定。

施工程序是指单位工程中各分部工程、各专业工程施工在时间上的先后顺序。施工程序体现了施工步骤上的客观规律性，组织施工时符合这个规律，能保证工程质量，缩短工期，提高经济效益。

一般来说，安排合理的施工程序应考虑先做好施工准备工作才能开工。施工准备包括施工现场准备、技术准备、组织准备、资源准备。施工现场准备包括场地平整，“三通一平”或“七通一平”，施工用水、用电、排水均满足施工需要，永久性坐标或半永久性坐标和水准点已经设置并复核、移交。现场的临建布置、设备就位等。技术准备包括熟悉图纸、审查图纸、编制施工组织设计、施工预算等；组织准备是指对施工单位来说，要集结施工力量、健全和充实施工组织机构，进行特殊工种的培训及作业条件的准备等；资源准备是指施工机械设备的准备和工程材料的进场计划，以及劳动力需用量的准备等。

单位工程的施工组织设计，应遵循先地下、后地上，先土建、后设备，先主体、后围护，先结构、后装修的一般原则。“先地下、后地上”，是指首先完成管道、线路等地下设施和土方工程，然后开始地上工程施工，但采用逆做法施工的除外。“先土建、后设备”是指一般的土建与水暖电卫设备等工程的关系，施工时水暖电卫设备的某些工序可能要穿插在土建的某一工序之前进行。施工时，从保质量、讲节约的角度，处理好两者的关系。“先主体、后围护”，是指框架结构施工时，应先进行框架主体结构的施工，然后进行围护结构的施工。“先结构、后装修”，是指先进行主体结构的施工，后进行装修工程施工。在施工程序上还要注意施工最后阶段的收尾、调试，生产和使用前的准备，以及交工验收。对于不同的工程，应结合工程的建筑结构特征、工程性质、使用要求和施工条件，合理确定工程的施工程序。

②确定施工流向、进行流水段的划分。

合理的施工流向是指有效解决单体建筑物在平面和立面上的合理施工顺序问题。要在空间上考虑施工的质量和安全，考虑使用的先后，要适应分区、分段，保证其划分与材料、构件的运输方向不发生冲突，要适应主导工程的合理施工顺序。在确定施工起点流向的同时，应划分流水施工段并进行编号。划分流水施工段，其目的是适应流水施工的要求，将单一且庞大的建筑物（或构筑物）划分为多个部分以形成“假定批量产品”。

施工段的划分可以是固定的，也可以是不固定的。施工段的划分数目要适当。划分时，各施工段的工作量应大致相等，每个施工段的工作面应满足正常组织流水作业的要求。此外，施工段划分时的分界线应尽可能位于结构的界限，或对结构整体性影响小的部位，如沉降缝。因此，只有将体型庞大的施工对象化整为零，按照合理的工作面要求及合理的划分原则，在保证工程质量的前提下，为专业工作队确定合理的空间活动范围，集中人力、物力，迅速地、依次地、连续地完成各施工段的任务，以便为相邻专业工作队尽早提供工作面，从而达到缩短工期的目的。

③确定施工顺序。

施工顺序是指分部分项工程施工的先后顺序。施工顺序应遵循施工程序，符合各工种、各专业的施工工艺，考虑工期和施工组织的要求，结合当地的气候影响以及施工质量和安全要求，科学合理地确定。施工顺序合理与否，将直接影响工种之间的配合、工程质量、施工安全、工程成本和施工速度。

④施工机械的选择。

施工机械的选择应遵循切实需要、实际可能、经济合理的原则。应首先根据具体工程的特点选择适宜的主导工程施工机械，充分考虑其技术性能、工作效率、使用安全性和灵活性、维修的难易性等。其次应考虑尽量减少同一建筑工地上的建筑机械的种类和型号，减少机械管理和工时消耗，提高经济效益，对于工程量小且分散的建筑工程，应尽量采用多用途的机械。最后，应尽量选用施工单位现有机械，提高现有机械的利用率，也可以考虑租赁一些利用时间较短或很少使用的机械，降低工程成本。总之，要进行综合分析，通过定量的技术经济比较，使施工机械选择最优。

⑤主要项目的施工工法。

施工工法是施工方案设计中的核心内容，施工工法直接影响到施工质量、施工进度、施工成本和施工安全。编制施工工法时首先应根据工程特点、工期要求、资源供应情况、施工现场条件等，找出主要项目，如在单位工程中占重要地位的分部分项工程，施工技术复杂或采用新技术、新工艺的分部分项工程，以便选择有针对性的施工方法，解决关键问题。其次应着重考虑影响整个单位工程施工的分部分项工程的施工工法，对常规做法的分部分项工程则不必详细拟定。

4）施工进度计划。

施工进度计划是以施工方案为基础，根据工期要求和资源的供应条件，对工程的施工顺序，各个项目的延续时间及项目之间的搭接关系，工程的开工时间、竣工时间及总工期等作出统筹安排。在此基础上，确定施工作业所必须的劳动力和各种技术物资的供应计划。

①施工进度计划的表达方式。

施工进度计划一般用图、表的形式表示，通常采用水平图表（横道图）或网络图表达。

施工进度计划横道图由左右两部分组成。左边一般为各分部分项工程名称，右边上部是从规定的开工之日起到竣工之日止的时间表，下部是按左边表格设计的进度指示图表。为了便于执行中使用相关信息，有时还在横道图计划分部分项工程名称后面及进度线中间加进工程量、人工或机械量，持续时间等。网络图是由箭线和节点组成，用来表示工作流程的有向、有序网状的图形。从发展看，网络图的应用面将会逐渐超过横道图计划。

横道图是以横向线条结合时间坐标表示各项工作施工的起点、始点和先后顺序的，整个计划是由一系列的横道组成的，比较容易编制，简单、明了、直观、易懂。结合时间坐标，各项工作的起止时间、作业持续时间、工程进度、总工期都能一目了然，流水情况表示得清楚。其缺点是不能反映出各项工作之间错综复杂、相互联系、相互制约的生产协作关系，如图 8. 12 所示。

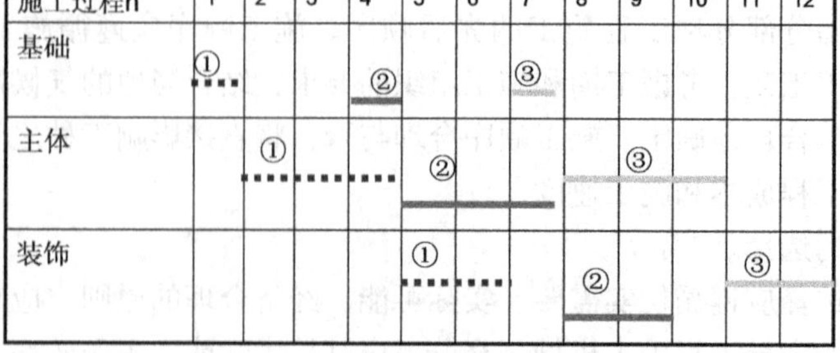

图 8. 12　某工程横道图

网络图能把施工对象的各相关施工过程组成一个有机的整体，能全面且明确地反映出各工序之间的相互制约和相互依赖的关系。通过网络图，可以进行各种时间参数计算，能在工序繁多、错综复杂的计划中找出影响工程进度的关键工序，便于管理人员集中精力抓施工中的主要矛盾，确定按期竣工，避免盲目抢工，便于优化和调整，能够利用计算机对复杂的计划进行计算和跟踪管理，取得好、快、省的全面效果。网络图种类很多，有单代号网络图、双代号网络图、时标网络图等。如将某单位工程分解为基础、主体、装饰三个分部工程，并分三段组织流水作业，其工作流程图可以用双代号网络图表示。如图 8.13 所示。

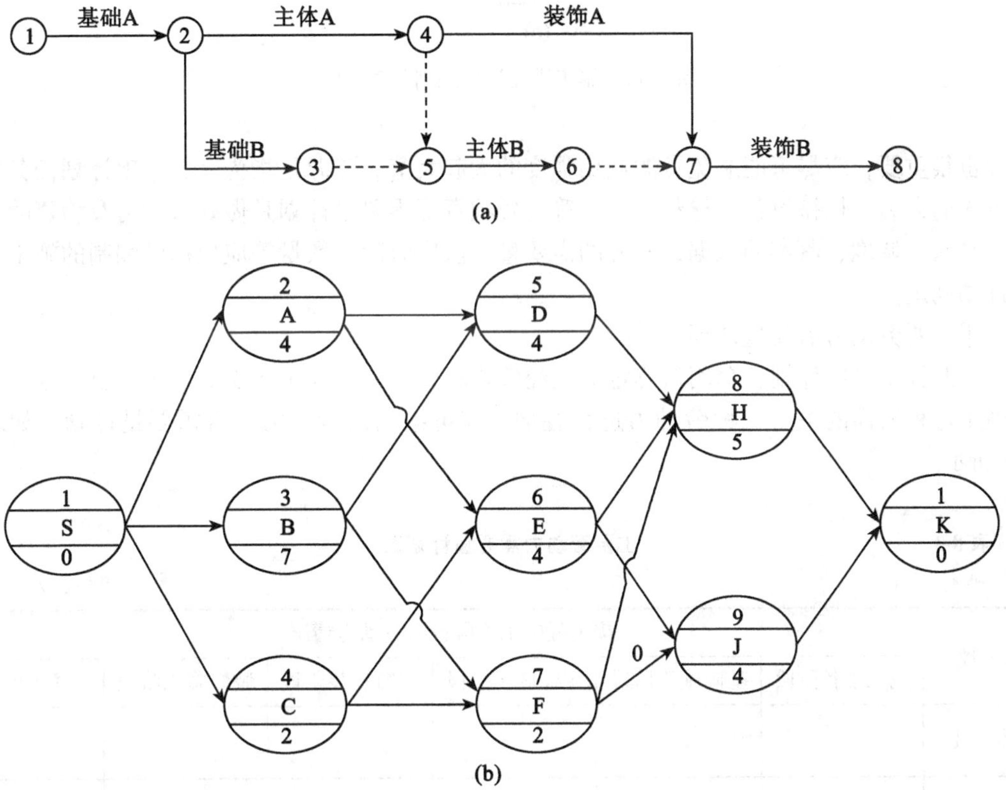

图 8.13　双代号网络图和单代号网络图

②施工进度计划的编制依据。

单位工程施工进度计划的编制依据为：施工图纸及其他技术资料，施工组织总设计中对本单位工程的相关规定，主要分部分项工程的施工方案，施工工期要求，采用的劳动定额和机械台班定额，资源供应状况等。

③施工进度计划的编制程序。

施工进度计划的编制程序如图 8.14 所示。

5）资源需要量计划。

工程项目建设过程中，强调施工过程在空间和时间上的连续性的同时，资源使用的均

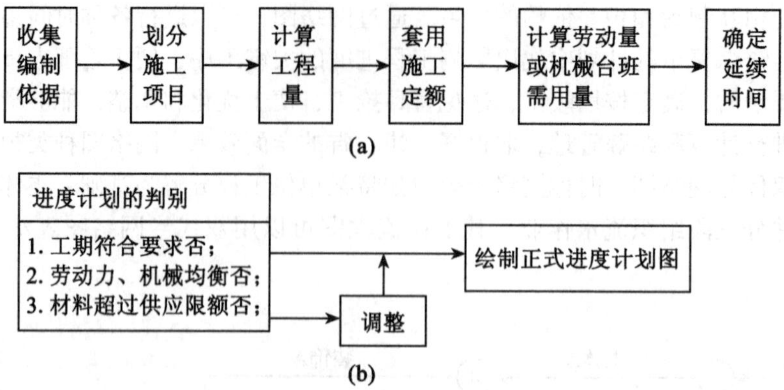

图 8.14　施工进度计划编制程序框图

衡性也很重要，应尽可能避免资源使用强度的大起大落。资源是指为完成一项计划任务所需投入的人力、机械设备、材料和资金等，各项资源需要量计划是做好劳动力及物资的供应、平衡、调度、落实的依据，资源的需要量、供应时间、数量等应根据已编制的施工进度计划确定。

①主要劳动力需要量计划。

按照施工进度计划，套用概算定额或经验资料，可以计算出所需的工作量及人数，将各施工过程所需的主要工种劳动力进行叠加，即可编制出劳动力综合需要量计划。如表8-3 所示。

表 8-3　**主要劳动力需要量计划表**

***　工程　　单位：人

工种	按工程施工阶段投入劳动力情况					
	施工准备阶段	基础施工阶段	主体施工阶段	门窗安装阶段	装修施工阶段	总计
木　工						
钢筋工						
混凝土工						
…						

注：计划表是以每班 8 小时工作制为基础编制的。

②主要材料需要量计划。

根据工程项目和总工程量，参照概算定额或指标可以得出所需建筑材料的需要量。按品种、规格、数量等汇总，即得主要材料需要量计划。如表 8-4 所示。

表 8-4 **主要材料需要量计划表**

*** 工程

序号	主要材料名称	规格	需要量		供应时间	备注
			数量	单位		

③构件、半成品需要量计划。

根据施工图和施工进度编制构件、半成品需要量计划。如表 8-5 所示。

表 8-5 **构件、半成品需要量计划表**

*** 工程

序号	构件、半成品名称	规格	型号	需要量		使用部位	供应商	供应日期
				数量	单位			

④施工机具需要量计划

施工机具需要量计划如表 8-6 所示。

表 8-6 **施工机具需要量计划表**

*** 工程

序号	机械或设备名称	型号规格	数量	产地	额定功率（KW）	货源	备注

6）施工平面图的设计。

施工平面图是对建筑物或构筑物的施工现场的平面规划，是施工现场布置的依据。施工现场的合理布置和科学管理是实现文明施工，节约场地，减少临时设施费用的先决条件。施工平面图上应绘制出现场临时设施布置图表并附文字说明，说明临时设施、加工车间、现场办公、设备及仓储、供电、供水、卫生、生活等设施的情况和布置。

〈1〉施工平面图的设计内容。

①建筑平面图上已建和拟建的地上和地下的一切建筑物、构筑物和管理的位置和尺寸。

②测量放线标桩、地形等高线和取舍土地点。

③自行式起重机械开行线路、轨道布置和固定式垂直运输设备位置。

④材料、加工半成品、构件和机具的堆场。

⑤生产和生活用临时设施的布置。

⑥临时供水、供电线路及道路等。

〈2〉施工平面图设计要求。

①布置紧凑，不占或少占农田。

②短运输，少搬运，减少或避免二次搬运。

③尽量减少临时设施的数量，临时设施的布置，应使工人往返时间最少。

④符合劳动保护、环保、技术安全和防火的要求，符合国家相关法规和相关规定。

施工现场平面布置是一个系统工程，应全面考虑、统筹安排，正确处理各项内容的相互联系和相互制约的关系，精心设计，反复修改。当有若干种方案时，尚应进行方案比较、择优，然后绘制正式施工总平面图。施工总平面图应使用标准图例进行绘制，并按照建筑制图规则的要求绘制完善。

〈3〉主要技术组织措施。

根据工程特点和施工条件，制定以下技术组织措施：

①工程质量保证措施；

②施工安全布置措施；

③冬雨季施工措施；

④降低成本措施；

⑤文明施工保证措施；

⑥环境保护保证措施；

⑦新技术、新工艺措施等。

§8.3 现代施工技术的展望

国家建设部第三批新技术颁布至今已快五年了，五年来，随着建筑施工的快速发展，尤其是奥运工程和一批国家重点工程的涌现，国家建设部颁发的十大新技术有了新的发展。高层建筑、超高层建筑如雨后春笋，越来越多的耸立于人们眼前，高层建筑、超高层建筑施工已形成钢结构和钢筋混凝土结构的多种成套技术，施工速度加快，已达2~6天一层。特别是滑模、爬模、隧道模和飞模、密肋模等技术现浇和预制相结合的施工方法发展更为迅速。

大跨度屋盖结构已形成网架、网壳、悬索、薄壳、薄膜等多种施工成套技术，针对不同条件采用高空散装法、高空滑移法、整体吊装法、整体提升法、整体顶升法、分段吊装法、活动模架法等多种施工方法。现代化设备正向大、重、高和精密、高压、低温等方向发展，在设备安装中形成了大型设备整体吊装、自动焊接、气顶法、水浮法、电气快速接头安装等技术。

以地下铁道为中心的城市轨道交通系统的建设也获得空前的进步。为迎接奥运会、世博会，北京、上海已经建成近200km的地下铁道。广州、深圳、南京等地也紧随其后。

盾构施工技术是城市轨道交通系统建设的重要技术之一。虽然其造价高，安装操作难度大，但盾构施工技术具有对地面结构影响较小、对环境无不良影响、地下水位可保持、对工作人员较安全、劳动强度低、进度快、机械化程度高、隧洞形状准确、质量高、衬砌经济等优点。

被列为世界十大建筑奇迹之一的中央电视台主楼具有体量庞大、结构独特、施工技术难度空前等特点，是一个极具挑战性的工程。超厚大体积混凝土底板施工技术，高强异型节点厚钢板现场超长斜立焊施工技术，双向倾斜外框筒劲性混凝土柱施工技术，双向倾斜大直径高强预应力锚栓安装技术，结构施工分析、预调及变形控制技术，超大型塔式起重机综合应用技术，复杂倾斜钢结构安装及施工控制技术及超大悬臂钢结构施工等均代表了当今世界建筑最前沿施工技术。中国建筑股份有限公司针对诸多世界性技术难题，把技术创新活动贯穿于工程始终，先后组织了多项技术攻关，取得了良好效果。

上海环球金融中心工程高 492m，主楼地上 101 层，地下 3 层，总面积约 38 万 m^2，是目前国内最高的超高层建筑。通过科技创新，该工程形成了一批具有自主知识产权及国际先进水平的技术，如主楼超大超深基坑围护技术、100m 大直径地下连续墙设计与施工技术、底板大体积混凝土浇筑技术、C60 自密实混凝土的研制与应用、超高泵送高强混凝土技术、核心筒钢平台模板脚手架技术、复杂钢结构安装技术、特大型构件超高空吊装技术、机械化施工以及施工过程监测和控制技术等。

空客 A320 系列飞机中国总装线项目是国内引进的第一条空中客车生产线。工程设计采用了德国汉堡总装线的标准及概念设计。针对项目坐落的特殊土质条件、工程设计的特点与施工中的难点，施工中以科研为先导，创新了天津滨海地区海相淤泥质软土基坑开挖、坑底加固技术；地下室设备管廊清水混凝土结构施工技术；超长无缝、大面积、地采暖地面施工技术；大跨度、特殊节点异形钢屋架制作、安装技术等多项施工技术，并形成多项施工工法与国家发明专利。

天津奥林匹克中心体育场造型独特、规模宏大。针对工程特点与难点，施工与设计紧密配合，开展科学研究与试验，成功地创新了大型空间钢结构设计、制作、施工技术；超长超大面积主体混凝土结构施工技术；现浇清水混凝土技术与应用；预制混凝土看台构件制作工艺研究；曲面建筑的空间定位控制与施工精确测量技术。为体育场高水平建设提供了技术支持，并形成多项施工工法及国家发明专利。

高大支模施工安全技术是预制装配房屋结构建造技术的新理念和新进展，中南集团南通总承包公司引进的澳大利亚 NPC 预制房屋拼装结构体系、日本的预制房屋拼装结构体系、南京大地建设集团引进法国的世构预制拼装结构体系以及万科推广实施的预制拼装结构体系，结合高大支模施工核心系列安全技术问题，例如合理界定高大支模对象、总结四个典型高大支模坍塌模式、如何把握高大支模架承载力计算复核、如何编制高大支模专项施工方案和进行专家论证、如何实施高大支模施工等开展了论述和讨论，对我国如何在新形式下推广应用预制装配式房屋结构提供了很好的经验。

近年来温州建设集团公司结合高大模板施工实践，已在 4 个典型工程对三超（超高度、超跨度、超荷载）模板的方案选择、设计要点及应用效果上，对目前高大模板施工技术的应用和推广，做出了良好的表率。

基于对建筑企业信息化开发应用的实践，我国建筑企业信息化技术的开发实施与应用发展的研究，明确提出了我国建筑行业企业信息化技术开发应用的两大类技术，即建筑企业管理信息化技术和生产过程信息化技术是建筑企业信息化技术开发实施的重点。在发展和应用信息化技术的推动下，建筑施工技术的研究与进步将进入一个崭新的时代。

复习与思考题8

1. 建筑设计的主要依据是什么？
2. 建筑构图应遵循什么规律？
3. 一般来说，建筑结构由哪三部分组成？
4. 试简述建筑结构设计的一般过程？
5. 场地平整土方工程的主要机械有哪些？
6. 砌筑质量有什么要求？
7. 什么叫先张法？什么叫后张法？它们有何异同点？
8. 混凝土配料中为什么要进行施工配合比的换算？
9. 试简述模板选材、选型应注意的问题。
10. 装饰工程的作用是什么？装饰工程可以划分为哪几个子分部工程？
11. 什么是单位工程施工组织设计？单位工程施工组织设计的主要内容有哪些？
12. 什么是施工程序？施工中应遵循什么原则？
13. 什么是单位工程施工平面图？单位工程施工平面图设计内容有哪些？

第 9 章　建设项目管理与建设法规

建设项目管理作为项目管理的一个重要分支，是以建设项目为对象，根据建设项目的内在规律，在既定的约束（限定的时间、限定的资源）条件下，通过一定的组织形式，用系统工程的理论与方法，为最优地实现建设项目目标，对从项目构思到项目完成（是指项目竣工并交付使用）的全过程进行的计划、组织、指挥、协调和控制，以确保建设项目在允许的费用和要求的质量标准下按期完成。由此可见，建设项目管理是对建设项目全过程多方面的管理，是以建设项目三大目标（质量、进度、投资）控制为核心的管理活动。

项目建设是非常复杂的活动，由许多单位和人员共同参与、协作完成，并将涉及土地征用、房屋的拆迁、从业人员及相关人员的人身与财产的伤害、财产及相关权利的转让等问题，建设活动与国家经济发展、人们的生命财产安全、社会的文明进步息息相关，因此国家必须对建设项目进行全面的严格管理。在法制社会中，必须由建设法规来加以规范、调整。

§9.1　建设项目管理

9.1.1　建设项目及其特点

1. 建设项目的概念

建设项目作为一项固定资产投资，是指需要一定量的投资，在一定的资源约束条件下，经过前期策划、设计、施工等一系列程序，以形成固定资产为确定目标的一次性事业。

2. 建设项目的组成

建设项目按照国家《建筑工程施工质量验收统一标准》(GB50300—2001) 中的规定可以分为单项工程、单位工程和分项工程。

(1) 单项工程。

单项工程又称为工程项目，是指在一个建设项目中，具有独立的设计文件，可以独立组织施工和竣工验收，建成后能独立发挥生产能力或工程效益的项目，是建设项目的组成部分。单项工程是一个复杂的综合体，是具有独立存在意义的一个完整工程。如生产车间、办公楼、图书馆等。

(2) 单位工程。

单位工程是指具有单独的设计文件，具备独立施工条件并能组织竣工验收，但建成后不能独立形成生产能力或发挥效益的工程。

单位工程是工程建设项目的组成部分。一个工程建设项目有时可以仅包括一个单位工程，也可以包括多个单位工程。一般情况下，单位工程是一个单体的建筑物或构筑物，需要若干个有机联系、互为配套的单位工程全部建成后，才能使用或生产。单位工程体现了工程建设项目的主要建设内容，是新增生产能力或工程效益的基础。一个单位工程按其构成可以分为建筑工程和设备及安装工程。建筑工程包括土建工程、给排水工程、采暖工程、通风工程、空调工程、电气照明工程等。设备及安装工程包括机械设备及安装工程、电气设备及安装工程、热力设备及安装工程等。

对于建设规模较大的单位工程，可以将能形成独立使用功能的部分划分为若干个子单位工程。

(3) 分部工程。

分部工程是建筑物按单位工程的部位、专业性质划分的，是单位工程的进一步分解。如一般工业与民用建筑由六个分部工程组成，即基础工程、主体工程（或墙体工程）、地面工程、楼面工程、装修工程、屋面工程。与之相对应的建筑设备安装工程由建筑采暖工程与煤气工程、建筑电气安装工程、通风与空调安装工程、电梯安装工程等组成。

当分部工程较复杂或较大时，可以按材料种类、施工特点、施工程序、专业系统及类别等划分为若干个子分部工程。

(4) 分项工程。

分项工程是分部工程按主要工种、材料、施工工艺、设备类别等进行划分的工程。分项工程是分部工程的组成部分，是建筑施工生产活动的基础，也是计量工程用工用料和机械台班消耗的基本单元，也是工程质量形成的直接过程。分项工程与分部工程既有作业活动的独立性，又有相互联系、相互制约的整体性。例如，工业与民用建筑中的土石方工程、钢筋工程、模板工程、混凝土工程、砌筑工程、脚手架工程等。

3. 建设项目的分类

建设项目的种类繁多，可以从不同角度对建设项目进行分类。下面介绍几种常见的分类形式。

(1) 按投资作用分为：生产性建设项目和非生产性建设项目。

①生产性建设项目。如工业项目、运输项目、农田水利项目、能源项目。即用于物质产品生产的建设项目。

②非生产性建设项目。非生产性建设项目是指满足人们物质文化生活需要的项目。非生产性项目可以分为经营性项目和非经营性项目。

(2) 按项目规模分为：大型项目、中型项目、小型项目。划分标准根据行业、部门的不同而有不同的规定。如

①工业项目按设计生产能力规模或总投资，确定大型项目、中型项目、小型项目。

②非工业项目可以分为大中型项目和小型项目两种，均按项目的经济效益或总投资额划分。

(3) 按建设性质分为：新建项目、扩建项目、改建项目、迁建项目和恢复项目。

①新建项目。新建项目是指按照规定的程序立项，从无到有、全新开始建设的项目，即在原固定资产为零的基础上投资建设的项目。

②扩建项目。扩建项目是指现有企事业单位在原有的基础上投资扩大建设的项目。如

企业为扩大原有产品的生产能力或增加新产品的生产能力，在原有场地范围内或其他地点建设的生产车间、仓库等其他设施，企业的分厂建设等，行政事业单位为扩大规模增建的业务用房（如办公楼、病房、门诊部等）。

③改建项目。改建项目是指企业单位对原有工艺设备及其厂房设施进行改造的项目。如企业为了改进产品质量或改变原定产品，需要增加一些辅助车间或非生产性工程。

④迁建项目。迁建项目是指原有企事业单位，为改变生产布局，按照国家经济发展战略需要或为环境保护等特殊要求，迁移到异地建设的项目，无论其建设规模是企业原来的还是扩大的，都属于迁建项目。

⑤恢复项目。恢复项目是指因自然灾害、战争等原因，使已建成企事业单位的固定资产的全部或部分报废，而后又投资重新建设的项目。

(4) 按投资主体分为政府投资项目和非政府投资项目。

(5) 按投资用途分为工业项目、商业项目、住宅项目、基础设施项目、公益项目、国防项目等。

①工业项目。工业项目是指工业企业的厂房、车间、库房及其辅助设施的建设项目。如化工厂，电器制造厂，纺织厂，食品厂等。

②商业项目。商业项目是指商场、大型购物中心、储存仓库、宾馆饭店、写字楼等项目。

③住宅项目。住宅项目是指高层住宅、多层住宅、别墅等形式。

④基础设施项目。基础设施项目是指城市道路、供水工程、污水处理工程、发电工程、供电工程、桥梁、隧洞、机场、码头等。

⑤公益项目。公益项目是指学校、医院、图书馆、体育馆等。

⑥国防项目。国防项目是指雷达站、通信站、军事基地、军港、军用机场等。

⑦其他项目。其他项目是指农田灌溉工程、防风治沙工程、防洪工程项目等。

(6) 按建设阶段划分，可以分为：预备项目（投资前期项目）或筹建项目、新开工项目、 施工（在建）项目、续建项目、投产项目、收尾项目、停建项目。

(7) 按行业性质和特点划分。根据工程建设项目的经济效益、社会效益和市场需求等基本特性，工程建设项目可以分为竞争性项目、基础性项目和公益性项目三种。

①竞争性项目。竞争性项目是指投资效益比较高、竞争性比较强的一般性建设项目。自主决策、自负盈亏、独立核算的现代企业是其基本投资主体。

②基础性项目。基础性项目是指建设周期长、投资额大且收益低的基础设施项目。此外，政府重点扶持的一部分基础工业项目和符合经济规模、增强国力的支柱产业项目也属于基础性项目的范畴。一般由政府集中必要的财力、物力，通过经济实体对这类项目进行投资。

③公益性项目。公益性项目主要包括科技、文教、卫生、体育和环境保护等设施，以及政府机关、公、检、法等政权机关办公设施等。一般由政府用财政资金进行这类项目的建设。

4. 建设项目的特点

(1) 建设项目的目标性。

工程项目的显著特征是建设目标明确。无论是工业项目还是基础设施项目，无论是政府投资的项目还是企业投资或私人投资的项目，都有自己的建设目标。在实际建设过程中，特定的目标总是在建设项目的初期详细设计出来，并在以后的项目活动中一步一步地实现。

（2）建设项目的资源约束性。

任何建设项目都是在有限的资源条件下进行的，每一个建设项目都有资金、土地、时间、人力、技术等方面的限制。建设项目的约束条件一方面是指在一定的时间、地点，资源的供应有限；另一方面，要实现工期、质量、费用的项目目标，必须对有限的资源进行最优配置。

（3）建设项目具有一次性。

建设项目作为项目的一种，总体上来说，是一次性的、不重复的。每个项目都是独特的，其最终体现的成果形式不同。即使是形式上极为相似的项目，例如两栋建筑造型和结构形式完全相同的房屋，由于实施的时间、地点、环境不同，项目组织、项目风险不同，因此，项目是无法等同的，总是独一无二的。

（4）建设项目建设寿命周期长。

任何建设项目都要经历从提出建议、策划、实施、验收竣工、投产或投入使用等过程，即项目的生命周期。由于建设项目规模大，技术复杂，涉及的专业面广，因此，从项目的启动到结束，少则几年，多则十几年。

（5）建设项目投资的风险性。

一个工程建设项目的资金投入，少则几百万元，多则上千万元、数亿元。由于建设周期长，露天作业多，受外部政治、经济、自然等环境影响大，不确定因素多，风险大。

（6）建设项目管理的复杂性。

建设项目是一项复杂的系统工程。任何建设项目的全过程都有许多来自于不同的参与方，不同专业的人员参与。参与的单位有咨询公司、地质勘探公司、工程设计公司、工程监理公司、工程承包公司、材料与设备供应商，还有金融机构、保险公司、政府建设行政主管部门等。这些组织的参与人员通过合同和协议联系起来，共同参与项目。因此，建设工程项目的管理难度大，复杂性强。

9.1.2 建设项目管理的概念和内容

1. 建设项目管理的概念

建设项目管理是在资源约束条件下，为实现建设项目的目标，以建设项目为对象，根据建设项目的内在规律，对建设项目全过程进行的计划、组织、协调和控制等系统管理活动的总称。

建设项目管理涉及多组织参与、多方面的内容。参与各方所处的角度不同，对项目管理的出发点、目标、要求也不同。按照参与主体的不同，建设项目管理可以分为业主方的项目管理、设计方的项目管理、监理方的项目管理。施工方的项目管理、材料和设备供应商的项目管理、咨询方项目管理。上述各方参与管理的区别如表 9-1 所示。

表 9-1 不同主项目管理体的区别

管理主体	管理客体	管理主体在项目管理中的地位	管理目标
业主（发包人）单位	建设项目	项目的投资主体，是项目的所有者。	实现投资目标，追求最佳的投资经济效益，能尽早收回投资。
设计（或咨询）单位	工程设计（或咨询）项目	提供设计（或咨询）服务以满足发包人的要求，是项目的设计者（或咨询者）。	实现合同约定的设计（或咨询）项目目标，并获得预期的设计/咨询报酬。
承包人	工程承包项目	开展项目的生产活动以满足发包人的要求，是建筑产品的生产者。	实现合同约定的工程承包项目目标，追求最大的工程利润。
金融机构	贷款项目	为项目提供资金的融通。	在保证投资人的安全性和流动性的前提下，取得收益。
政府	建设项目	实行强制性监督和管理，是社会的执法者。	维护社会公共利益。

按照专业化建设项目管理公司的服务对象分，建设项目管理可以分为为业主服务的项目管理、为设计单位服务的项目管理和为施工单位服务的项目管理。

按服务阶段分，根据为业主服务的时间范围，建设项目管理可以分为施工阶段的项目管理、实施阶段全过程的项目管理和工程建设全过程的项目管理。其中，后两者更能体现建设项目管理理论的指导作用，对建设项目目标控制的效果更为突出。

2. 建设项目管理的内容

建设项目管理的核心内容是“三控制、两管理、一协调”，即质量控制、进度控制、费用控制、合同管理、信息管理和组织协调。

（1）建设项目的质量控制。

工程建设项目的质量是国家现行的相关法律、法规、技术标准、设计文件及工程合同中项目对安全、使用功能、经济性、美观等特性的综合要求。

建设项目的质量控制是指致力于满足工程质量的要求，即为保证工程质量满足工程合同、相关规范标准所采取的一系列措施、方法和手段。

建设项目的质量控制按其实施主体不同，分为自控主体和监控主体。自控主体是指直接从事质量职能的活动者，如勘察设计单位的质量控制、施工单位的质量控制。监控主体是指对他人质量能力和效果的监控者，如政府建设行政主管部门的质量控制、工程监理单位的质量控制。

建设项目的质量控制按项目质量的形成过程，分为决策阶段的质量控制、勘察设计阶段的质量控制、施工阶段的质量控制。

1）影响建设项目质量的主要因素。

影响建设项目质量的因素很多，但从质量管理的角度归纳起来主要有五个方面：人员素质、材料、设备、程序方法和环境，简称为“4 M 1 E”因素，即 Man、Material、Method、Machine、Environment。

①人员素质。

建设项目的决策者、管理者、操作者是人。项目开发的全过程，都要通过人来完成。人员的素质，即人的文化水平、技术水平、决策能力、管理能力、操作控制能力、生理素质及职业道德等，都将直接或间接地对建设项目的决策、规划、实施和结束验收的质量产生影响，而这些不同阶段工作质量的好坏都将对最终的项目质量产生不同程度的影响，所以人员素质是影响工程质量的“4M1E”5 个因素中最重要的因素。

②材料。

建设项目的材料泛指构成工程项目实体的各类原材料、构配件等，建设项目的材料是建设项目最终得以形成的物质条件，是建设项目质量的物质基础。建设项目材料选用是否合理、质量是否合格、是否经过检验、保管使用是否得当，等等，都将直接影响建设项目的最终质量。

③设备。

建设项目中项目实体的形成机械设备可以分为两类：其一是组成工程实体及配套的工艺设备和各类机具，如电梯、泵机、通风设备、生产设备等。其二是施工过程中使用的各类机具设备，包括大型垂直运输设备与横向运输设备、各类挖掘机械、各种施工安全设施、各类测量仪器和计量器具等。上述设备对建设项目的质量起决定性作用。

④程序方法

在建设项目中，施工方法是否合理，施工工艺是否先进，施工操作是否正确，都将对工程质量产生重大的影响。大力推进采用新技术、新工艺、新方法，不断提高工艺技术水平和组织管理水平，是保证建设项目质量稳定提高的重要因素。

⑤环境。

环境条件是指对建设项目质量特性有重要影响的环境因素，环境条件往往对建设项目质量产生特定的影响。加强环境管理，改进项目技术和管理环境，是提高建设项目质量的重要基础。环境条件主要包括：项目技术环境和项目管理环境。在建设项目中的工程技术环境包括工程地质、水文、气象等环境，工程作业环境，工程管理环境，周边环境等。

2）建设项目质量控制常用方法。

在建设项目质量控制中，常用的统计方法有排列图、因果图、分层法、直方图、控制图、相关图和调查表等。其中排列图是根据质量缺陷所出现的频数大小，找出主要的质量缺陷；因果图用于分析质量问题的原因；分层法是将所收集的数据按不同情况和不同条件分组进行分析，找出解决问题的方法；直方图是根据质量数据所绘制的直方图，以图形与标准相对照来分析生产是否正常，质量是否稳定；控制图是根据质量数据是否超出控制界限和在控制界限范围内的排列情况来分析生产过程是否正常；相关图是通过分析两个因素之间是否存在相关性的方法，找出质量问题的原因；调查表用于调查资料数据，供进一步分析使用。

（2）建设项目的进度控制。

建设项目的进度是指项目在实施过程中，各阶段各部分工作的进展情况和项目最终完成的期限。

建设项目的进度控制是指项目管理者围绕目标工期的要求，编制计划，付诸实施，并且在实施过程中不断检查计划的执行情况，分析进度偏差原因，进行相应的调整和修改，将项目的计划工期控制在事先确定的目标工期范围之内，在兼顾质量、费用控制目标的同时，努力缩短建设工期。

不同主体的项目管理都有进度控制的任务，但是进度控制的目标和时间范畴不同。业主方的进度控制是控制整个项目实施阶段的进度，包括控制设计准备阶段的工作进度、设计工作进度、施工进度、物资采购工作进度以及启用前准备阶段的工作进度。设计方的进度控制任务是依据设计任务委托合同按设计工作进度的要求控制设计工作进度，尽可能使设计工作的进度满足项目招标、施工和物质采购等工作进度的要求。

在施工进度控制计划的实施过程中，由于各种因素的影响，常常会打乱原始计划的安排而出现进度偏差。因此，项目管理者必须对施工进度计划的执行情况进行动态检查，并分析产生进度偏差的原因，以便为施工进度计划的调整提供必要的信息。施工进度检查的主要方法是对比法，常见的有横道图比较法、S 曲线比较法、香蕉曲线法、前锋线比较法。横道图比较法是将在项目实施中检查实际进度收集的信息，经加工整理后直接用横道线平行绘制于原计划的横道线处，进行直观比较的方法，是最常用的方法。S 曲线比较法是一个以横坐标表示时间，纵坐标表示累计完成工作量情况的曲线图，然后将工程项目实施过程中各检查时间实际累计完成任务量的 S 曲线也绘制在同一坐标系中，进行实际进度与计划进度比较的一种方法。香蕉曲线法是由两条 S 曲线组合而成的闭合曲线，其中按各项工作最早开始时间绘制的 S 曲线称为 ES 线，按各项工作的最迟开始时间绘制的 S 曲线称为 LS 曲线，两条 S 曲线有相同的起点和终点，该闭合曲线形似“香蕉”，故称为香蕉曲线。前锋线比较法是通过绘制某检查时刻建设项目实际进度前锋线，进行工程实际进度计划比较的方法，前锋线比较法主要适用于时标网络计划。

通过检查分析，如果进度偏差比较小，应在分析产生进度偏差原因的基础上采取有效措施，解决矛盾，继续执行原进度计划。如果经过努力，确实不能按计划实现，再考虑对计划进行必要的调整。施工进度计划的调整方法主要有两种：其一是通过缩短网络计划中关键线路上工作的持续时间来缩短工期；其二是通过改变某些工作之间的逻辑关系来缩短工期。有时由于工期拖延得太多，还可以同时利用这两种方法对同一施工进度计划进行调整，以满足工期目标的要求。

(3) 建设项目的费用控制。

建设项目的费用即为工程总造价，建设项目的费用由设备工器具购置费、建筑安装工程费、工程建设其他费、预备费和固定资产投资方向调节税、建设期贷款利息组成。如图 9.1 所示。

建设项目的费用控制就是在建设项目投资决策阶段和施工阶段，把建设项目费用的发生控制在批准的投资限额以内，并随时纠正发生的偏差，以保证建设项目费用管理目标的实现。

建设项目的费用控制应针对不同阶段，参与科学的计算方法和切合实际的计价依据，合理确定投资估算、设计概算、施工图预算、承包合同价、结算价、竣工决算。上述各项之间相互制约、相互补充，前者控制后者，后者补充前者，共同组成费用控制的目标系

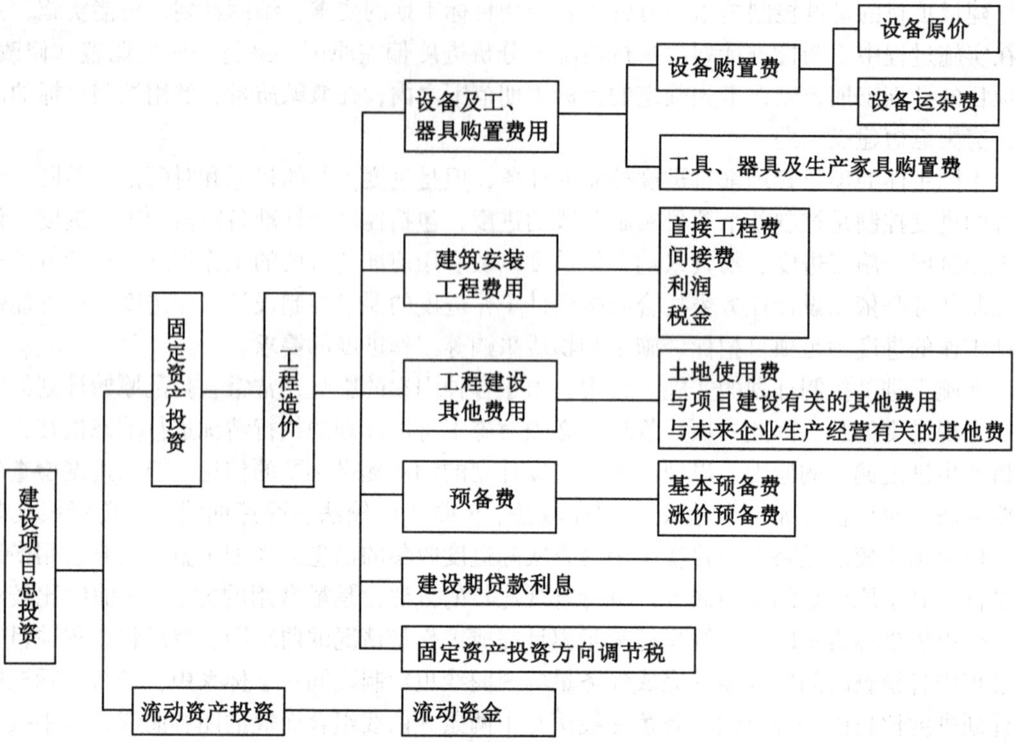

图 9.1　我国现行工程项目费用的组成框图

统。建设程序与相应各阶段概预算关系示意图如图 9.2 所示。

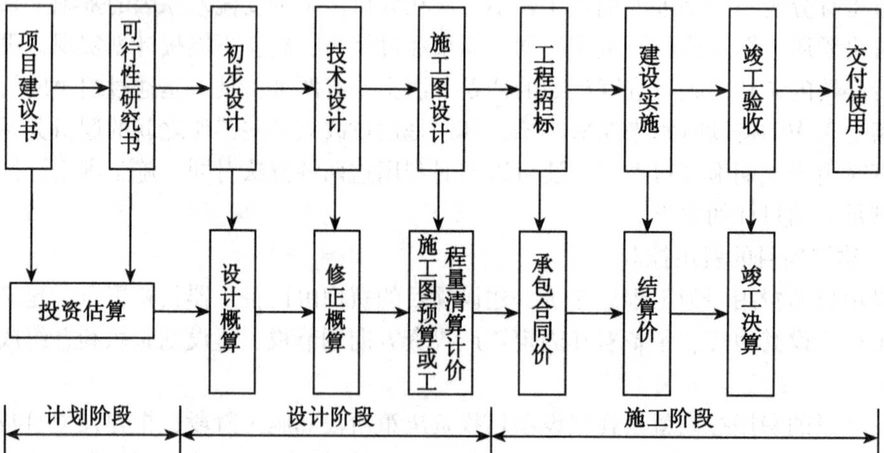

图 9.2　建设程序和各阶段工程造价确定示意图

①建设项目投资估算。

建设项目投资估算是指在项目投资决策过程中，依据现有的资料和特定的方法，对建设项目的投资额进行的估计。投资估算是项目决策的重要依据之一，是拟建项目编制项目建议书，可行性研究报告的重要组成部分。投资估算的准确与否不仅影响到可行性研究工作的质量和经济评价结果，而且也直接关系到下一阶段设计概算和施工图预算的编制，对建设项目资金筹措方案也有直接的影响。

具体估算时，一般可以分为动态、静态及铺底流动资金。动态投资部分的估算主要包括由价格变动可能增加的投资额，即涨价预备费和建设期贷款利息两部分内容，对于涉外项目还应考虑汇率的变化对投资的影响。静态投资部分的估算，根据已有资料和拟建项目的情况，可以采用生产能力指数法、比例估算法和朗格系数法。铺底流动资金估算是指项目建成后，为保证项目正常生产或服务运营所必需的周转资金的估算。铺底流动资金的估算对于项目规模不大且同类资料齐全的项目可以采用分项估算法，其中包括劳动工资、原材料、燃料动力等部分；对于大项目及设计深度浅的项目可以采用指标估算法。

②建设项目设计概算。

建设项目设计概算是初步设计文件的重要组成部分，是在投资估算的控制下由设计单位根据初步设计或扩大初步设计的图纸及说明，利用国家或地区颁布的概算指标、概算定额或综合指标预算定额、设备材料预算价格等资料，按照设计要求，概略地计算建设项目造价的经济文件。在报请审批初步设计或扩大初步设计时，作为完整的技术文件必须附有相应的设计概算。采用两阶段设计的建设项目，初步设计阶段必须编制设计概算；采用三阶段设计的建设项目，扩大初步设计阶段必须编制修正概算。

设计概算可以分为单位工程概算、单项工程综合概算和建设项目总概算三级。

③施工图预算。

施工图预算是施工图设计预算的简称，又称为设计概算。施工图预算是由设计单位在施工图设计完成后，根据施工图设计图纸、工程量清单、费用定额、预算定额或单位估价表、施工组织设计文件等相关资料进行计算和编制的单位工程预算造价的文件。

建设工程施工图预算是招投标的重要基础，既是工程量清单的编制依据，也是标底编制的依据；施工图预算是施工单位组织材料、机具、设备及劳动力供应的重要参考，是施工企业编制进度计划、统计完成工程量、进行经济核算的参考依据；也是施工单位拟定降低成本和按照工程量清单计算结果、编制施工预算的依据，是工程造价管理部门监督、检查执行定额标准，合理确定工程造价。测算造价指数的依据。

施工图预算有单位工程预算、单项工程预算和建设项目总预算。施工图预算的编制对象为单位工程，其编制成果即为单位工程施工图预算。将各单位工程施工图预算汇总，即为单项工程施工图预算，再汇总各所有的单项工程施工图预算，即为一个建设项目建筑安装工程的总预算。

施工图预算的编制方法可以分为工料单价法和综合单价法。工料单价法是目前施工图预算普遍采用的方法，该方法是以分部分项工程量乘以对应的定额基价，求出分项工程直接工程费，将分项工程直接费汇总后，再按相关规定计算措施费、间接费、利润、税金，最后汇总各项费用，即得到单位工程施工图预算造价。综合单价法是分部分项工程单价为全费用单价，该方法综合了人工费、材料费、机械费，相关文件规定的调价、利润、税金，现行取费中相关费用、材料价差，以及采用固定价格的工程所测算的风险金等费用，各分项工程量乘以综合单价的合价汇总后，即为工程发包、承包价。

施工图预算编制完毕后，需要认真进行审查，审查的重点应放在工程量计算、预算单价套用、设备材料预算价格取定是否正确，各项费用标准是否符合现行相关规定等方面。

④工程竣工结算。

工程竣工结算是指施工企业按照合同规定的内容全部完成所承包的工程，经验收质量合格，并符合合同要求以后，向发包单位进行的最终工程价款结算。工程竣工结算分为单位工程竣工结算、单项工程竣工结算和建设项目竣工总结算。

单位工程竣工后，承包人应在提交竣工验收报告的同时，向发包人递交竣工结算报告及完整的结算资料，发包人对其进行审查，经审查核定的工程竣工结算是核定建设工程造价的依据，也是建设项目验收后竣工决算和核定新增固定资产价值的依据。

建设项目投资控制的步骤是把计划投资作为建设项目投资控制目标值，定期将建设项目实施过程中的实际支出与建设项目投资控制目标进行比较，通过比较找出偏差值，在分析偏差产生原因的基础上，对将来的费用进行预测，并采取措施进行纠正，以确保投资控制目标的实现。建设项目投资控制的方法为挣值法。

（4）合同管理。

建设项目合同管理是指对合同的签订、实施进行过程管理，在进行合同管理时，要重视合同签订的合法性和合同执行的严肃性，为实现建设项目管理目标服务。

1）建设项目合同的类型。

建设项目合同类型可以按不同的标准加以分类。合同类型不同，其应用条件也不一样，合同双方责、权、利的分配也不一样，各自承担的风险也不同。建设项目合同按计价方式可以分为总价合同、单价合同和成本补偿合同。有时一个项目的不同分项有不同的计价方式。

①总价合同。总价合同有时称为约定总价合同，是指业主付给承包商的款额是合同中规定的金额，即总价，在这个价格下承包商完成合同规定的全部项目。总价合同一般有以下四种方式：固定总价合同、调值总价合同、固定工程量总价合同、管理费总价合同。总价合同的优点是：评标时一目了然，易于快速选定最低报价单位；在报价竞争状态下，易于快速确定项目总价，使发包单位对工程成本大致心中有数；承包商承担较多的风险。

②单价合同。采用单价合同的建设项目，一般是准备发包时，项目内容、设计指标尚未予以明确和具体的规定，或项目工程量前后可能有较大的出入。单价合同常见的有两种形式：估计工程量单价合同和纯单价合同。

单价合同的优点是：业主可以减少招标准备工作，无需花太多时间和精力完整、详尽地规定准备发包建设项目的工程范围，从而缩短招标准备时间；业主对工程总造价易于控制，结算时程序也较简单，只需调整合同中未规定的和不可预见的工程单价。此外，单价合同能有效激励承包商提高工作效率，从而节约工程成本提高其利润。

③成本补偿合同。成本补偿合同也称为成本加酬金合同，是指发包人负担全部工程成本，对承包人完成的工作支付相应酬金的计价方式。这种合同，发包人不易控制总造价；发包人承担了全部工程和价格风险；承包人在工程中没有成本控制的积极性，所以在施工中不注意精打细算，相反期望提高工程成本来提高自己的经济效益。在实际工程中，成本补偿合同的使用受到严格控制，适用于对工程内容及其经济指标尚未完全确定而又急于上马的工程。

成本补偿合同在实际应用中，根据工程和环境的不同，又有多种形式，常见的有以下几种：成本加固定费用合同、成本加定比费用合同、成本加酬金合同、成本加固定最大酬金合同。

④目标合同。目标合同作为一种合同形式，是规定总价合同和成本补偿合同的有利结合，在西方国家已广泛得到应用。合同中承包、发包双方约定承包人对工程目标（工程总成本、使用功能、工期目标）承担责任。若工程实际总成本低于合同中规定的总成本，则发包人与承包人按合同约定的比例分享节约部分；反之，超出部分由承包、发包双方按合同约定比例共同承担。若工程完工后，在一定时间内使用功能达不到合同规定，则按合同约定比例扣减合同价格。若达不到规定工期目标，则由承包人承担工期拖延违约金。

2）工程项目合同的主要合同关系。

由于建设项目的各个参与方在合同中的地位、责、权、利的不同，他们对合同管理的观点和内容也不一样。如图9.3所示，业主方的合同管理包括合同结构策划、合同签订的管理、合同履行管理。承包方的合同管理包括合同签订的管理、合同履行管理、合同索赔管理等。

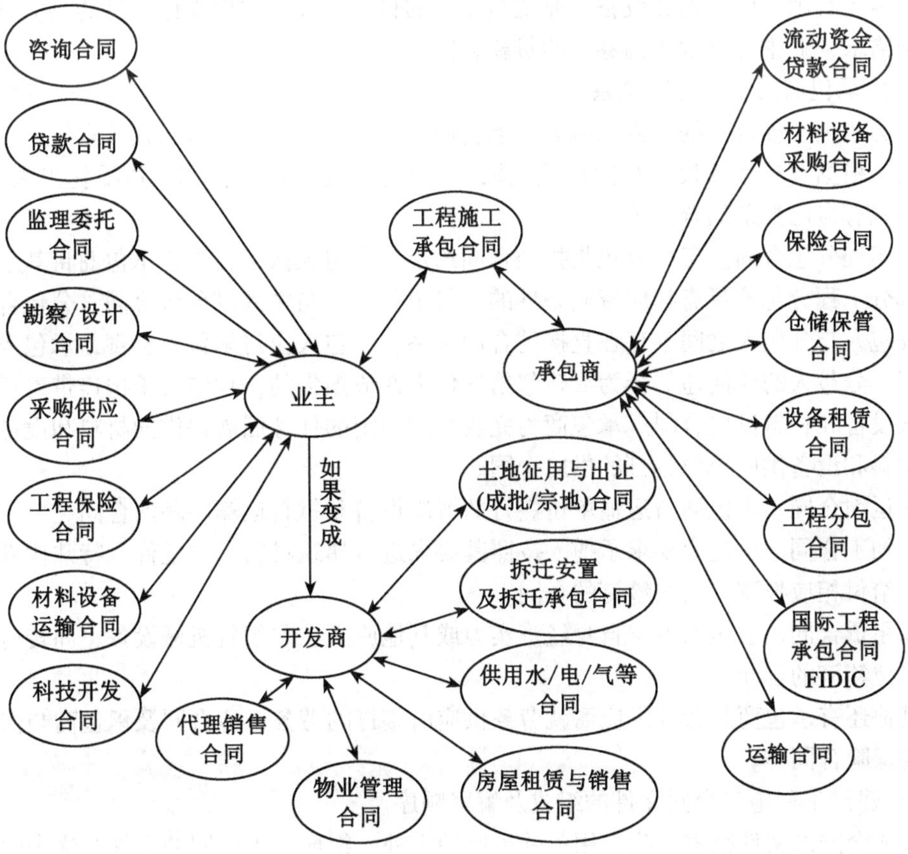

图9.3　工程建设中合同关系框图

〈1〉业主的主要合同关系。

业主作为项目的发包人，要将建设项目的勘察设计、施工、设备和材料的供应、运输等任务委托出去，由专门的单位来完成。因此，业主必须与相关单位签订各种合同，以确保建设项目的顺利实施。

①建设工程勘察、设计合同。建设工程勘察、设计合同是业主与勘察设计单位为完成一定的勘察设计任务，明确相互权利和义务关系的协议。

国家建设部和国家工商行政管理部门在2000年颁布了建设工程勘察合同的示范文本和建设工程合同的示范文本。按委托的内容分为勘察设计总承包合同、勘察合同、设计合同。

②建设工程施工合同。建设工程施工合同是业主与承包人（施工单位）之间为完成商定的建设项目的建筑施工、设备安装、设备调试、工程保修等工作内容，明确双方权利和义务关系的协议。

③建设工程委托监理合同。建设工程委托监理合同简称为监理合同，是指业主与监理人就委托的建设项目管理内容签订的明确双方权利和义务的协议。业主不仅是建设工程合同的发包人，也是监理合同的委托人。监理单位是指取得监理资质证书，具有法人资格的监理公司、监理事务所和兼承监理义务的工程设备、科学研究及工程建设咨询的单位。

其他还有因供应材料和设备，业主与相关的材料、设备供应单位签订的供应合同和由于融资需求，业主与金融机构签订的贷款合同。

〈2〉承包商的主要合同关系。

作为建设工程合同的一方当事人，承包商由于本身的技术力量、人员素质、专业配备等因素，根据《中华人民共和国建筑法》，可以将一些专业工程和工作委托出去，因此，承包商也有自己复杂的合同关系。

①工程分包合同。工程分包是指经合同约定和发包人认可，工程承包商将其承担的工程中部分工程分包给具有相应资质条件的分包单位，并与之签订分包合同。分包合同签订后，发包人与分包人之间不存在直接的合同关系，分包人应对承包人负责，承包人对发包人负责，分包人的任何违约行为或疏忽给发包人造成损失的，承包人承担连带责任。

②设备和材料供应合同。承包商为完成合同约定的任务而需提供的材料和设备，与相应的材料和设备供应单位签订的供应合同。

③运输合同。承包商与运输单位签订的解决设备和材料运输问题的合同。

④加工合同。承包商要求承揽人按照其要求进行建筑材料、构配件、特殊构件等的加工，并给付相应报酬，与之签订的合同。

⑤租赁合同。承包商由于自身经济实力或其他原因，需租赁机械设备、周转材料，与租赁单位签订的合同。

其他还有承包商与劳务供应商就劳务供应所签订的劳务供应合同及承包商与保险公司签订的保险合同等。

3）建设工程施工合同文件的组成及解释顺序。

组成合同的文件很多，除专用条款另有约定外，组成施工合同的文件及优先解释顺序如下：施工合同协议书，中标通知书，投标书及其附件，施工合同专用条款，施工合同通用条款，相关标准、相关规范及相关技术文件，图纸，工程量清单，工程报价单或预算书。

组成施工合同的文件应能互相解释，互为说明。合同履行中，承包、发包相关工程的洽商、报告等书面协议或文件也视为施工合同的组成部分。当合同文件中出现矛盾或不一致时，上面的顺序就是合同的优先解释顺序。

4）工程变更管理。

工程变更是指建设项目实施过程中，按照合同约定的程序对部分工程或全部工程在材料、工艺、功能、构造、尺寸、技术指标、工程量及施工方法等方面做出的改变。

①工程变更的范围。

根据FIDIC合同条款，在施工过程中，工程师认为有必要，可以对工程或其中任何部分的形式、质量或数量作出任何变更。工程变更可能来自许多方面，如业主、工程师或承包商等方面的原因，一般情况下主要是由业主所引起的。

工程变更内容可以涉及下面所列任何工作：增减合同中约定的工程量，删减合同中所包含的任何工作，更改有关部分的标高、基线、线形、位置和尺寸，更改有关工作的性质、质量及种类，改变有关工程的施工顺序或时间，其他有关工程变更需要的附加工作。

②工程变更程序。

工程实施过程中经常发生设计变更，施工中发包人需对原工程进行设计变更的，应提前14天以书面形式发变更通知给承包人，若变更超过原设计标准或批准的建设规模，发包人应报规划管理部门和其他相关部门重新审查批准，并由原设计单位提供变更的相应图纸和说明。

承包人按照工程师发出的变更通知和相关要求，进行所需的变更。发包人承担由此导致的工程价款的增减及造成的承包人的损失，并相应顺延延误的工期。

承包人未经工程师同意不得擅自对原设计进行变更，否则，承包人承担由此发生的费用并赔偿发包人的相关损失，延误的工期不予顺延。如图9.4所示。

合同履行中的其他变更（发包人要求变更工程质量标准及发生其他实质性变更）由双方协商解决。

③工程变更价款的确定。

工程变更价款的确定一般遵循以下原则：合同中已有适用于变更工程的价格，按该价格计算变更合同价款；合同中只有类似于变更工程的价格，可以参照该价格确定变更价格，变更合同价款；合同中没有适用或类似于变更工程的价格，由承包商提出适当的变更价格，经工程师确认后执行。

5）工程索赔管理。

工程索赔是指工程合同履行过程中，因合同当事人一方不履行或未正确履行合同，致使另一方受到经济损失或权利损害。受损失一方通过一定的合法程序向违约方提出经济或时间补偿的要求。

工程索赔是一种以法律和合同为依据的单方行为。只要存在因对方违约或违法造成自己的经济损失或权利损害，受损人都有权利向对方提出索赔。因此，不仅承包人可以向发包人索赔，发包人也可以向承包人索赔，索赔是双向的。

〈1〉索赔的种类。

按索赔的目的划分可以分为：工期索赔、费用索赔。工期索赔是指在工程实施过程中，因非承包人自身的原因造成的工期延期，承包人依法要求发包人延长工期的索赔。费

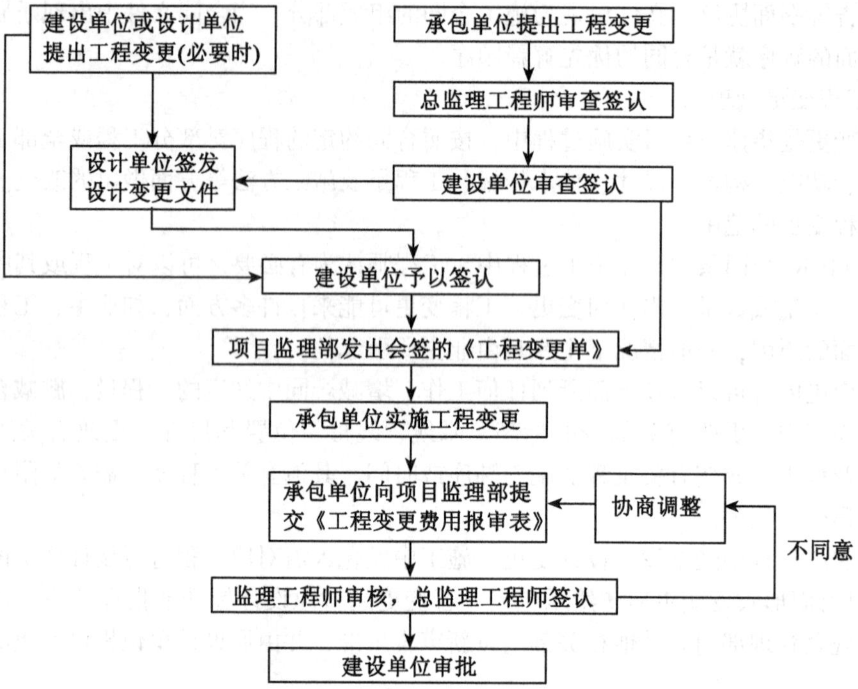

图9.4　施工阶段工程设计变更处理程序框图

用索赔是指因非承包人自身的原因造成的经济损失，承包人依法要求发包人给予费用补偿。

索赔的种类按处理方式划分可以分为单项索赔和综合索赔。单项索赔是指一项一项的索赔。每发生一件索赔事项，就进行索赔，不与其他索赔事件混在一起。综合索赔也称为一揽子索赔，是指待工程竣工或移交前，将发生在该项工程中的所有索赔事项合在一起进行索赔。在实际工程中，一般不提倡这种处理方式。因为索赔事项较多，涉及的问题较复杂，证据的收集、分析的难度较大，并且综合索赔值较高，双方意见很难达成一致。

索赔的种类按索赔依据的来源划分可以分为合同内索赔、合同外索赔、道义索赔。合同内索赔是指索赔时可以在履行的合同文件中找到依据，并可以根据合同中的违约规定和计算办法提出索赔要求。一般情况下，这种索赔容易处理。合同外索赔是指索赔时难以在合同文件中找到依据，只能从合同条文引申含义和合同适用法律或政府颁发的相关法规中找到依据。道义索赔是指承包人索赔时在合同内、合同外都找不到依据，没有提出索赔的条件和理由，但自认为有要求补偿的道义基础而提出补偿索赔要求。

索赔的种类按索赔事件的性质划分可以分为工程工期延期索赔、工程变更索赔、不可预见因素索赔、其他索赔。工程工期延期索赔，是指因发包人未能按合同约定提供施工条件或不可抗力等非承包人原因造成工期拖延，承包人对此提出索赔。工程变更索赔，是指因发包人或工程师指令发生工程变更，造成工期延长和费用增加，承包人对此提出的索赔。不可预见因素索赔，是指在工程实施过程中，发生了一个有经验的承包商通常不可预见的不利施工条件或障碍等引起的索赔。其他索赔，是指在工程实施过程中，国家政策、法律法规变化或物价上涨、汇率变化等引起的索赔。

〈2〉索赔的程序。

在实际工程中，索赔工作程序一般可以分为以下几个主要步骤：

①提出索赔。

在工程实施过程中，引起索赔的干扰事件一旦发生，承包人应在合同规定的时间内将自己的索赔意向用书面形式及时通知业主或工程师。我国建设工程施工合同条件和 FIDIC 合同条件都明确规定：承包人应在索赔事件发生后的 28 天内，以书面形式将索赔意向通知工程师。

我国建设工程施工合同条件及 FIDIC 合同条件都规定，承包人必须在索赔意向通知提交后的 28 天内或工程师可能同意的其他合理时间内，递交给工程师一份正式的索赔报告，索赔报告的内容一般包括：索赔事由，发生的时间、地点，简要的事实情况和发展动态，索赔的理由和根据，索赔的内容和范围，索赔额度的计算依据和方法等。

②工程师审核索赔报告。

工程师对承包人索赔的审核工作主要是两个方面：

其一是判断索赔事件是否成立。工程师判断承包人的索赔是否成立，主要考虑下面三个方面：与合同相对照，事件已造成了承包人实际的费用的额外增加或总工期延误；造成费用增加或工期延误非承包人自身责任（是指行为责任和风险责任）；承包人按合同规定在规定的期限内提交了索赔意向和索赔报告。

其二是审查承包人的索赔计算是否正确、合理，并在业主授权的范围内作出自己独立的判断。

我国建设工程合同条件规定：工程师在收到承包人递交的索赔报告后应于 28 天内给予答复或要求承包人进一步补充索赔理由和证据。若在收到承包人的索赔报告后 28 天内，工程师未予答复或对承包人作进一步要求，则视为该索赔报告已被认可，承包人的索赔要求已被默认。

〈3〉索赔的处理。

一般情况下，工程师经过认真分析，初步确定的索赔值与承包人索赔报告中要求的额度不一致，因此双方应就此进行协商。无论工程师与承包人协商达成一致，还是协商未果，工程师单方面做出的处理决定，只要批准给予补偿的赔偿金额和工期延长天数在业主授权范围内，则可以将该结果通知承包人，并抄送业主。补偿款项将记入下月支付工程进度款的支付证书内，业主将在合同规定的期限内给予支付，顺延的工期加到原合同工期中去。

〈4〉业主审查索赔处理。

当索赔额超过工程师权限范围时，必须报请业主批准。业主审查时，应根据事件发生的原因、责任范围、合同条款审核承包人的索赔申请和工程师的处理报告；对工程师的处理意见，业主一般根据工程项目建设的目的、投资控制、竣工投产期要求，结合承包人在施工中的缺陷或违反合同规定的情况来进行判定同意与否。

〈5〉承包人是否接受最终索赔处理。

对于最终的索赔处理决定，若承包人同意接受，则索赔事件的处理即告结束。若承包人不同意，就会导致合同争议，此时应根据合同约定，将索赔争议提交仲裁或诉讼，使索赔问题得到最终解决。工程师作为工程实施全过程的参与者和管理者，在仲裁或诉讼过程中，作为见证人提供证据，作答辩。

6）建设项目合同管理过程。

建设项目合同管理有利于提高工程建设的管理水平、有利于发展和完善建筑市场。我国目前在建设领域推行的各项改革，如项目法人负责制、招投标制和工程监理制，都是依据合同来规范工程项目各参与方相互之间的关系。特别是招投标制，体现了公开、公平、公正和诚实信用的原则，有效地避免和克服建筑领域中的经济违法和犯罪。因此，建设项目合同管理的健全和完善有利于发展和完善建筑市场。

建设项目合同管理工作过程如图9.5所示。

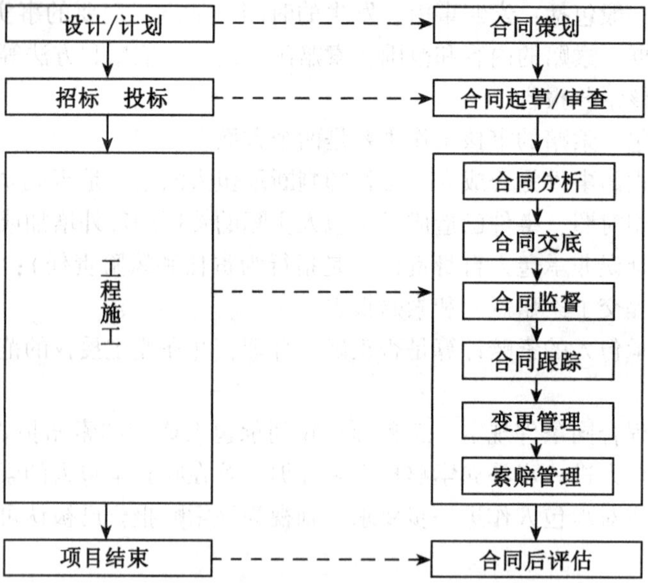

图9.5 建设项目合同管理工作过程框图

(5) 信息管理。

建设项目管理活动是一个动态的系统。在建设项目的建设过程中，大量的信息不断产生，并随着工程的进行而迅速增加，信息活动贯穿于项目管理的全过程。信息是项目控制的基础，又是项目控制的对象之一。信息是指导施工和工程管理的基础，要把管理由定性分析转到定量管理上来。信息是不可或缺的要素。

1）建设项目信息的构成。

建设项目信息量大，形式多样，来源广泛，主要有下列三种形式：文字图形信息（工程图纸及说明书、合同及各种信函、会议记录、图表等）；语言信息（汇报、指示、谈判、研究讨论等）；新技术信息（通过网络、电话、电传、录像、广播等现代化手段收集处理的一部分信息）。

2）建设项目信息的分类。

建设项目信息按目标划分可以分为投资控制信息、质量控制信息、进度控制信息和合同管理信息。

建设项目信息按来源划分可以分为项目内部信息和项目外部信息。

建设项目信息按项目管理功能划分可以分为组织类信息、管理类信息、经济类信息和技术信息类信息四大类。

在工程实践中，由于建设项目信息的复杂性，按照一定的标准，将建设项目信息予以分类，有助于根据项目管理工作的不同要求，提供适当的信息，对项目管理工作有着重要意义。

3）建设项目信息管理的内容。

所谓信息管理是指对信息的收集、加工整理、储存、传递与应用等一系列工作的总称。建设项目信息管理的内容包括：组织项目基本情况信息的收集并将之系统化，编制项目手册，项目报告及各种资料的规定，建立并控制项目管理信息系统流程，相应的文件档案管理工作。

建设项目信息管理贯穿于建设工程的全过程，衔接建设工程各个阶段、各个参建单位和各个方面。项目管理者应加强对信息的管理，充分利用和发挥信息资源的价值，提高信息管理的效率，实现有序的和科学的信息管理，以实现项目的质量目标、进度目标和费用目标。

（6）组织协调。

建设工程系统是由人员、物质、信息等构成的人为组织系统。由于参与建设项目的各方人员的工作经历、工作地位和工作作风、处事阅历、待事方式与方法等不尽相同，各参与方的任务、目标和利益各异，他们都企图指导、干预项目的实施过程，存在各种各样的冲突。项目管理者应采取多种沟通方式和各种系统措施，避免冲突的出现。

建设项目的组织协调就是在项目的各种界面（“人员/人员界面”、“系统/系统界面”、“系统/环境界面”）之间，对所有的活动及力量进行联络、联合和调和。为顺利实现建设项目的系统目标，必须重视组织协调工作，形成有效的协调机制，发挥系统整体功能。

9.1.3　建设项目管理的发展

1. 建设项目管理的发展历史

现代的建设项目管理产生于 20 世纪中叶，随着国防工程项目和民用工程项目的规模越来越大，应用技术越来越复杂，所需资源种类繁多，系统论、信息论、控制论逐渐被应用于建设项目管理中，极大地促进了项目管理理论与实践的发展。

20 世纪 70 年代，随着计算机技术的普及与进步，计算机辅助管理的重要性日益显露出来，因而计算机辅助建设项目管理或信息管理成为建设项目管理学的新内容。

20 世纪 80 年代，建设项目管理学在宽度和深度方面有了重大发展，组织协调和风险管理成为建设项目管理的重要内容。在进度控制和费用控制方面有了新的理论和方法。

20 世纪 90 年代和 21 世纪初，建设项目管理方面的理论和方法得到更大程度的发展，产生了大批研究成果。尤其是进度控制和费用控制方面出现了许多功能强大、比较成熟的商品化软件。

目前，国际上有两大项目管理研究体系，即以欧洲为首的体系——国际项目管理协会（IPMA）和以美国为首的体系——美国项目管理协会（PMA），在过去的数十年中，上述两大体系为推动国际项目管理现代化，做了大量卓有成效的工作，发挥了积极的作用。

我国对项目管理系统的研究和行业实践起步较晚。20世纪80年代初，我国开始接触建设项目管理方法。1984年左右，先后由西德、日本及其他发达国家，随着文化交流和项目建设，项目管理理论和实践经验陆续传入我国。

真正称得上项目管理在我国的开始是利用世界银行贷款的项目——鲁布革水电站引水系统工程。这项工程于1982年国际招标，1984年11月正式开工，1988年7月竣工。在4年多的时间里，实行项目管理，缩短了工期，降低了造价，取得了明显的经济效益。此后，我国的许多大中型工程相继实行项目管理体制。经过20多年的实践，建设项目管理在工程建设中的地位和巨大作用获得了广泛的共识。2000年1月1日开始，我国正式实施全国人民代表大会通过的《招投标法》，为我国项目管理的健康发展提供了法律保障。

2. 建设项目管理的发展趋势

随着人类社会在经济、技术、社会和文化等各方面的进步，建设项目管理理论与知识体系逐渐完善，现代化的项目管理出现了以下新的发展趋势。

（1）建设项目管理的集成化。

建设项目管理的集成化是指为实现建设项目既定的目标和投资效益最大化，利用项目管理的系统方法、模型、工具对建设项目相关资源进行系统整合，将项目决策阶段的开发管理，实施阶段的项目管理和使用阶段的设施管理集成为一个完整的项目全寿命周期管理系统，对建设项目全过程统一管理，即建设一个满足功能需求并在经济上可行的建设项目，确保满足投资商、项目的经营者和最终用户的要求，使项目尽可能创造最大的经济效益。

（2）建设项目管理的信息化。

伴随着计算机和互联网走进千家万户，以及知识经济时代的到来，建设项目的规模和要求出现了许多根本性的变化，建设项目管理工作日趋复杂。对建设项目实施全面规划和动态控制，需要处理大量的信息，并且要求及时、准确、全面。项目管理的信息化已成必然趋势。计算机和网络技术在建设项目管理中起着越来越重要的作用。建设项目管理信息系统涉及项目总体的计划、组织、领导、控制、评价等各个方面，具体包括质量控制、进度控制、费用估算与费用控制、材料控制与文件控制等多方面的控制和管理，并对项目的全过程实施动态管理和控制。计算机辅助建设项目管理可以极大地提高管理工作效率，提高建设项目管理水平。国内外许多项目管理公司已开始大量使用项目管理软件进行项目管理，同时还从事项目管理软件的开发研究工作。

（3）建设项目管理的专业化。

人类进入21世纪以后，信息化、网络化、经济全球化的特征日益显现。现代建设项目投资规模、涉及领域和复杂程度大大提高。建设项目管理的复杂性、多变性对建设项目管理过程提出了更新更高的要求，因此，职业化的项目管理者或管理组织应运而生，项目管理成为一门职业。在我国，建设项目领域的职业项目经理、项目咨询师、监理工程师、造价工程师、建造师，还有在设计过程中的建筑师、结构工程师等认证考试，即为建设项目管理人才专业化的体现。工程设计公司、工程咨询公司、工程监理公司、工程项目公司等专业的项目管理组织，也是建设项目管理专业化的体现。上述公司专门承接项目管理业务，提供全套的专业化咨询和管理服务。现在不仅发达国家建设项目依托项目管理，而且发展中国家建设大型的工程项目都聘请或委托项目管理（咨询）公司进行项目管理。由此可见，随着建设项目管理制度与方法的发展，建设项目管理的专业化水平还会不断提高。

(4) 建设项目管理国际化。

随着生产社会化、经济一体化和贸易自由化的国际社会发展趋势，建设项目管理的国际化正在形成潮流。一方面，随着我国改革开放的进一步加快，国民经济的快速发展，在国际经济市场的地位提升，在我国的跨国公司和跨国项目已经越来越多。许多大型项目均通过国际招标、国际咨询或BOT方式、ABS方式运作。另一方面，自从加入WTO后，我国行业壁垒逐渐被打破，国内市场国际化、国内外市场融合，国内企业在海外投资和经营的项目也在增加。建设工程市场的国际化必然导致建设项目管理的国际化。

此外，国内外项目管理委员会纷纷成立，相互之间的学术交流日益频繁，国际项目管理协会发挥着越来越大的作用。如美国项目管理学会在全球有数十个分会，有五万左右会员。我国项目管理委员会也加入国际项目管理协会（IPMA），成为会员单位。这些组织每年都进行许多行业性和学术性的活动，发行通讯和刊物，这是项目管理国际化趋势的另一体现。

9.1.4 建设项目的基本建设程序

1. 建设项目基本建设程序的概念

建设项目基本建设程序是指建设项目从构思、立项决策、设计、施工，直至投产和交付使用的整个过程中，各项工作必然遵循的先后工作次序。建设项目基本建设程序是工程建设工作客观规律的反映，由国家制定法规予以规定。建设项目基本建设程序是建设项目科学决策和顺利进行的重要保证。

2. 建设工程各阶段工作内容

按国家现行相关规定，我国一般大中型项目及大中型限额以上项目的基本建设程序，将建设活动分成以下几个阶段：

(1) 项目建议书阶段。

项目建议书是建设单位根据国民经济和社会发展长远规划，结合行业和地区发展规划，向项目的决策者和各级政府提出的要求建设某一工程项目的建设文件，是对建设项目的轮廓设想。项目建议书的内容视项目的不同有繁有简。

项目建议书的主要作用是推荐一个拟建项目，论述其建设的必要性、建设条件的可行性和获利的可能性，供国家决策机构选择或投资人决策并确定是否进行下一步工作。

项目建议书按建设规模分别报送相关部门审批。项目建议书批准后，可以进行项目可行性研究工作。

(2) 可行性研究阶段。

项目的可行性研究阶段是指在项目决策之前，对拟建项目在技术上是否可行、经济上是否合理、实施上是否可能进行科学的分析和论证。可行性研究的结果是编写可行性研究报告。

初步设计是根据可行性研究对所要建设的项目进行建设蓝图规划。初步设计不得违背可行性研究报告已经论证的原则。不得随意改变可行性研究报告中已确定的规模、方案、标准、项目地址及投资额等控制性指标。凡是需向银行贷款或申请国家资助的项目，必须提交项目的可行性研究报告，以供银行或国家相关部门审查通过后，方可获得相应融资。可行性研究是建设项目实施的依据，项目法人及项目主管部门依据批准的可行性研究报告，着手组织原材料、燃料、动力运输等供应条件和落实各项建设项目的实施条件，保证项目顺利实施。此外，可行性研究报告也是国家相关部门对固定资产投资实行宏观调控管理，编制发展规划，计划固定资产投资和技术改造投资的重要依据。由此可见，可行性研究工作在建设过程中起着极其重要的作用。为保证可行性研究报告的科学性、客观性和公正性，要坚持按可行性研究的程序进行研究，按国家规定的格式、内容进行实事求是地编写。

①可行性研究阶段。

可行性研究工作一般可以分为机会研究、初步可行性研究和详尽的可行性研究三个阶段。各个研究阶段的目的、任务、要求及所需时间和费用各不相同，其研究的深度和可靠程度也不同。如表 9-1 所示。

表 9-1　　可行性研究各阶段工作的目的和要求

研究阶段	研究要求	研究作用	估算精度	研究费用	需要时间/月
机会研究	编制项目建议书	为初步选择投资项目提供依据，批准后列入建设前期工作计划，作为国家对投资项目的初步决策。	±30%	0.25%～1.25%	1～3
初步可行性研究	编制初步可行性研究报告	判断是否有必要进行下一步详细可行性研究，进一步判明建设项目的生命力。	±20%	0.2%～1.0%	4～6
可行性研究	编制可行性研究报告	作为项目投资决策的基础和重要依据。	±10%	大项目 0.2%～1% 中小项目 1%～3%	8～12 或更长

虽然不同项目的可行性研究的范围及侧重点有所不同，深度和广度也不尽一致，但其主要目的是一致的，主要解决的问题也是相同的：一是分析拟建项目建设的必要性，这是可行性研究的先决条件和前提；二是讨论研究拟建项目的技术方案及其可行性，这是可行性研究的技术基础；三是分析研究项目生产建设的条件，这是可行性研究的物质基础；四是对拟建项目进行财务和经济评价，分析讨论拟建项目建设的经济合理性。这是可行性研究的核心部分，是决定项目投资命运的关键。

②可行性研究报告。

为保证可行性研究的质量，承担可行性研究工作的单位必须是具有法人资格的咨询单位或设计单位。可行性研究的基本内容和深度应根据国家相关规定确定。一般新建工业项目可行性研究报告应包括以下若干部分：

第一部分　总论。

综述项目概况，可行性研究的主要结论概要和存在的问题与建议。包括项目及其主体研究单位、项目研究工作依据、项目研究工作的概况、研究的结论与建议、主要技术经济指标列表等。

第二部分 项目背景和发展概况。

这一部分说明建设项目提出的背景、投资环境、项目建设投资的必要性和经济意义，项目投资对国民经济的作用和重要性，提出项目调查研究的主要依据，已进行的工作情况及成果，所论项目可行性研究的重点、难点等。

第三部分 市场分析和拟建规模。

这一部分阐述拟建项目国内外市场近期需求情况、销售预测、价格分析、产品竞争能力和市场前景，同时确定建设规模、技术的选择等。

第四部分 建设条件和项目地址选择。

通过前期分析论证的产品方案和建设规模，研究所需资源和原材料的供需状况、供应方式等，从地理位置、气象、水文、地质、地形条件、社会经济现状、交通运输、建设条件等方面，对建设地区和厂址进行技术经济分析、论证。

第五部分 项目工程技术方案。

这一部分主要研究项目技术的来源、工艺路线和生产方法，主要设备的选型及其相应的总平面布置图和工艺流程图等。在此基础上，对厂内外主体工程和公用辅助工程的方案进行分析论证。

第六部分 环境保护与劳动安全。

这一部分调查拟建项目建设地区的环境现状，分析拟建项目“三废”种类、成分和数量对环境的影响，在此基础上，分析论证治理方案和回收利用措施，提供加强劳动保护与安全卫生等相应的措施方案，对环境影响进行预评价。

第七部分 生产组织和劳动定员。

根据前期论证内容，研究生产管理体制、机构的设置、劳动定员的配备方案、人员培训的规划和费用估算。

第八部分 项目实施计划安排。

按建设程序对项目实施各个阶段的各个工作环节进行统一规划，选择整个工程项目实施方案和总进度，综合平衡各阶段各个环节所需时间和进度要求，编制项目实施进度表。

第九部分 经济效益的分析和评价。

计算项目所需的投资总额（包括固定资产投资总额、流动资金和无形资产的估算），分析制定项目资金来源和筹措方案，编制项目投资使用计划，对企业生产成本进行估算，对不同方案进行项目的财务评价、国民经济评价、社会效益评价和不确定性分析。

第十部分 评价结论与建议。

根据以上研究分析结果，论述建设项目的可行性，推荐一个以上的可行方案，提供决策参考，指出项目存在的问题，给出结论性意见和改进建议。

可行性研究报告的主要作用是为建设项目投资者的最终决策提供直接的依据，同时又是项目工程设计、项目融资等工作的依据。可行性研究报告得到批准，称为批准立项。

（3）设计阶段。

经批准立项的建设工程，业主单位一般应通过设计招标投标择优选择设计单位，设计单位按可行性研究报告中的相关要求，编制设计文件。一般项目进行两阶段设计，即初步设计和施工图设计。根据建设项目的不同情况，以及不同行业的特点和需要，有些工程，可以在两阶段之间增加技术设计阶段。

设计文件是安排项目建设和组织工程施工的主要依据，设计质量直接关系到建设工程的质量。国家规定，施工图设计文件应经相关部门审查。

(4) 建设准备阶段。

建设项目在开工建设之前要切实做好各项准备工作，包括：

①征地、拆迁和场地平整。

②完成施工用水、用电、用路等工作。

③组织设备、材料订货。

④准备必要的施工图纸，新开工的项目必须具备按施工顺序需要至少 3 个月以上的工程施工图纸。

⑤组织施工招标、投标，择优选择施工单位。

⑥取得项目施工许可证。业主单位必须在开工前向建设项目所在地县级以上人民政府建设行政主管部门办理建设项目施工许可证手续。

按规定进行了建设准备和具备了开工条件以后，建设单位可以申请开工。经批准进入下一个阶段。

(5) 施工安装阶段。

建设项目经批准新开工建设，项目即进入了施工安装阶段。这一阶段的主要任务是按设计进行施工安装，建成工程实体。施工安装包括土建工程施工、设备定制与安装。在整个施工期间，承建企业要完成项目设计文件中规定的全部房屋、设施、构筑物等建设任务；设备供应商也要完成订货设备的制造和安装任务；监理单位接受业主的委托，为其提供全过程的监理服务，确保建设工程的施工质量。

(6) 生产准备阶段。

对生产性建设项目而言，生产准备阶段是建设阶段转入生产经营阶段的必要条件。建设单位应适时组成专门班子或机构做好生产准备工作。生产准备工作的内容根据企业的不同而不同，如组建管理机构，制定相关制度和规定，人员培训，材料、设备等供应运输等。

(7) 竣工验收阶段。

建设工程按设计文件的规定内容和标准全部完成以后，便可以组织验收。竣工验收是考核工程建设成果、检验设计和工程质量的重要步骤，是投资成果转入生产或使用的标志。竣工验收合格后，建设项目方可交付使用。

(8) 建设项目投资后评价。

建设项目投资后评价是建设项目竣工投产、生产运营一段时间后，对项目的立项决策、设计、施工、竣工验收、生产运营等全过程进行系统评价的一种技术活动。通过建设项目投资后评价，才能及时总结建设项目管理各阶段的经验教训，不断提高建设项目的投资收益。

9.1.5　建设项目管理制度

建设项目管理是与我国建筑市场的建设和发展相结合的。我国建设管理体制作为整个国民经济管理体制的组成部分，也在不断地发展和完善。

从20世纪50年代初直至20世纪80年代，由于当时经济基础薄弱，建设投资和物资短缺，固定资产投资基本由国家统一安排计划，由国家统一财政拨款。当时，我国建设工程的管理基本上有两种形式：一种是建设单位自己组成筹建机构，对一般建设工程自行管理；另一种是由工程相关单位协调人员组成工程建设指挥部对重大建设工程进行管理。20世纪80年代我国进入了改革开放的新时期，在基本建设和建筑业领域国家采取了一系列重大的改革措施，如投资有偿使用、投资包干责任制、投资主体多元化、工程招投标制等。通过数十年来建设工程管理实践的反思和总结，我国建设项目管理体制有了很大的发展和完善。目前，已形成了我国工程建设项目管理体制的四大内容：即项目法人责任制、工程招标投标制、建设工程监理制、合同管理制。这些制度相互关联、相互支持，共同构成了建设工程管理体系。

1. 项目法人责任制

按照我国相关规定，为了建立投资约束机制，规范建设单位的行为，建设工程应当按照政企分开的原则，即由项目法人对项目的策划、资金筹措、建设实施、生产经营、债务偿还和资产的保值增值，实行全过程负责的制度。实行项目法人责任制，是建立社会主义市场经济的需要，是转换项目建设与经营机制、改善建设项目管理、提高投资效益的一项重要改革措施。

2. 建设工程监理制

1998年国家建设部发布了《关于开展建设监理工作的通知》(建设部［88］建字第142号)，明确提出要建立建设监理制度。1997年《中华人民共和国建筑法》以法律制度的形式作出规定，国家推行建设工程监理制度。2000年国务院颁发的《建设工程质量管理条例》(中华人民共和国国务院令第279号）中规定了“现阶段我国必须实行工程建设监理的工程项目范围。建筑工程监理应当依照法律、行政法规及有关的技术标准、设计文件和建筑工程承包合同，对承包单位在施工质量、建设工期和建设资金使用等方面，代表建设单位实施监督。”工程建设监理有利于规范工程建设参与各方的建设行为，对保证建设工程质量和使用安全有着重要作用。

我国实施建设工程监理的时间虽然不长，但已形成了一批专业化、社会化的工程监理企业及监理工程师队伍，已经发挥出明显的作用，为政府和社会所承认。

3. 工程招标投标制

招标、投标是市场经济条件下进行大宗货物的买卖以及服务项目的采购与提供时所采用的一种交易方式。建设产品作为商品，为择优选定勘察单位，设计单位，施工单位以及材料、设备供应单位，需要实行工程招标投标制，这是运用竞争机制来体现价值规律的科学管理模式。招标投标制是实现项目法人责任制的重要保障措施之一。

为了规范招标投标活动，保护国家利益、社会公共利益和招标投标活动当事人的合法权益，提高经济效益，保证工程项目质量，全国人民代表大会于1999年8月30日颁布了《中华人民共和国招标投标法》。该法的基本宗旨是，招标投标活动属于当事人在法律法规范围内自主进行的市场行为，但必须接受政府行政主管部门的监督。《中华人民共和国招标投标法》对招标范围和规模标准、招标方式和程序、招标投标活动的监督等内容作出了相应的规定。

实行建设项目的招标投标是我国建筑市场趋向法制化、规范化、完善化的重要举措，对于择优选择承包单位，全面降低工程总价具有十分重要的意义。

§9.2 建设监理

9.2.1 概述

建设工程监理制度是我国工程建设管理体制的一项重要改革。我国《工程建设监理规定》(建监（1995）737号）中明确规定：工程建设监理是指具有相应资质的监理单位受项目法人的委托，依据国家批准的工程项目建设文件、有关工程建设的法律、法规和工程建设监理合同及其他工程建设合同，对工程建设实施的监督管理。

我国建设工程监理制于1988年开始试行，5年后逐步推开，自1997年起建设监理在全国范围内进入全面推行阶段。我国实施建设工程监理的时间虽然不长，但已发挥出明显的作用，为政府和社会所承认。

9.2.2 建设监理的性质

1. 服务性

工程建设监理不同于业主的直接投资活动，也不同于承建商的直接生产活动，工程建设监理是监理人员利用自己工程建设方面的知识、技能和经验为建设单位提供高智能的监督管理服务，工程建设监理获得的报酬是技术服务性的报酬。建设监理行业属于第三产业。工程建设监理的这种服务性的活动是按工程建设监理合同进行的，是受法律约束和保护的。

2. 公正性

工程建设监理活动中最主要的当事人有业主、监理单位和施工承包单位三方。监理单位应当成为业主与承包商之间的公正的第三方，以事实为依据，以法律、法规和双方所签订的工程建设合同为准绳，能够以公正的态度，解决和处理业主和承包商之间的利益冲突或矛盾。公正性是工程建设监理工作正常和顺利开展的基本条件。

3. 科学性

工程建设监理应当遵循科学性准则，这是其任务决定的。工程建设监理单位只有采用科学的思想、理论、方法和手段，在目前工程规模日趋庞大，功能、要求越来越高，新技术、新工艺、新材料不断涌现，市场竞争日益激烈的情况下，才能完成好业主的委托任务，在计划的目标内完成好工程项目建设。

4. 独立性

在工程项目建设中，监理单位是独立的第三方，监理单位与业主、承建商之间的关系是平等的、横向的。作为独立的职业公司，要建立自己的组织，确定自己的工作准则，运用自己掌握的方法和手段，根据监理合同和自己的判断，按照独立自主的原则开展监理活动。在委托监理的工程中，监理单位与承建单位不得有隶属关系和其他利害关系。这种独立性是建设监理制的要求。

9.2.3 我国建设监理的特点

1. 市场准入的双重控制

我国对建设工程监理的市场准入采取了企业资质和人员资格的双重控制。工程监理企业应当按照其注册资本、至少有一定数量的取得监理工程师资格证书并经注册的职业技术人员和工程监理业绩，取得相应等级的资质证书后，才能在其资质等级许可范围内从事工程监理活动。

2. 工程建设监督管理有明确依据

我国的工程建设监理是严格按照国家法律、法规和其他相关准则实施的。建设工程监理应当依照国家批准的工程项目建设文件、有关工程建设的法律和法规、工程设计文件、有关的技术标准、工程建设监理合同和其他建设合同，对承包单位在施工质量、建设工期和建设资金使用等方面，代表建设单位实施监督。

3. 监理单位是建设监理的行为主体

监理单位是工程建设监理的行为主体，这是我国工程建设监理制度化的一项重要规定。工程建设监理的实施者是社会化、专业化的监理单位。只有监理单位才能按照独立、自主的原则，以公正的第三方的身份开展工程建设监理活动。任何非监理单位所进行的工程建设监督管理活动都不属于工程建设监理范畴。如业主的建设项目管理、施工方的项目管理、设计方的项目管理都不是工程建设监理。

4. 需要业主委托和授权

建设工程监理的实施需要建设单位的委托和授权，这是建设工程监理实施的前提。《中华人民共和国建筑法》中明确规定，建设单位与其委托的工程监理企业应当订立书面建设工程监理合同。这就决定了在实施工程建设监理的项目中，建设单位即业主与监理单位的关系是委托与被委托、授权与被授权的关系，决定了他们之间是一种委托与服务的关系。工程监理单位只能在规定的范围内行使管理权，合法地开展建设工程监理。

5. 是微观的监督管理活动

工程建设监理活动是一种微观性质的监督管理活动，是针对具体工程项目实施的，受业主委托紧紧围绕某项建设项目的投资和生产进行的监督管理，工程建设监理活动注重具体建设项目的实际效益。工程建设监理活动与政府进行的行政性监督管理活动有着明显的区别，后者对工程建设领域的监督活动是宏观的，主要是通过强制性的立法、执法来规范建筑生产。

9.2.4 工程建设监理的范围和内容

1. 工程建设监理的范围

2001年国家建设部颁布了《建设工程监理范围和规模标准规定》(86号部令)，规定了必须实行监理的建设工程项目的具体范围和规模标准。建筑工程实施强制性监理的范围包括：

(1) 国家重点工程、大中型公用事业工程；

(2) 成片开发建设的住宅小区工程；

(3) 利用我国政府或国际组织贷款、援助资金的工程；

(4) 国家规定必须监理的其他工程。

2. 工程建设监理的内容

工程建设监理总的工作内容是控制工程建设的投资、建设工期和工程质量，进行工程建设合同管理，根据工程实施的各种信息，协调相关单位的工作关系。在工程建设不同阶段，监理工作有自己的具体内容，只有实施全方位、全过程的监理，才能更好地发挥工程建设监理的作用。

(1) 建设前期监理的主要内容。

协助建设单位准备项目报建手续、项目可行性研究咨询、技术经济论证、编制工程建设匡算、组织设计任务书编制。

(2) 设计阶段监理的主要内容。

结合工程项目的特点，收集设计所需的技术经济资料、编写设计要求文件、组织工程项目设计方案竞赛或设计招标，协助建设单位选择好勘测设计单位，拟定和商谈设计委托合同内容，参与主要设备、材料的选型，审核工程估算和概算，审核主要设备和材料清单，审核工程项目设计图纸，检查和控制设计进度，组织设计文件的报批。

(3) 施工招标阶段监理的主要内容。

拟定工程项目施工招标方案并征得建设单位的同意，办理施工招标申请，编写施工招标文件，组织工程项目施工招标工作，组织现场勘察与答疑会并回答投标人提出的问题，组织开标、评标及定标工作，协助建设单位与中标商签订承包合同。

(4) 施工阶段监理的主要内容。

协助承包单位撰写开工报告，选择分包单位，审查施工组织设计和施工技术方案，检查工程使用材料和设备的质量，检查工程进度，签署工程付款凭证，检查安全措施，调整建设单位与施工单位之间的争议，组织工程竣工的初步验收，提出竣工报告，审查工程结算等。

(5) 保修阶段监理的主要内容。

检查工程情况，鉴定质量问题报告单，督促责任单位保修等。

9.2.5 建设项目监理工作制度

1. 建设项目立项阶段

(1) 可行性研究报告评审制度；

(2) 工程匡算审核制度；

(3) 技术咨询制度。

2. 建设项目设计阶段

(1) 设计大纲、设计要求编写及审核制度；

(2) 设计委托合同管理制度；

(3) 设计咨询制度；

(4) 设计方案评审制度；

(5) 工程估算、概算审核制度；

(6) 施工图纸审核制度;
(7) 设计费用支付签署制度;
(8) 设计协调会及会议纪要制度;
(9) 设计备忘录签发制度等。

3. 建设项目施工招标阶段

(1) 招标准备工作有关制度;
(2) 编制招标文件有关制度;
(3) 标底编制及审核制度;
(4) 合同条件拟定及审核制度;
(5) 组织招标实务有关制度等。

4. 建设项目施工阶段

(1) 施工图纸会审及设计交底制度;
(2) 施工组织设计审核制度;
(3) 工程开工申请制度;
(4) 工程材料、半成品质量检验制度;
(5) 隐蔽工程分项(分部)工程质量验收制度;
(6) 技术复核制度;
(7) 单位工程、单项工程中间验收制度;
(8) 技术经济签证制度;
(9) 设计变更处理制度;
(10) 现场协调会及会议纪要签发制度;
(11) 施工备忘录签发制度;
(12) 施工现场紧急情况处理制度;
(13) 工程款支付签审制度;
(14) 工程索赔签审制度。

9.2.6 监理工程师

1. 概述

监理工程师是一种岗位职务,是指经全国统一考试合格,获得监理工程师资格证书,并经政府相关部门注册取得国家注册监理工程师执业证书和执业印章,从事工程监理及相关业务活动的专业人员。

监理工程师是一种复合型人才,应具备以下素质:较高的专业学历、多学科的专业知识、较丰富的工程建设实践经验、良好的品德、健康的体魄和精力。只有这样,监理工程师才能对工程建设进行监督管理,组织、协调工程建设各参与单位共同完成工程建设任务。正因为如此,我国根据对监理工程师业务素质和能力的要求,对参加监理工程师执业资格考试的报名条件做了限制:取得工程管理及相关工程技术与经济专业大专以上学历,有一定工程设计、施工与管理方面工作经历年限。

监理工程师的注册有三种形式:初始注册、延续注册和变更注册。监理工程师经注册后,才具有相应的工作岗位的责任和权利。

2. 监理工程师的职业道德

我国监理协会制定的《监理人员工作守则》中指出：维护国家的荣誉和利益，按照“守法、诚信、公正、科学”的准则执业；执行有关工程建设的法律、法规、规范、标准和制度，履行监理合同规定的义务和职责；努力学习专业技术和建设监理知识，不断提高业务能力和监理工作水平；不以个人名义承揽监理业务；不同时在两个以上监理单位注册和从事监理活动，不在政府部门和施工、材料、设备的生产供应等单位兼职；不为监理项目指定承包单位、建筑构配件设备、材料和施工方法；不收受被监理单位的任何礼金；不泄露所监理工程各方认为需要保密的事项；坚持独立自主地开展工作。

3. 监理工程师的职责

总监理工程师是由监理单位法定代表人书面授权，全面负责委托监理合同的履行。主持项目监理机构工作的监理工程师。其主要职责有：

（1）确定项目监理机构人员的分工和岗位职责；

（2）主持编写项目监理规划，审批监理细则，负责监理机构的日常工作；

（3）审查分包单位的资质；

（4）检查和监督监理人员的工作；

（5）主持监理工作会议，签发相关文件和指令；

（6）审定施工单位提交的开工报告，施工组织设计，技术方案，进度计划；

（7）审核签署施工方的申请、支付证书和工程决算；

（8）审查和处理工程变更；

（9）主持或参加质量事故的调查；

（10）调解建设单位和施工单位的合同争议，处理索赔，审批工程延期；

（11）组织编写并签发监理月报、监理阶段工作总结、专题报告和项目监理工作总结、单位工程质量评估报告；

（12）审核签认分项（分部）工程和单位工程的质量检验评定资料；

（13）主持整理工程项目的监理资料。

专业监理工程师是根据项目监理岗位职责分工和总监理工程师的指令，负责实施某一专业或某一方面的监理工作，具有相应监理文件签发权的监理工程师。其主要职责有：

（1）负责编制本专业的监理细则；

（2）组织、指导、检查、监督本专业监理员的工作；

（3）审查施工方提交的本专业的计划、方案、申请、变更，并向总监理工程师提出报告；

（4）负责本专业分期工程验收及隐蔽工程验收；

（5）定期向总监理工程师提交本专业监理工作实施报告，重大问题的请示和汇报；

（6）根据本专业监理工作的实施情况做好监理日记；

（7）负责本专业监理资料的收集和整理，参加编写监理月报；

（8）核查进场材料、设备、构配件的原始凭证、检测报告，进行平行检查，合格时予以签认；

（9）负责本专业的工程计量工作，审核工程计量的数据和原始凭证。

9. 2. 7　监理单位

1. 概述

监理单位是指从事工程监理业务并取得工程监理企业资质证书的经济组织。监理单位的资质是企业技术能力、管理水平、业务经验、经营规模、社会信誉等综合性实力指标。工程监理企业应当按照所拥有的注册资本、专业技术人员数量和工程监理业绩等资质条件申请资质，经审查合格，取得相应等级的资质证书后，方能在其资质等级许可的范围内从事工程监理活动。

按照我国现行相关法律法规的规定，我国工程监理单位的组织形式有：公司制监理企业、合伙监理企业、个人独资监理企业、中外合资经营监理企业和中外合作经营监理企业。我国目前监理公司的种类有两种，即监理有限责任公司和监理股份有限公司。

2. 监理单位资质等级

按国家建设部令第 158 号《工程监理企业资质管理规定》，我国工程监理单位的资质按照等级分为综合资质、专业资质和事务所资质。专业资质分为甲级、乙级，其中房屋建筑、水利水电、公路和市政公用专业资质可以设丙级。综合资质和事务所资质不分级别。

工程监理企业资质等级标准如下：

（1）综合资质标准。

①具有独立法人资格且注册资本不少于 600 万元；

②企业技术负责人应为注册监理工程师，并具有 15 年以上从事工程建设工作的经历或者具有工程类高级职称；

③具有 5 个以上工程类别的专业甲级工程监理资质；

④注册监理工程师不少于 60 人，注册造价工程师不少于 5 人，一级注册建造师、一级注册建筑师、一级注册结构工程师或其他勘察设计注册工程师合计不少于 15 人次；

⑤企业具有完善的组织结构和质量管理体系，有健全的技术、档案等管理制度；

⑥企业具有必要的工程试验检测设备；

⑦申请工程监理资质之日前一年内没有规定禁止的行为；

⑧申请工程监理资质之日前一年内没有因本企业监理责任造成重大质量事故；

⑨申请工程监理资质之日前一年内没有因本企业监理责任发生三级以上工程建设重大安全事故或者发生两起以上四级工程建设安全事故。

（2）专业资质标准。

1）甲级。

①具有独立法人资格且注册资本不少于 300 万元；

②企业技术负责人应为注册监理工程师，并具有 15 年以上从事工程建设工作的经历或者具有工程类高级职称；

③注册监理工程师、注册造价工程师、一级注册建造师、一级注册建筑师、一级注册结构工程师或其他勘察设计注册工程师合计不少于 25 人次，其中，相应专业注册监理工程师不少于《专业资质注册监理工程师人数配备表》中要求配备的人数，注册造价工程师不少于 2 人；

④企业近 2 年内独立监理过 3 个以上相应专业的二级工程项目，但是，具有甲级设计

资质或一级及以上施工总承包资质的企业申请本专业工程类别甲级资质的除外；

⑤企业具有完善的组织结构和质量管理体系，具有健全的技术、档案等管理制度；

⑥企业具有必要的工程试验检测设备；

⑦申请工程监理资质之日前一年内没有规定禁止的行为；

⑧申请工程监理资质之日前一年内没有因本企业监理责任造成重大质量事故；

⑨申请工程监理资质之日前一年内没有因本企业监理责任发生三级以上工程建设重大安全事故或者发生两起以上四级工程建设安全事故。

2）乙级。

①具有独立法人资格且注册资本不少于100万元；

②企业技术负责人应为注册监理工程师，并具有10年以上从事工程建设工作的经历；

③注册监理工程师、注册造价工程师、一级注册建造师、一级注册建筑师、一级注册结构工程师或其他勘察设计注册工程师合计不少于15人次。其中，相应专业注册监理工程师不少于《专业资质注册监理工程师人数配备表》中要求配备的人数，注册造价工程师不少于1人；

④具有较完善的组织结构和质量管理体系，具有技术、档案等管理制度；

⑤具有必要的工程试验检测设备；

⑥申请工程监理资质之日前一年内没有规定禁止的行为；

⑦申请工程监理资质之日前一年内没有因本企业监理责任造成重大质量事故；

⑧申请工程监理资质之日前一年内没有因本企业监理责任发生三级以上工程建设重大安全事故或者发生两起以上四级工程建设安全事故。

3）丙级。

①具有独立法人资格且注册资本不少于50万元；

②企业技术负责人应为注册监理工程师，并具有8年以上从事工程建设工作的经历；

③相应专业的注册监理工程师不少于《专业资质注册监理工程师人数配备表》中要求配备的人数；

④具有必要的质量管理体系和规章制度；

⑤有必要的工程试验检测设备。

（3）工程监理事务所资质标准。

①取得合伙企业营业执照，具有书面合作协议书；

②合伙人中有3名以上注册监理工程师，合伙人均有5年以上从事建设工程监理的工作经历；

③具有固定的工作场所；

④具有必要的质量管理体系和规章制度；

⑤具有必要的工程试验检测设备。

3. 监理单位的业务范围

综合资质可以承担所有专业工程类别建设工程项目的工程监理业务。专业甲级资质可以承担相应专业工程类别建设工程项目的工程监理业务；专业乙级资质可以承担相应专业工程类别二级以下（含二级）建设工程项目的工程监理业务；专业丙级资质可以承担相应专业工程类别三级建设工程项目的工程监理业务。工程监理事务所资质可以承担三级建设工程项目的工程监理业务，但是，国家规定必须实行监理的工程除外。此外，各级工程监理企业都可以开展相应类别建设工程的项目管理、技术咨询等业务。

§9.3　建设法规

9.3.1 概述

工程建设是一项综合性技术经济活动，工程建设涉及面广，工期长，加上新型材料不断出现，技术发展速度快，质量要求高，项目实施较为困难。同时，工程的参加单位和协作单位较多，如果工程实施中有一家出现工作失误，就有可能会对其他方的工作产生干扰，影响整个建设项目目标的实现。所以，在工程建设中确定各方的权利和义务关系，规范各方行为，“深化立法，严格执法，强化监督”是一件刻不容缓的大事。

依法治国，建设社会主义法制国家，是我国社会主义建设的一项重要决策。迄今为止，我国已制定了大量法律法规，逐步将我国经济建设纳入法制环境。作为经济活动中不可或缺的工程建设活动的法律环境也日趋完善。自 1998 年以来，《中华人民共和国建筑法》、《中华人民共和国合同法》及《中华人民共和国招标投标法》的相继实施，标志着我国工程建设已步入法制轨道。

9.3.2　建设法规的概念

建设法规是我国国家权力机关或其授权的行政机关制定的，旨在调整国家及其机构、企事业单位、公民之间在建设活动中或建设行政管理活动中发生的各种社会关系的法律、法规的总称。

建设法规的调整对象是建设关系，即在建设活动中所发生的各种社会关系。包括建设活动中所发生的行政管理关系、经济协作关系和相关的民事关系。建设法规调整的三种关系，彼此之间既相互关联，又有其自身的特点。上述三种关系各自形成的条件不同，相应处理的原则和调整手段也不同，适用的范围和法律后果也不完全相同，所以相互之间既不能混同，也不能相互取代，也不能完全用一般的法律法规来调整，必须由建设法规来加以规范和调整。

建设法规的作用主要体现在以下三个方面：

（1）规范指导工程建设行为；

（2）保护合法建设行为；

（3）处罚违法建设行为。

9.3.3　我国建设法规体系

1. 我国建设法规体系的构成

我国建设法规体系是梯形结构，由五个层次组成。

（1）建设法律。

建设法律是建设法规体系的核心和基础，由全国人民代表大会及其常务委员会制定，由国家强制力保证执行，属于国务院建设行政主管部门主管业务范围的各项法律。一般由国家主席签发。如《中华人民共和国建筑法》。

（2）建设行政法规。

建设行政法规是国务院制定或核准发布的属于建设行政主管部门主管业务范围的各项法规，一般由国务院总理签发。如《建设工程质量管理条例》。

（3）建设部门规章。

建设部门规章是建设行政主管部门或其与国务院其他相关部门联合制定颁布的各种规章、技术规范等。一般由各部部长签发。

（4）地方性建设法规。

地方性建设法规是由省、自治区、直辖市人民代表大会及其常务委员会制定颁布或经其批准颁布的由下级人民代表大会或常务委员会制定的建设方面的法规，一般由各地方行政首长签发。

（5）地方建设规章。

地方建设法规是由省、自治区、直辖市人民政府制定颁布的，或经其批准颁布的，由其所管辖城市人民政府制定的建设方面的各种规章。一般由各地方行政首长签发。

由上述可知，建设法规体系是指把已经制定和需要制定的建设法律、建设行政法规和建设部门规章等衔接起来的一个相互联系、相互补充、相互协调的完整统一的体系。建设法规体系是国家法律体系的重要组成部分。组成这一体系的每一个法律除必须符合宪法的精神要求，对于基本法的相关规定，都必须遵循。与地位相等的法律、法规所确定的相关内容应相互协调，建设法规体系应覆盖建设活动的各个行业、各个领域以及工程建设的全过程，使建设活动的各个方面都有法可依。

2. 我国建设法规体系的规划

为了适应经济建设和社会发展的需要，填补我国建设立法的空白，1989 年国家建设部组织了建设法规体系的研究论证工作，并于 1991 年制定印发了《建设法律体系规划方案》，使我国建设立法走上了系统化、科学化的健康之路。随着社会经济的发展和客观形势的变化，根据具体问题和各地不同情况，《建设法律体系规划方案》所设置的法律、行政法规、部门规章等势必要做相应的调整，以使我国建设法规体系在实践中不断得以充实完善。

自 2003 年 5 月底，已制定颁布并现行有效的建设法律有《中华人民共和国城市规划法》、《中华人民共和国建筑法》、《中华人民共和国城市房地产管理法》3 部。建设行政法规 15 部，建设行政规章 88 部，地方性法规及地方建设规章则有数百部。

（1）建设法律。

①《中华人民共和国建筑法》；

②《中华人民共和国合同法》；

③《中华人民共和国招标投标法》；

④《中华人民共和国土地管理法》；

⑤《中华人民共和国城市规划法》；

⑥《中华人民共和国城市房地产管理法》；

⑦《中华人民共和国环境保护法》；

⑧《中华人民共和国环境影响评价法》。

(2) 建设行政法规。

①《建设工程质量管理条例》;

②《建设工程安全生产管理条例》;

③《建设工程勘察设计管理条例》;

④《中华人民共和国土地管理法实施条例》。

(3) 建设部门规章。

①《工程监理企业资质管理规定》;

②《注册监理工程师管理规定》;

③《建设工程监理范围和规模标准规定》;

④《建筑工程设计招标投标管理办法》;

⑤《房屋建筑和市政基础设施工程施工招标投标管理办法》;

⑥《评标委员会和评标方法暂行规定》;

⑦《建筑工程施工发包与承包计价管理办法》;

⑧《建筑工程施工许可管理办法》;

⑨《实施工程建设强制性标准监督规定》;

⑩《房屋建筑工程质量保修办法》;

⑪《房屋建筑工程和市政基础设施工程竣工验收备案管理暂行办法》;

⑫《建设工程施工现场管理规定》;

⑬《建筑安装生产监督管理规定》;

⑭《工程建设重大事故报告和调查程序规定》;

⑮《城市建设档案管理规定》。

9.3.4 建设法规的实施

建设法规的实施是指国家机关及其公务员、社会团体、公民贯彻落实建设法规的活动，包括建设法规的执法、司法两个方面。

1. 建设行政执法

建设行政执法是指建设行政主管部门和被授权或被委托的单位依法对各项建设活动和建设行为进行检查监督，并对违法行为执行处罚的行为。包括建设行政决定（行政许可、行政命令和行政奖励)、建设行政检查（实地检查、书面检查)、建设行政处罚（财产处罚、行为处罚)、建设行政强制执行。

2. 建设行政司法

建设行政司法是指建设行政机关依据法规的权限和法规的程序进行行政调解、行政复议和行政仲裁、以解决相应争议的行政行为。

9.3.5 建设工程法律责任

法律责任是行为人因违反法律义务而应承担的不利的法律后果。法律义务不同，行为人所需承担的法律责任的形式也不同。

1. 民事责任

民事责任是指行为人违反民事法律上的约定或者法定义务所应承担的对其不利的法律

后果，其目的主要是恢复受害人的权利和补偿权利人的损失。民事责任包括违反合同法的民事责任（违约责任）和侵权的民事责任（侵权责任）。

（1）违约责任。

违约责任是指合同当事人不履行合同或者履行合同不符合约定而应承担的民事责任。

（2）侵权责任。

侵权责任是指行为人不法侵害社会公共财产或者他人财产、人身权利而应承担的民事责任。

根据《民法通则》及相关司法解释的有关规定，工程建设领域较常见的侵权行为有：侵害公民身体造成伤害的侵权行为、环境污染致人损害的侵权行为、地面施工致人损害的侵权行为、建筑物及地上物致人损害的侵权行为。

《民法通则》第134条规定：承担民事责任的方式主要有：停止侵害，排除妨碍，消除危险，返还财产，恢复原状，修理、重做、更换，赔偿损失，支付违约金，消除影响，恢复名誉，赔礼道歉。这些方式可以单独使用，也可以合并使用。

2. 行政责任

行政责任是指有违反相关行政管理的法律规范的规定，但尚未构成犯罪的行为所依法应当受到的法律制裁。行政责任主要包括行政处罚和行政处分。

（1）行政处罚。

行政处罚是指国家行政机关及其他依法可以实施行政处罚权的组织，对违反经济、行政管理法律、法规、规章，尚未构成犯罪的公民、法人及其他组织实施的一种法律制裁。

在我国工程建设领域，对于建设单位、勘察单位、设计单位、施工单位、工程监理单位等参建单位而言，行政处罚是更为常见的行政责任承担形式。行政处罚包括警告、罚款、没收违法所得、没收非法财物、责令停产停业、暂扣或者吊销许可证或执照、行政拘留、法律、行政法规规定的其他行政处罚。

（2）行政处分

《中华人民共和国公务员法》第55条规定：公务员因违法违纪行为应当承担法律责任，依照本法给予处分。

行政处分分为：警告、记过、记大过、降级、撤职、开除。行政处分期间，不得晋升职务和级别，受到除警告以外的行政处分的，不得晋升工资档次。

3. 刑事责任

刑事责任是指犯罪主体因违反刑法，实施了犯罪行为所应承担的法律责任，是法律责任中最强烈的一种，其承担方式主要是刑罚，也包括一些非刑罚的处罚方法。

我国《刑法》第32条规定，刑罚分为主刑和附加刑。主刑只能单独使用，不能附加适用。一个罪只能适用一个主刑。附加刑是指补充主刑适用的刑罚方法，附加刑可以附加主刑使用，也可以单独使用。主刑分为管制、拘役、有期徒刑、无期徒刑、死刑。附加刑分为罚金、剥夺政治权利、没收财产。

工程建设领域的犯罪有以下几种：

（1）重大责任事故罪。

重大责任事故罪是指在生产、作业中违反相关安全管理的规定，或者强令他人违章冒险作业，因而发生重大伤亡事故或者造成其他严重后果的行为。

(2) 重大劳动安全事故罪。

重大劳动安全事故罪是指安全生产设施或者安全生产条件不符合国家规定，因而发生重大伤亡事故或者造成其他严重后果的行为。

(3) 工程重大安全事故罪。

工程重大安全事故罪是指建设单位。设计单位、施工单位、工程监理单位违反国家规定，降低工程质量标准，造成重大安全事故的行为。

(4) 串通投标罪。

串通投标罪是指投标人相互串通投标报价，损害招标人或者其他投标人利益，情节严重的行为，以及投标人与招标人串通投标，损害国家、集体、公民的合法权益的行为。

(5) 贪污罪。

贪污罪是指国家工作人员利用职务上的便利，侵吞、窃取、骗取或者以其他手段非法占有公共财物的行为。

(6) 受贿罪。

受贿罪是指国家工作人员利用职务上的便利，索取他人财物的，或者非法收受他人财物的，为他人谋取利益的行为。

(7) 行贿罪。

行贿罪是指为谋取不正当利益，给予国家工作人员财物的行为。

复习与思考题 9

1. 建设项目的特点是什么？对建设项目如何进行划分？
2. 建设项目管理的内容是什么？
3. 当前建设项目管理的发展趋势有哪些？
4. 什么是建设程序？建设程序的具体内容是什么？
5. 什么叫做建设监理制？
6. 试简述我国建设监理的特性。
7. 我国建设监理的内容是什么？
8. 何谓建设法规？试简述我国的建设法规体系构成。

第10章 房地产与物业管理

§10.1 房地产开发

房地产是构成各类经济实体的基本物质要素，是国家财富的重要组成部分。住房及其附属设施直接与广大民众的生产和生活密切相关。因此，房地产历来就在人类社会经济生活中占据着重要的地位。随着人类社会的进步、生产力的提高，房地产逐步成为现代社会经济大系统的有机组成部分，直接影响着社会消费、社会就业以及金融、信贷和各种相关产业发展等社会经济活动。房地产业作为一个独立的行业，在国民经济和社会发展中起着重要的作用。

10.1.1 房地产开发的含义

1. 房地产开发的含义

房地产又称不动产，房地产是土地及附着在土地上的建筑物、构筑物和其他附着物的总称。房地产分为两大类，即土地和建成后的物业。

房地产开发是以房屋和土地为主要内容的综合开发。房地产开发的主要内容是房产开发与地产开发。房产是建设在土地上的各种房屋；地产是土地及其包括的供水、供热、供电、供气、排水等地下管线以及地面道路等基础设施的总称。

房地产开发是以城市土地资源为对象，在依法取得国有土地使用权的土地上进行基础设施、房屋建设的行为。

房地产开发提高了土地使用的社会经济效益。单纯的土地尽管不能满足人们入住的需要，但是因为土地具有潜在的开发利用价值，通过在土地上继续投资，就可以最终达到为人类提供入住空间的目的。因此，土地属于房地产的范畴，是其中最重要的一个组成部分。通过房地产开发，能合理增加土地的使用强度，提高土地的使用价值。

2. 房地产开发的分类

（1）根据开发项目所在的位置，房地产开发可以分为城市新区房地产开发和旧城区房地产开发。

（2）根据开发项目的使用功能，房地产开发可以分为居住房地产开发、商业房地产开发、工业房地产开发、特殊用途房地产开发，如娱乐中心、赛马场、飞机场等。

（3）根据开发的形式，房地产开发可以分为定向开发、合作开发、单独开发、联合开发等。

（4）根据开发的规模，房地产开发可以分为零星地段的房地产开发和成片小区开发。

（5）根据开发的深度，房地产开发可以分为土地开发和服务开发。

10.1.2　房地产开发的程序

房地产开发投资量大，开发建设周期长，不确定因素多，因而风险大，房地产开发企业不能盲目地、仓促地开发项目，房地产开发要按一定的程序进行，使开发项目顺利地进行。

一般地，房地产开发可以分为四个阶段，即可行性研究阶段、前期工作阶段、建设实施阶段、房屋营销和服务阶段。

1. 可行性研究阶段

房地产开发项目可行性研究是房地产开发过程中首要的和最关键的工作。一般地，房地产开发项目应包括下列诸多方面内容：

（1）总论；

（2）市场调查和需求分析；

（3）开发项目场地的现状与建设条件分析；

（4）规划设计方案；

（5）项目的建设工期、进度控制和交付使用的初步安排；

（6）投资估算；

（7）资源供应；

（8）经济分析和财务评价；

（9）社会经济评价；

（10）结论。

其中，市场预测和建设条件的调查是可行性研究的前提；开发项目的规划设计方案是可行性研究的基础；经济评价是可行性研究的核心。需注意的是房地产开发项目可行性研究必须与开发场地的选择相结合。

2. 房地产开发项目的前期工作阶段

房地产开发项目前期工作阶段是具体落实开发方案，为开发项目建设实施做准备的阶段。

这一阶段的主要工作有：

（1）立项。

立项时提交项目建议书和可行性研究报告。

（2）申请建设用地规划许可证。

建设用地规划许可证是城市规划行政主管部门依据城市规划的要求和建设项目用地的实际需要，向提出用地申请的建设单位或个人核发的确定建设用地的位置、面积、界限的证件。

房地产开发项目确定后，开发企业必须向城市规划主管部门申请定点，由城市规划主管部门现场踏勘，广泛征求环保、消防、文物、土地管理等相关部门的意见，审查总平面图，核定用地面积，确定用地红线范围，提供规划设计条件，核发建设用地规划许可证。

（3）申请土地开发使用权。

房地产开发企业购置场地，是指其使用权，开发企业应向土地主管部门提出申请，城市建设行政主管部门或房地产行政主管部门应组织相关部门对开发项目的规划设计、开发期限、基础设施和配套建筑的建设、拆迁补偿安置等提出要求，并出具《房地产项目建设条件意见书》，其内容作为土地使用权出让合同的必备条款。

(4) 领取房地产开发项目手册。

城市政府及其土地主管部门批准开发企业提出的土地使用权出让申请后，双方签订土地使用权出让合同。开发企业在15日内到建设主管部门备案，领取房地产开发项目手册。

在房地产项目的实施过程中，开发企业要随时将开发项目的进展情况填入房地产开发项目手册，并定期报建设主管部门验核，以便于加强对房地产开发项目的动态管理。

(5) 拆迁安置。

为了开发项目后期工作顺利进行，开发企业取得开发场地后，要对该场地上现有的建筑物和构筑物进行拆除，对现有的住户进行搬迁安置，住户的拆迁管理部门按照相关规定对房屋拆迁工作实施监督管理，各相关单位应积极协助拆迁管理部门做好房屋拆迁工作。

(6) 项目融资。

房地产开发需要大量的资金，房地产生产、流通、消费的过程必须有金融机构的支持和服务，通过各种途径筹集资金。在开发项目的前期工作阶段，要进一步落实建设资金的筹措方式及渠道，以确保开发项目的顺利进行。

(7) 开发项目报建。

房地产开发企业委托规划建筑设计单位在原规划设计方案的基础上提出建筑设计方案，经城市规划管理部门和消防处、抗震办、人防部门、环保部门、供水供电管理部门审查通过后，再编制项目的施工图和技术文件，报城市规划管理部门及相关专业管理部门审批，取得建设工程规划许可证。

3. 房地产开发项目建设实施阶段

这一阶段，房地产开发企业的主要工作有办理开工审批手续，选择施工承包单位，选择工程监理单位，派驻代表和领导对房地产开发项目建设进行管理与控制，组织项目竣工验收。竣工验收后申请办理房地产产权登记。

4. 房屋营销和服务阶段

为缩短房地产开发的投资周期以及融资需要，在房地产开发项目可行性研究阶段就需研究制定房屋的销售计划。在实施阶段，可以通过媒体等中介做好销售广告和宣传工作，并及时进行房屋预售工作。若房地产开发企业进行房地产开发是为了长期投资，在开发项目竣工验收后便要开始出租，制定出租经营计划。

房地产销售或出租后，房地产开发企业可以成立或委托物业管理公司做好服务和管理工作，与当地派出所、居委会、绿化、环卫等部门联系，办理门牌号码、户口迁入、绿化、环卫和治安事项。

10.1.3 房地产产权

1. 房地产产权概念

房地产产权是指房屋所有权及其该房屋所占用的土地使用权，以及由此所产生的各种其他项权利的集合。房地产产权受国家法律保护。

2. 房地产产权类型

房地产产权类型是指按房地产权属的一定属性划分的房地产产权类别。具体类型如下：

（1）房地产所有权类型。

房地产所有权的类型由国家法律规定。

①土地所有权。依照《民法》和《土地管理法》，土地属于国家所有和集体所有。

②房屋所有权。我国房屋所有权除个人所有的房产外，基本上都是按法人的经济性质确定的。有以下几种：全民所有房地产所有权、集体所有房地产所有权、私有房屋所有权、外产所有权、中外合资房产所有权、国营集体合营企业房产所有权、股份制企业房产所有权。

（2）房地产使用权类型。

房地产使用权是指土地和房屋的使用者在法律允许的范围内，对土地或房屋的占有、使用和部分收益的权利。需要注意的是房地产使用权在房地产所有权与之分离的条件下，无权决定房地产的最终处置，只能依照法律和合同的规定转让使用权。

我国房地产所有权可以分为国有土地使用权、集体土地使用权和房屋使用权等。房屋使用权是指房屋使用权人依房屋使用权人的意志，在国家法律规定的范围内，经双方签订合同或租约取得对房屋的实际占有和使用的权利。

（3）房地产其他项权利

房地产其他项权利是指相互毗邻的所有权人或使用权人对各自的土地或房屋行使所有权或使用权时，因相互之间应当给予方便或接受限制而形成的权利和义务。

我国房地产其他项权利的主要类别有：

①抵押权。房地产房屋所有权和以出让方式取得的土地使用权可以设定为抵押权，如抵押贷款。

②地役权。我国《民法通则》规定，地役权是指在他人使用的土地或所有的房屋上取得通行、取水和排水的权利。

③租赁权。房屋及以出让方式取得的土地使用权可以出租，承租人有租赁权。

④典当权。产权人可以以商定的典价将房地产典给承典人，相互之间不收租金和典价利息。典当期满，房屋产权人退回典价，收回产权。若无力赎回，承典人享有房地产产权的权利。

⑤相邻采光通风权。

⑥相邻安全权。

⑦借用权。

⑧空中权。

⑨地上、地下权。

3. 房地产开发用地的类型

土地是房屋的基本生产要素，是房屋不可分离的物质构成要素。房屋依赖土地而存在，土地是房地产开发的前提。根据我国《土地管理法》和《城市房地产管理法》的规定，房地产开发用地必须是位于规划区内的国有土地。即位于城市规划区的，适合房地产开发企业有偿、有限期地进行基础设施和房屋建设使用的国有土地。

房地产开发用地根据用地不同的属性，从不同角度可以分为各种不同的类型：

（1）按照土地利用的性质和功能划分，可以分为居住用地、工业用地、公共设施用地、仓储用地、对外交通用地、道路广场用地、市政公用设施用地和绿地。

（2）按照人为投入形式和程度的不同可以分为生地、毛地和熟地。生地是指未经任何投资建设的自然地，如沼泽地、种植地、山地。毛地是指虽进行过投资但仍不能满足现时建设需要，需再开发的城市土地，或城区使用中不符合城市规划要求的土地等。熟地是指经过了开发方案的选择、规划与设计、场地平整、附属构筑物及基础设施建设阶段的土地。房地产开发企业一般根据自身的经营策略和实际状况、综合多种因素选择。

（3）按照土地区位，一般城市土地可以分为五种类型。

①城市郊区土地，是城市中土地区位较差的部分，适合作为居住区用地和经济开发用地；

②城市边缘区土地，适用于工厂、大专院校、住宅建设和集贸市场建设等。

③闹市区边缘地带土地，适用于无污染的工业和商业用地，部分可以作为学校、医院、住宅用地等。

④城市副中心区土地，适用于商业、各种服务业用地等。

⑤闹市区（商业集中区）土地，该地块区位最优，适用于商业、金融、信息、服务业用地等。

无论是哪种地块，房地产开发企业要取得开发用地，获取土地使用权的基本方式可以是出让或转让。土地使用权出让可以采用拍卖、招标或协议的方式。

我国《城市房地产管理法》中规定：土地使用权出让，有条件的应尽量避免采用协议方式，对商业、旅游、娱乐和豪华住宅用地，则必须采取拍卖、招标方式。在房地产开发活动中，土地使用权转让的方式有：买卖，合资、合作建房，交换，作价入股等。

10.1.4 房地产价格

1. 房地产价格的概念

房地产价格是房地产经济价值的货币表示，是由房地产的效用、房地产的相对稀缺性及对房地产的有效需求三者相互结合产生的。

房地产效用是指人们因占有、使用房地产感到满足的程度；房地产的相对稀缺性是指房地产现存数量有限，并且人们不能自由取用。正因为房地产作为特殊商品，有其效用，并且数量有限，不能像空气那样随时随地都能自由获得，人们具有需求的欲望，才愿意付出金钱代价去占有或使用它，从而产生房地产价格。

2. 房地产价格的种类

（1）按房地产的存在形态划分，房地产价格可以分为土地价格、建筑物价格和房地价格三种。

土地价格即地价，是指纯土地部分的价格。同一块土地，由于“生熟”程度不同，会有不同价格。

建筑物价格是指纯建筑物的价格。

房地价格即人们平常说的房价，是指建筑物连同其占用的土地的价格。

房地价格=土地价格+建筑物价格。

（2）按照表示单位的不同划分，房地产价格可以分为总价格、单位价格、楼地面价格三种。

房地产的总价格简称总价，是指一宗房地产的整体价格。总价格一般不能说明房地产价格水平的高低。

房地产的单位价格简称单价。对建筑物的单价来说，是指单位建筑物面积的建筑物价格。对房地产的单位价格来说，是指单位建筑物面积的房地价格。房地产的单位价格可以反映房地产价格水平的高低。

房地产楼面地价又称为单位建筑面积地价，是指平均到每单位建筑面积上的土地价格。

楼面地价＝土地总价格÷建筑总面积。

在实际生活中，楼面地价比土地单价更能说明土地价格水平的高低。

(3) 其他分类。除上述之外，房地产价格还有市场价格、理论价格和评价价格之分。在政府相关部门制定的房地产法规中，还有房地产的计划价格、指导价格、平均价格、成本价格、商品价格等。目前，常见的还有现房价、期房价等。现房价是指钱货即期可以交易的价格，期房价是指房地产的预售价格。

3. 房地产价格的影响因素

在现实生活中，不同房地产的价格有高有低，同一房地产的价格也有所变化。影响房地产价格的因素多且复杂，并且各因素之间并不是完全独立的，各因素对房地产价格的影响程度也是参差不齐的。

(1) 房地产自身条件。

房地产自身条件直接关系到价格的高低，如所处地理位置的优劣，地形、地质状况的好坏，建筑物的外观、朝向、结构、施工质量等。

在上述这些因素中，位置有自然地理位置、社会经济位置之分。如居住房地产的自然地理位置主要看周围环境状况、交通是否方便等。许多时候，房地产的自然地理位置虽然固定不变，但其社会经济位置却会发生变化，可能由于城市规划的修改，价格会发生变化。因此，在城市繁华地段，有“寸土寸金”的说法。

(2) 社会因素。

影响房地产价格的社会因素主要包括人口统计因素，社会政治治安状况，社会治安程度等。

1) 人口因素。

人是房地产的需求主体，人口的数量、质量和某地区人口迁移等对房地产价格影响较大，既有促进作用，又有阻碍作用。如人口数量增多，人口密度提高，有可能刺激商业、服务业等产业的发展，提高房地产价格；但是人口密度过高，造成生活环境恶化，有可能降低房地产价格。人口质量包括人口的身体素质、文化素质和技能素质。人类社会随着文明的发达，文化的进步，公共设施必然日益宽敞舒适，从而导致房地产价格趋高。如我们目前许多成功人士开发的商务区，房地产价格就会趋高。

2) 社会治安状况。

社会政治安定，治安环境良好，则人人稳定，人们的生命财产得以保障，人们安于投资、置业。房地产价格上涨；反之，社会动荡不安，经常发生偷盗、抢劫等犯罪案件，人们购置房地产的欲望降低，房地产价格低落。

3) 社会经济因素。

社会经济因素是指国民经济发展的总概况。国内经济方面，主要包括经济发展速度、经济结构、物价水平、利率、居民收入、就业水平等。这些因素对房地产价格的影响较为复杂。

国家经济发展速度快，预示着投资、生产活动活跃，各种固定资产投资数量多、规模大，引起房地产价格上涨。居民的收入水平与消费能力呈正比，除了生活上的改善，衣食之余，希望提高居住水平，所以房地产需求扩大，自然促使房地产价格的上涨。物价水平是宏观环境经济因素中一个敏感因素。物价的变动可以引起房地产价格的变动，如建筑材料、半成品价格上涨会引起建筑物、构筑物成本增加，从而引发房地产价格上涨；食品价格上涨，建筑工人人工费增加，也可能引起房地产价格上涨。

4）社会政治因素。

社会政治因素是指一个国家、一个地区的政治制度、体制、政府方针、政策等方面，这些因素主要涉及：国家的政治与经济体制，政府的方针、路线、政策，政府对经济的干预，对市场的宏观调控，国家的产业发展政策，国家的投资体制改革的决定，国家的财政、货币、物价政策，国家利用外资和允许外资进入行业的相关规定等。

①土地制度。

土地制度对土地价格的影响也许是最大的。在允许地价存在的制度中，科学合理的土地制度和政策，可以刺激土地利用者或投资者的积极性，促进和带动土地价格上涨，从而推动房地产价格上涨；反之，房地产价格下降。

房地产开发企业若征用的是农用土地，农用土地征用费由土地补偿费、安置补助费、土地投资补偿费、土地管理费、耕地占用税等组成，并按被征用的土地原有用途给予补偿。征用耕地的补偿费用包括土地补偿费。安置补助费以及地上附着物和青苗补偿费。征用其他土地的土地补偿费和安置补助费，由省、自治区、直辖市参照征用耕地的土地补偿费和安置补偿费的标准规定。征用城市郊区的菜地，征用地单位应当按照国家相关规定缴纳新菜地开发建设基金。

房地产开发企业征用的国有土地，应交纳的国有土地使用费包括：土地使用权出让金，城市建设配套费、拆迁补偿与临时安置补偿费等。

②住房制度。

国家的住房制度对房地产价格的影响也是最大的。改革住房制度，推进住房商品化，房地产价格已表现出来。现在“廉租房”、“经济适用房”政策在一定程度上，抑制了房地产价格的快速上涨。

③税收政策。

国家制定的不同的课税种类和税率，对房地产价格的影响是不相同的。如国家税法规定的应计入建筑安装工程造价的营业税、城市维护建设税及教育附加费等。

目前，我国建筑安装工程造价中的营业税税额为营业额的3%；城市维护建设税按纳税人所在地的不同而不同：所在地为市区的，按营业税的7%征收；所在地在县、镇的，按营业税的5%征收；所在地为农村的，按营业税的1%征收。教育附加费税额为营业税的3%，以前根据国家产业政策还要征收固定资产投资方向调节税。目前。这项税已暂停征收。这些直接或间接的对房地产课税，实际上是减少了房地产的收益，因而造成房地产价格低落。

④房地产价格政策。

国家对房地产价格的宏观调控政策，采取的措施不同，影响房地产价格起伏变化的速度和幅度不尽相同。如建立一套房地产交易管理制度，征收房地产交易税或增值税，推出限价房，制定某个标准价格，作为房地产交易时的参考等。

⑤城市及村镇建设规划。

城市规划是指城市人民政府为了实现一定时期内本市的经济和社会发展目标，事先依法制定的用以确定城市的性质、规模和发展方向，城市土地的合理利用，城市的空间布局和城市设施的科学配置的综合部署及统一规划。城市的建设与发展是一项庞大的系统工程，这项工程涉及城市的政治、文化、经济、社会等各个领域，并与人民大众的日常工作、生活息息相关。好的城市规划中的规定用途、容积率、覆盖率、建筑高度、土地的健康协调利用等，对房地产价格有一个好的促进作用；反之，城市规划不合理，造成人口过分集中，居住十分拥挤、城市基础设施紧张、交通堵塞不畅、环境日益恶化等一系列问题，会使房地产价格有所低落。

5）法律因素。

房地产开发是一项涉及面很广的城市建设活动。房地产开发涉及的部门有规划、勘察、设计、施工、市政、供电、电信、商业、服务、房管、人防、文教、卫生、园林、环卫、金融以及行政等十几个部门、上百个单位。为了规范各参与单位和人员的建设行为，促使房地产开发按照城市规划配套地进行，充分发挥投资效益，我国制定了以下与工程项目建设有关的法律法规：

《民法通则》、《公司法》、《合伙项目法》、《中外合资项目法》、《项目破产法》；

《劳动法》、《合同法》、《反不正当竞争法》、《产品质量法》；

《消费者权益保护法》、《环境保护法》、《水污染防治法》、《劳动保护法》；

《国土法》、《城市规划法》、《建筑法》、《招投标法》、《房地产管理法》、《市政公用事业法》、《住宅法》；

《电力法》、《水法》、《各类知识与工业产权法》，如《商标法》、《专利法》等；

《海关法》、《进出口商品检疫检验法》；

《税法》、《银行法》、《保险法》、《社会保障法》、《就业法》等。

国务院（各部委）、各地政府颁布的法规与条例：项目资质管理的条例、建设工程质量管理条例、城市绿化管理条例等。

上述这些法律、法规和条例的颁布执行，对于规划整个建筑市场，维护房地产市场的秩序，促进房地产价格稳中有序的变化，具有积极作用。

6）科技因素。

在科学技术日新月异的今天，科学技术创新层出不穷，一个国家或地区的科技事业的发展，给房地产开发与经营带来无限商机。新材料、新能源技术、通信技术等得到了广泛的应用。近年来，随着人们对环境保护和可持续发展意识的加强，环境保护的各项技术、节能节材、节水技术蓬勃发展，为房地产开发带来新的活力。节能住宅、智能建筑、绿色建筑等项目的开发，带动了房地产市场，使房地产价格有所上涨。

7）环境因素。

房地产所处地区周围的物理性状因素对房地产价格也有影响，如大气环境、水文环境、视觉环境等，环境优秀、空气质量好、噪声小、周围绿化、广告标牌等形成的景观令人赏心悦目，这些地方的房地产价格通常较高。

8）供求状况。

房地产价格同其他物品一样，受供求关系的影响。若供给一定，需求增加，则房地产价格上升；需求减少，则价格下跌。若需求一定，供给增加，则价格下跌；供给减少，则价格上升。由于房地产的区域、类型等不同，一般决定某一房地产价格水平高低的，主要是本地区同类房地产的供求状况。

当然，影响房地产价格的因素还有其他方面，如突发的公共事件、炒房者的涌入、房产拥有者的资金急缺，等等。

10.1.5 房地产估价

1. 房地产估价的定义

房地产市场是一个不完全市场，普通大众不易识别和判断房地产的适当价格，需要有专业估价人员遵循房地产价格形成和运动的客观规律，提供正确的市场信息，以便维持房地产的合理交易秩序，促进房地产公平交易，便于政府部门的管理。

以房地产为对象，根据估价目的，遵循估价原则和估价程序，综合分析各种影响因素，对房地产客观合理价格的估计、推测或判断，即为房地产估价。

2. 房地产估价的原则

房地产估价的原则是房地产专业估价人员及其相关人员在进行房地产估价时应遵循的基本行为准则。

（1）公正性原则。

公正性原则是指房地产估价人员在进行估价时，必须站在公平、公正的立场上，采用科学的方法，做出一个客观合理的价格。这既是对房地产估价工作的基本要求，也是对房地产估价人员基本素质的要求。房地产估价人员必须公正清廉，绝不能有任何私心杂念。房地产估价人员若与估价对象房地产商存在利害关系或是当事人的近亲属，则必须回避。

（2）现时性原则。

房地产市场是不断变化的，房地产价格具有很强的时间性，房地产价格是某一个时点的价格。对房地产估价时所采用的数据、资料、依据等必须是现时的或现行的。因为在不同时点，同一宗房地产往往会有不同的价格。如政府有关房地产方面的法规、标准、税收等的发布、变更、实施日期等，对房地产价格都有影响。

（3）均衡原则和适合原则。

均衡原则是进行房地产估价时以房地产内部构成要素的组合是否保持均衡，以判断房地产的最高最佳使用。适合原则是以房地产对外部环境是否保持均衡，以判断其最高最佳使用。当一宗房地产内部结构合理、尺寸大小、外形、高低都适当，且周边环境或设施与其使用功能相呼应，即该房地产内部构成要素有最适合的组合，且有与之最协调的外部环境，此时房地产处于最佳最高使用状态，估价时对其价格要有所体现。

（4）替代原则。

在进行房地产估价时，若遇到同一地区已有相同类型、相近效用条件基本相同的房地产价格存在，则可以在此基础上，结合所估房地产的具体情况，做适当的修正，推断出房地产的价格。

3. *房地产估价方法*

房地产估价的方法很多，如路线价法、市场比较法、分配法、收益法、成本法等。其中市场比较法、收益法、成本法三种适用范围广，被普遍采用。

市场比较法是以最近类似房地产已经发生交易的价格加以修正，得出所估房地产价格的方法。

收益法是运用经济学知识，把所估价的房地产未来各期的正常纯收益折算到估价时点上的现在价值之和，即为所估房地产的价格。该方法适用于有收益或潜在收益的房地产的估价，并要对货币的时间价值原理比较清楚。

成本法是按照所估房地产开发或建造所需的必要费用，再加上正常的利润和应缴纳的税金，作为所估房地产价格。但应注意，估价时不能用实际成本，必须用客观成本，并考虑估价时点的供求关系，最终确定房地产价格。

10.1.6　房地产金融

房地产金融是随着商品经济的发展而发展起来的，作为商品经济的组成部分，房地产金融与金融业有着密切的联系。房地产金融作为一种特殊的金融形式，在现今社会普遍存在。

广义的房地产金融是指为房地产业及其相关部门筹集资金、融通资金、清算资金并提供相应服务的一切金融行为；狭义的房地产金融是指金融直接服务于房地产业的行为。

发展房地产金融，能促进房地产市场和金融市场的培育，促进房地产业和金融业的迅速发展，能筹集和融通社会闲散资金，充分发挥信贷利率和结算等金融杠杆作用，建立和管理住房基金调剂资金余缺，提高资金效益，支持房地产开发与经营，使房地产成为国民经济重要的支柱产业。

房地产金融活动要有相应的金融机构来组织，我国的房地产金融机构有专业房地产金融机构和兼营房地产的金融机构，如中国建设银行，中国工商银行、中国农业银行，在许多城市乡镇建立了房地产信贷部，专门从事房地产金融业务，还有保险公司等。随着房地产业的进一步发展，各种房地产金融机构、各种新型的房地产金融业务将不断涌现。

10.1.7　房地产市场

狭义的房地产市场是指以房地产为交换内容的场所；广义的房地产市场是指房地产在商品流通领域中各种交换方式和交换活动的总和。

按照业务内容不同，房地产市场可以分为四类：房地产开发市场，房地产买卖市场，房地产交易市场，房地产租赁市场。

按照交易的顺序和类型不同，房地产市场可以分为一级市场（土地出让市场），二级市场（出让土地后的第一次转让），三级市场（通过转让获得的房地产再转让），四级市场（与房地产相关的抵押、保险、证券市场）。

10.1.8　房地产经纪人

房地产经纪人是指受客户委托，收集、加工、提供房地产信息，从事房地产居间、行纪或代理业务，从中获取佣金作为报酬的公民、法人和其他经济组织。

房地产经纪人在房地产交易中，凭自身的信誉以及自己对房地产专业知识、房地产交易程序和房地产供求信息的掌握来为交易双方当事人服务。根据国家工商局颁布的《经纪人管理办法》的规定，经纪人有个体经纪人、经纪人事务所和经纪公司三种组织形式。虽然我国房地产经纪业的兴起时间不长，但房地产经纪人在活跃房地产市场、促进房地产交易、规范房地产交易行为、维护房地产市场秩序等方面发挥了显著作用。

国家对房地产经纪业的管理主要是通过经纪人从业资格的确认、从业记录的考核和执业资格的注册登记等方式进行的。房地产经纪人除接受行业主管部门的行政管理外，还受自己的行业协会，如房地产经纪人协会、房地产中介协会等行业自律组织的管理和约束。

随着商品经济的发展，市场的细分和日益专业化，房地产市场的日益规范和健康，房地产市场对经纪人的要求越来越高。广博的科学文化知识是房地产经纪业务的内在要求，很难想象，一位知识贫乏、视野狭窄的房地产经纪人能在现在商品经济的大舞台上取得成功和胜利。所以，房地产经纪人必须具备一定的知识结构。如表10-1所示。

表10-1　　房地产经纪人必须具备的知识结构

基本经济理论	宏观经济学
	微观经济学
法律方面的有关知识	民法
	经济合同法
	税法
	房地产投资与交易法
	反不公平竞争法
	经纪人法
专业知识	房地产市场及营销的相关知识
	房地产估价的相关知识
	心理学的有关知识
	计算机知识

尽管我国房地产经纪业有了一定程度的发展，但是，总体来说，房地产经纪业仍是当前我国房地产市场发育中的一个薄弱环节。因此，为了充分发挥房地产经纪人的特殊作用，需要结合我国近几年的经纪实践，借鉴国外、港澳台地区发展房地产经纪业经验的基础上，建立一个与我国国情相适应的房地产经纪人制度，规范房地产经纪人的经纪行为，使其在活跃、繁荣房地产市场方面发挥积极作用。

§10.2　物业管理

物业管理是我国房地产业发展到一定阶段的必然产物。售后服务是市场竞争的需要。

是广大购房者在购房前必须考虑的先决条件。良好的物业管理可以使房地产开发企业在房地产经营中得到大笔的利润和无形的资本——社会信誉、良好的企业形象，名利双丰收。因此，凡是重视开展物业管理的房地产开发公司必然经营效益好。

10.2.1 物业管理的基本概念

物业管理起源于英国。由于其具有高效、先进、保障性强的优点，已迅速普及到世界各国。国际上通行的物业管理已运行了一个多世纪，而我国内地的物业管理才刚开始不久。我国香港的物业管理，学习英国的先进办法，实现专业化已有30多年的历史，积累了相对丰富的经验，并对我国内地物业管理专业化起到了示范和引导的作用。1981年3月，深圳涉外住宅小区怡景花园成立了物业管理公司，开创了内地物业管理的先河，并取得了成功经验。此后，物业管理公司先后在全国各省、市成立。1993年3月，深圳市物业管理协会成立，标志着我国的物业管理进入了新的阶段。

“物业”一词的英文含义是财产、资产、拥有物、房地产。现在一般认为，物业由建筑物单位、附属设施、配套设施、相关场地四部分构成。广义的物业管理是指对资产、财产的管理。狭义的物业管理，即我们通常所说的物业管理，是指对房地产的管理，由专门的物业管理机构和人员，受物业所有者委托，运用先进的维修养护技术和科学的管理方法，以经济手段对已竣工验收投入使用的各类房屋建筑和附属配套设施、场地，以及物业区域周围的环境、清洁卫生、安全保卫、公共绿化、道路养护等实施统一的专业化管理和维护、养护，为居民生活提供多方面的综合性服务。

物业管理属于第三产业，是一种服务性行业。物业管理适应了社会主义市场经济的发展，围绕着迅速发展的房地产业服务，围绕着购房者居住环境的改善服务。物业管理可以改善人们的生产、生活、工作环境，提高居民的精神文明素质和现代化的城市意识，逐渐得到了广大人民的认可与支持。2003年5月28日，中国第一部《物业管理条例》批准颁布，标志着物业管理进入全新发展阶段，全面推行、实施物业管理，对我国城市健康发展和社会安定，起着非常主要的作用。

10.2.2 我国物业管理的模式

随着我国经济体制由计划经济向市场经济的转变，我国物业管理的模式也不断发生变化。在传统的计划经济体制下，一般以行政管理的方式进行常规管理，即由房屋所有权单位行政办公室或后勤部门对房屋实施日常的维修管理，费用靠财政拨款，住户不需要承担维修费用。这种模式最终使公房管理成为国家一大负担，导致许多房屋使用年限超期，房屋受损，群众财产和生命安全受损。随着市场经济的建立和发展，尤其是实行住房制度改革后，上述管理模式已逐渐减少，出现了行政性与专业化相结合的房屋管理模式，政府建设的房屋以一定优惠条件内销结算给单位职工，政府或开发单位进行少量补贴，由独立核算、自我运转的专业管理部门，进行有偿管理、有偿服务。这种管理模式目前主要存在于内地的一些城市。

随着市场经济的进一步发展，我国住房制度改革的深入，出现了现在较为广泛的第三种管理模式，即由具有法人资格的管理企业对房屋实行统一有偿管理与服务。由于房屋的所有权完全归使用者所有，为了生活质量的提高，获得高效、优质、便捷的综合性服务，并且又能最大限度地获取增值利润，房屋所有者对物业管理的要求较高。通常他们选举产生业主管理委员会来维护自身的利益和监督物业管理公司的工作。

由于我国各地经济发展存在差异，因此，各地物业管理存在多样性。常见的有下面4种模式：

（1）房地产开发企业自己组建物业管理企业开展物业管理工作；

（2）以区、街道办事处以及居委会为主成立的物业管理企业开展物业管理工作；

（3）社会上按照现代企业制度建立的独立的物业管理企业开展物业管理工作；

（4）由大中型企业的自管房单位所组建的物业管理企业开展物业管理工作。

通过物业管理，可以对整个小区实行集中统一管理，专业化程度较高，管理效果较好，能创建安全、整洁、文明、舒适的居住环境。不过，物业管理费用往往较高。

10.2.3 我国物业管理立法现状

改革开放以来，我国从中央到地方制定了一系列专门针对物业管理或者与物业管理活动相关的规范性法律文件。

1. 宪法

《宪法》作为国家的根本大法，相关条款对住宅、城市管理和公民权利等方面作了规定。如《宪法》第十三条："国家保护公民的合法收入、储蓄、房屋和其他合法财产的所有权。国家依照法律保护公民的私有财产的继承权"。《宪法》第三十九条："中华人民共和国公民的住宅不受侵犯。禁止非法搜查或者非法侵入公民的住宅"，等等。

2. 法律

法律是由全国人民代表大会及其常务委员会制定的规范性文件。目前已制定了多部涉及物业管理的法律。如1986年6月25日第六届全国人民代表大会常务委员会第十六次会议通过了《中华人民共和国土地管理法》(根据1988年12月29日第七届全国人民代表大会常务委员会第五次会议《关于修改〈中华人民共和国土地管理法〉的决定》第一次修正，1998年8月29日第九届全国人民代表大会常务委员会第四次会议修订，根据2004年8月28日第十届全国人民代表大会常务委员会第十一次会议《关于修改〈中华人民共和国土地管理法〉的决定》第二次修正)，正式确立了土地使用权可以依法转让的制度，有力促进了国有土地一级市场、二级市场的发展。

为了加强对城市房地产的管理，维护房地产市场秩序，保障房地产权利人的合法权益，促进房地产业的健康发展，1994年7月5日第八届全国人大常委会第八次会议通过并公布了《中华人民共和国城市房地产管理法》(自1995年1月1日起施行)，该法对房地产开发用地、房地产开发、房地产交易、房地产权属登记及法律责任等问题作出了规定，目前是规范城市房地产业发展的最为重要的法律规范，对物业管理立法及物业管理行业的发展也有着重要的指导意义。

3. 行政法规

行政法规是国务院根据宪法和法律制定和颁布的规范性文件。2003年6月8日国务院颁布的《物业管理条例》(2003年9月1日正式施行)，是关于物业管理方面的行政法规。可以说，《物业管理条例》在目前我国规范物业管理的法律法规中处于核心地位，对部门规章和地方性法规的制定起着指导作用，也是规范物业管理各方当事人行为的主要法律规范。

4. 行政规章

行政规章是指国务院主管部门、县级以上各级人民政府依照法律规定的权限制定的规范性文件。例如 1991 年颁布的《城市房屋修缮管理规定》、1994 年颁布的《城市新建住宅小区管理办法》、1996 年《城市住宅小区物业管理服务收费暂行办法》、2000 年 5 月 25 日国家建设部颁布的《全国物业管理示范住宅小区、大厦、工业区标准及评分细则》、2001 年 12 月 7 日国家建设部颁布的《国家康居示范工程管理办法》。

1994 年 3 月 23 日国家建设部发布了《城市新建住宅小区管理办法》，该办法是 1949 年以来中国有关物业管理方面的第一个主要行政部门规章，为地方立法提供了依据。

为规范物业服务收费行为，保障业主和物业管理企业的合法权益，根据《中华人民共和国价格法》和《物业管理条例》，国家发展和改革委员会、国家建设部于 2003 年 11 月 12 日联合下发了《物业服务收费管理办法》(2004 年 1 月 1 日起实施)，该办法对物业服务收费的含义、原则、定价形式、物业服务费用的形式、物业服务成本或物业服务支出构成、业主、物业管理企业、房地产开发企业的权利和义务、物业服务收费的主管部门等均做出了原则性规定。这是目前规范物业服务收费的最主要的部门规章。

2004 年 3 月 17 日国家建设部发布了《物业管理企业资质管理办法》(2004 年 5 月 1 日起实施)。该办法对物业管理企业的资质等级、资质审批、年检、资质等级证书的撤销等问题均做了比较系统的规定，这是目前规范物业管理企业资质的主要部门规章。为了规范经济适用住房建设、交易和管理行为，保护当事人的合法权益，2004 年 5 月 13 日国家建设部、国家发展和改革委员会、国家国土资源部、中国人民银行联合颁布了《经济适用住房管理办法》，为经济适用住房的建设、交易和管理提供了重要的法律依据。

为进一步规范物业服务收费行为，提高物业服务收费透明度，维护业主和物业管理企业的合法权益，促进物业管理行业的健康发展，根据《中华人民共和国价格法》、《物业管理条例》和《关于商品和服务实行明码标价的规定》，国家发展和改革委员会、国家建设部于 2004 年 7 月 19 日联合下发了《物业服务收费明码标价规定》(2004 年 10 月 1 日起实施)。该规定对物业服务收费明码标价的原则、具体要求以及不按规定明码标价或利用标价进行价格欺诈的行为等内容做出了具体规定。

5. 地方性法规与规章

地方性法规与规章是省、自治区、直辖市、人民代表大会及常务委员会颁布的物业管理方面的地方性法规，以及同级地方人民政府颁布的物业管理行政规章，是实施于本地区的规范性文件。自从 1994 年深圳市颁布我国第一部物业管理地方法规《深圳经济特区住宅区物业管理条例》以来，到目前我国绝大多数省、自治区、直辖市和较大城市已制定了自己的物业管理条例，各地还在此基础上制定了许多规章和行业管理规范，基本建立了比较完善的物业管理法规体系，对促进各地的物业管理的快速发展提供了有力保障。如《北京市住宅小区物业管理办法》、《深圳经济特区住宅区物业管理条例》，等等。

10.2.4　物业管理的内容

物业管理的对象是物业，服务对象是人。物业管理是集管理、经营、服务为一体的有偿活动。根据建筑物或构筑物使用功能的不同，物业管理可以分为生活（居民住宅区）

类、办公（办公楼、写字楼）类、经营（商业、旅游业、餐饮业）类、生产（厂区）类和其他类如码头。

物业管理的范围广泛，服务项目多元化，无论是哪一类物业管理，其基本内容是相同的，只是因所管物业的具体使用性质不同，其内容侧重不同而已。物业管理的基本内容包括：

（1）房屋的维修与管理；

（2）物业配套设施的维修与管理，如照明系统、供暖系统的维护等；

（3）物业清扫保洁及周围环境的绿化、美化管理。如公共场地的清扫、垃圾的清运、草地绿化、花木养护等；

（4）治安保卫和消防的管理。如保安系统、消防系统的设备维修养护、车辆的管理等；

（5）协助政府做好社区管理。如人口统计、计划生育、各种健康文明的社区文化活动等。

10.2.5 物业管理的主要原则

1. 以人为本原则

物业管理属于第三产业，物业管理的服务对象是人。必须树立以用户为中心，为用户服务的思想，以服务为宗旨，以优质的服务尽量满足用户的要求，想用户之所想，急用户之所急，把“用户至上”的宗旨落实到各项服务管理中。服务质量的高低，必须通过用户的亲身感受，视其物质和精神需求满足程度而定。服务质量高，就会有更多的用户入住，把小区当做生活的靠山，当做自己的“家”看待。

2. 有偿服务原则

物业管理提供的服务是市场经济条件下的有偿经济服务，其管理行为按市场经济规律办事，符合国际惯例。这种管理是有偿的，谁受益谁负担。物业管理公司通过开展各类服务以及经营各种实业，来解决物业管理中的各项经费开支，走“取之于民用之于民”、“以区养区”的道路，使小区的管理经费有固定的来源，并形成良性循环。

3. 综合效益原则

物业管理公司在开展有偿服务时，不能只片面地追求经济利益，而是要以社会效益、环境效益、经济效益三者为最终目标，三种效益同时兼顾。物业管理通过治安、交通、维修、卫生、绿化、社区文化等的管理，创造一个整洁、舒适、安全、宁静、优雅、和谐的工作环境和生活环境，解决居民对生产、生活、教育、娱乐等方面的需求，促进小区在社会生活中的积极作用，利于发展和睦的家庭关系，利于处理人际关系，社会效益得以充分体现。物业管理从外部入手，小区的清洁、安保、绿化、美化管理，把优美、高雅的环境与文化融合在一起，环境效益突出。人们生活在这种小区里，情操得到陶冶，精神得到享受，大家愿意购买或租用这样的物业，也愿意缴纳物业管理费，对物业管理公司来讲则提高了经济效益。

社会效益，经济效益、环境效益这三者是一个有机的整体，寻求这三者的最佳结合点，提高综合效益，是物业管理行业所追求的目标，也是国家所要求的。

4. 多种经营原则

我国经济发展还不平衡，生产力水平还不高，人民生活水平相对较低，城镇居民的收入也不尽相同，物业管理费相对较低，并且收缴较为困难，一些物业管理公司在低水平上运转。如果一些物业管理公司托管的物业面积小，还会出现亏损经营。物业管理公司作为企业，应“自主经营、独立核算、自负盈亏、自我发展”，利用小区各种优势，开展各类服务及经营各种实业，不仅能够多方位、多层次地开辟资金来源，还能更好地服务于用户，如此产生良性循环，双方都得益。如小区内百货、餐厅、理发店等商业网点的承包、自营等。

10.2.6 物业管理公司的机构设置

物业管理公司简称物业公司，是具有独立法人资格的经营物业管理业务的企业性经济实体。物业管理公司作为按照现代企业制度成立的公司，必须经所在市房产管理局主管机关资质审查批准后，到工商管理部门领取营业执照，方可成为具有法人资格的经营企业。物业管理公司属于第三产业中的服务行业，其性质是具有独立的企业法人地位的经济实体，按自主经营、自负盈亏、自我约束、自我发展的机制运行。

1. 物业管理公司的设立条件

根据《中华人民共和国公司法》中的规定，设立公司必须符合以下条件：

（1）符合法定的出资人数；

（2）注册资本达到法定的最低限度，以工业产权、非专利技术等出资的，不得超过资本总额的20%；

（3）有共同制定的公司章程；

（4）有明确的公司名称和组织机构；

（5）有固定的生产经营场所和必要的生产经营条件。

2. 物业管理公司的内部机构设置

设置物业管理公司内部组织机构时，要注意发挥物业管理公司组织机构的整体功能，为实现公司的经营管理目标服务。良好的物业管理必须做到机构健全、管理人员到位、管理制度完善、机构设置要本着精干、高效的原则，并根据物业的规模等具体情况而定。一般情况下，物业管理公司的内部机构设置如下：

（1）经理部。

经理部一般设一名经理，若干名副经理。作为物业管理公司的决策机构的负责人，经理对公司全面负责，对公司的一切重大问题做出最后的决策。

（2）办公室。

办公室是经理领导下的综合管理部门，负责协调和监督检查公司内各部门的工作，处理经理部交办的工作。

（3）财务部。

财务部在公司经理的领导下，参与企业的经营管理。根据财务制度，负责制定公司的财务计划和管理费用的预算方案，监控资金运用，对经理负责。

（4）工程部。

工程部是物业管理公司的一个重要的技术部门，主要负责所管物业内的各类设备的管理、维修和养护。

（5）管理部。

管理部的主要功能是管理好物业内的各种机电、消防、供水、供电、供气、通信、网络设施和庭院绿化、环境卫生、消防治安等，落实公司关于物业的相关规定和决议。

（6）经营部。

经营部是物业管理公司对外服务的一个重要窗口，以服务为宗旨，以经营为手段，立足小区，面向社会，投资开发风险小、效益高的项目，做到既方便群众，又增加收入。如现在物业管理公司在小区进行综合代办业务，代办车、船、机票、组成便民搬家公司等。

3. 物业管理公司的资质

资质就是资格等级，公司的资质就是公司的经营能力。申请单位首先要向房地产主管部门递交物业管理公司的经营资质报告及齐全的申请资料。房地产主管部门审核完毕后，若符合经营资质条件，核发批准文件。根据物业管理公司的技术资质、规模和业绩，可以将物业管理公司划分为一、二、三不同等级。

物业管理公司的资质条件一般应有以下几点：

（1）有合格的管理章程和管理办法；

（2）有20万～30万元以上的货币注册资金；

（3）有固定的注册地点及经营地点；

（4）拥有或受托管理建筑面积1万～5万 m^2 以上的物业；

（5）有管理物业所需的管理机构和各类人员，专业管理人员按建筑面积10万 m^2 计算，多层房屋配6人，高层大楼配8人，不足10万 m^2 的不少于5人。企业在册管理人员中专业技术人员不得少于三分之一；

（6）有完备的房屋维修、管理与养护的保障措施。

4. 物业管理公司的分类

物业管理公司按不同的划分标准，可以分为不同的类型。

根据企业的所有制性质，物业管理公司可以分为全民、集体、私营以及外商投资企业，包括中外合资、中外合作或外商独资企业。目前，全民所有和集体所有的物业管理公司占大部分，私营性质的正在崛起。

按服务范围，物业管理公司可以分为综合性物业管理公司和专门性物业管理公司两类。前者提供全方位、综合性的管理与服务，包括对物业产权产籍管理、维修与养护以及为住户提供各种服务。后者就物业管理的某一部分内容实行专业化管理，如专门的装修公司、维修公司、清洗公司、保安公司等。

按存在形式，物业管理公司可以分为独立的物业管理公司和附属于房地产开发企业的物业管理公司两类。独立的物业管理公司其独立性和专业化程度一般都比较高。附属于房地产开发企业的物业管理公司情况各异，有的只是管理上隶属公司开发的特定项目，有的已发展成独立化、专业化和社会化的物业管理企业。

按管理层次，物业管理公司可以分为单层物业管理公司、双层物业管理公司和多层物业管理公司。单层物业管理公司纯粹由管理人员组成，通过承包方式把具体的作业任务交给专门性的物业管理公司或其他作业队伍。双层物业管理公司包括行政管理层和作业层，作业层实施具体的业务管理，比如房屋维修、清洁、装修、服务性活动等。多层物业管理公司一般规模较大，管理范围较广，或者有自己的分公司，或者有自己下属的专门作业公司，如清洗公司、园林公司等。

10.2.7　物业管理费的组成

由于物业的种类很多，从宾馆、酒楼到住宅小区、别墅、普通居民楼，从车站、仓库到工矿企业厂房，物业管理的内容和范围不同，此外，物业本身土地价格、房地产价格也不同，为物业保值、增值开展的系列物业管理活动承担的风险不同，所付出的代价也不同，其管理价格就不同。一般那些交通方便，四周环境优雅，保值、升值快，房地产价格高的物业，其物业管理费价格较高。

通常，物业管理费由以下一些费用构成：

（1）人工费：包括物业管理公司全体人员的工资、津贴、福利基金、保险金、服装费以及其他补贴等。

（2）行政办公费：包括办公室用的固定资产的购买、维修、折旧费以及交通费、通信费、公共关系费用等。

（3）一般公共设施维护保养费：包括外墙、楼梯、步行广场、消防系统、保安系统、电话系统、给排水系统及其他机械、设备装置及设施等的维护保养费。

（4）公用水电费：包括公共照明、喷泉、草地淋水等支出的费用。

（5）清洁费：包括清洁用具、水池清洁、垃圾清理、消毒灭虫等费用，有时还有单项对外承包的费用。

（6）保安费：包括物业财产险及各种责任险的支出费用。

（7）绿化费：公共区域植花种草及其养护费用以及为开展这类工作所购买的工具器材等费用。

（8）公共设备、设施的更换大修基金：主要是指高层建筑内大型公用设备、设施的大修和更新储备金。

（9）保险费：包括物业财产保险及各种责任险的支出费用。

（10）其他费：未列入专项的一些费用开支，如节日装饰费等开支费用。

物业服务收费应当遵循合理、公开以及费用与服务水平相适应的原则。根据不同物业的性质和特点，由业主和物业管理企业按照国务院价格主管部门会同国务院建设行政主管部门制定的物业服务收费办法，在物业服务合同中约定。

业主应当根据物业服务合同中的约定交纳物业服务费用。已竣工但尚未出售或者尚未交给物业买受人的物业，物业服务费用由建设单位交纳。县级以上人民政府价格主管部门和同级房地产行政主管部门，应当加强对物业服务收费的监督。

物业管理企业可以根据业主的委托提供物业服务合同约定以外的服务项目，服务报酬由双方约定。物业管理区域内，供水、供电、供气、供热、通信、有线电视等单位应当向最终用户收取相关费用。物业管理企业接受委托代收上述费用的，不得向业主收取手续费等额外费用。对物业管理区域内违反相关治安、环保、物业装饰装修和使用等方面法律、法规规定的行为，物业管理企业应当制止，并及时向相关行政管理部门报告。

物业管理公司在具体确定价格之前，需要在国家许可的范围内，根据自己所处的地位，竞争环境以及本公司的管理水平，结合本企业的生产或经营目标，拟定自己的定价目标。

10.2.8 业主大会与业主管理委员会

1. 业主大会

2003年6月19日国务院《第379号令》第二章规定：房屋的所有权人为业主。业主在物业管理活动中，享有下列权利：

（1）按照物业服务合同的约定，接受物业管理企业提供的服务；

（2）提议召开业主大会会议，并就物业管理的有关事项提出建议；

（3）提出制定和修改业主公约、业主大会议事规则的建议；

（4）参加业主大会会议，行使投票权；

（5）选举业主委员会委员，并享有被选举权；

（6）监督业主委员会的工作；

（7）监督物业管理企业履行物业服务合同；

（8）对物业公用部位、公用设施、设备和相关场地使用情况享有知情权和监督权；

（9）监督物业公用部位、公用设施、设备专项维修资金（以下简称专项维修资金）的管理和使用；

（10）法律、法规规定的其他权利。

物业管理区域内全体业主组成业主大会。业主大会应当代表和维护物业管理区域内全体业主在物业管理活动中的合法权益。通常情况下，业主大会每年召开一次，特殊情况下可以随时召开。业主大会的决定必须经投票人过半数通过，因故不能参加投票的可以委托使用人或其他代理人代为投票。业主大会会议可以采用集体讨论的形式，也可以采用书面征求意见的形式；但应当有物业管理区域内持有$\frac{1}{2}$以上投票权的业主参加。业主可以委托代理人参加业主大会会议。业主大会作出决定，必须经与会业主所持投票权$\frac{1}{2}$以上通过。业主大会作出制定和修改业主公约、业主大会议事规则、选聘和解聘物业管理企业、专项维修资金使用和续筹方案的决定，必须经物业管理区域内全体业主所持投票权$\frac{2}{3}$以上通过。业主大会的决定对物业管理区域内的全体业主具有约束力。

物业使用人，是指物业承租人和其他实际使用物业的人。物业使用人与建设单位、物业管理企业没有直接关系的，不是物业服务合同当事人；物业使用人不是物业区域内房屋所有权人，不具有成员权，不参加业主大会与业主委员会。但物业使用人却是物业区域的重要成员，其权利义务源于其与业主之间的约定。为了能约束物业使用人行为，保障物业使用人权益，《物业管理条例》第四十八条规定：“物业使用人在物业管理活动中的权利义务由业主和物业使用人约定，但不得违反法律、法规和业主公约的有关规定。物业使用人违反本条例和业主公约的规定，有关业主应当承担连带责任。”

2. 业主管理委员会

根据国家建设部《第33号令》第6条：“住宅小区应当成立住宅小区管理委员会（以下简称‘管委会’）。管委会是在房地产行政主管部门指导下，由住宅小区内房地产产权人和使用人选举的代表组成，代表和维护住宅小区内房地产产权人和使用人的合法权益。”

管委会由业主和使用人共同选举产生，代表业主和使用人的合法权益。管委会是参与物业管理的常设机构。业主和使用人的权利主要通过管委会来实现。

一般情况下，物业已交付使用的建筑面积达到 50% 以上，或者已交付使用的建筑面积达到 30% 以上不足 50% 且使用已超过一年的，应召开首次业主大会，选举产生管委会。业主委员会应当自选举产生之日起 30 日内，向物业所在地的区、县人民政府房地产行政主管部门备案。业主委员会主任、副主任在业主委员会委员中推选产生。业主委员会委员应当由热心公益事业、责任心强、具有一定组织能力的业主担任。其后业主大会由管委会负责召集。

业主大会闭会期间，由选举产生的管委会执行大会决定和负责日常工作。

管委会的权利包括：

(1) 制定管委会章程，代表业主和使用人维护他们的合法权利；

(2) 决定选聘或续聘物业管理公司；

(3) 审议物业管理公司制定的年度管理计划和小区管理服务的重大措施；

(4) 检查、监督各项管理工作的实施及规章制度的执行情况。

管委会的义务包括：

(1) 根据业主和使用人的意见和要求，对物业管理公司的管理工作进行检查和监督；

(2) 协助物业管理公司落实各项管理工作；

(3) 接受业主和使用人的监督；

(4) 接受房地产行政主管部门、各相关行政主管部门及物业所在地人民政府的监督和指导。

管委会和物业管理公司都是物业管理的机构，前者是决策人、委托人和检查监督人，后者是经营人、受托人、执行管理人。两者在地位上是一种平等关系，相互关系是市场双向选择的合同契约关系。在法律上，管委会有委托或不委托某个物业管理公司的自由，物业管理公司也有接受或不接受委托的自由；在组织关系上，不存在领导与被领导、管理与被管理的关系，而是互不干扰内部运作的合作工作关系。

10.2.9　物业管理合同

物业管理合同是物业业主或业主委员会与物业管理公司之间双方权利、义务约定的协议书。业主委员会应当与业主大会选聘的物业管理企业订立书面的物业服务合同。物业服务合同应当对物业管理事项、服务质量、服务费用、双方的权利义务、专项维修资金的管理与使用、物业管理用房、合同期限、违约责任等内容进行约定。

10.2.10　我国物业管理发展趋势

物业管理作为国际通用的不动产管理模式和方法，于 20 世纪 80 年代初期伴随着住宅商品化的市场进程传入我国。近 30 年来随着市场经济的不断成熟，物业管理的发展由初级阶段进入快速成长阶段，已经成为我国房地产业发展的重要组成部分，同时，也成为与人民群众生活水平密切相关的新型服务行业。

除现有住宅小区必须进行物业管理外，伴随着政府机构的体制转轨和企事业单位的改制，政府机关、学校、医院等单位的后勤服务也将社会化，物业管理的客观需求已经产生，而且会越来越多。随着高档物业市场及物业管理软件的不断涌现，物业管理人员专业水平参差不齐的现状与业主的期望要求不相适应，只有高素质管理人才才能提供适应智能化、网络化等高质量的物业管理。

随着物业产业蓬勃的发展，信息化的不断普及，住宅小区、商务写字楼、商铺等相关管理软件的深入应用，为物业管理行业提供了管理系统，大量繁琐工作可轻易解决，推动了物业管理行业进入信息化时代。

虽然内地物业管理市场正迅速发展膨胀，需求日益壮大，然而，综观内地现在的物业管理水平，均与专业的物业管理服务有一定的差距。因此，大胆借鉴香港地区和国外一些发达国家的物业管理经验，探索符合国际惯例并适合中国国情的物业管理体系，建立社会化、专业化、企业化的物业管理新路，是目前内地物业管理行业发展的迫切需要。

随着市场经济的发展，优胜劣汰的竞争机制将促进内地物业管理体制的进一步优化，随着物业管理的企业化、专业化、社会化程度的不断提高，以现代企业制度建立起来的物业管理公司，最终将取代那些过渡性的物业管理体制，内地的物业管理市场前景广阔，前程似锦。

复习与思考题 10

1. 房地产开发分为哪几种类型？
2. 试简述房地产开发的程序。
3. 房地产产权类型有哪些？
4. 什么叫做房地产价格？其影响因素有哪些？房地产价格有哪些种类？
5. 什么叫做房地产估价？房地产估价应遵循哪些原则？
6. 什么叫做物业管理？物业管理的内容是什么？
7. 我国物业管理有哪几种模式？物业管理应遵循什么原则？
8. 试简述物业管理公司机构设置。
9. 物业管理价格一般由哪些项目组成？

第 11 章　工程防灾抗灾及鉴定加固

§11.1　灾害概述

11.1.1　灾害的基本概念

灾害是指那些由于自然的、社会（人为）的或社会与自然组合的原因，对人类的生存和社会的发展造成损害的各种现象，是对能够给人类和人类赖以生存的环境造成破坏性影响的事物总称。灾害是由于自然原因和社会原因所引起。自然原因包括地震、火山爆发、风灾、水灾、旱灾、雹灾、雪灾、山崩、泥石流等。社会原因包括水质污染、大气污染、战争、火灾、噪声、交通事故、坑道塌陷、地面下沉等。

1987 年 12 月，第 42 届联合国大会形成 169 号决议，决定 20 世纪 90 年代为“国际减灾十年”，具体目标是提高发展中国家的防灾、抗灾能力。1989 年第 44 届联合国大会决定每年 10 月的第二个星期三为“国际减灾日”。“国际减灾十年”的主题为：1991 年：减灾、发展、环境保护——为了一个目标；1992 年：减轻自然灾害与持续发展；1993 年：减轻自然灾害的损失，要特别注意学校和医院；1994 年：确定受灾害威胁的地区和易受灾害损失的地区——为了更加安全的 21 世纪；1995 年：妇女和儿童——预防的关键；1996 年：城市化与灾害；1997 年：水：太多、太少——都会酿成自然灾害；1998 年：防灾与媒体——防灾从信息开始；1999 年：减灾的效益——科学技术在灾害防御中保护了生命和财产安全；2000 年：防灾、教育和青年——特别关注森林火灾。

国际减灾十年活动结束后，联合国大会通过决议，决定继续开展国际减灾日活动。确立国际减灾十年和国际减灾日的目的，是唤起人们对防灾减灾工作的重视，提高全球预防灾害的意识，敦促各国把减轻自然灾害列入工作计划，推动各国采取措施减轻自然灾害的影响，保证国家、城市、社区免受危害。

经中华人民共和国国务院批准，自 2009 年起，每年 5 月 12 日为全国“防灾减灾日”。2008 年 5 月 12 日，我国四川汶川发生 8.0 级特大地震，损失影响之大，举世震惊。设立我国的“防灾减灾日”，一方面是顺应社会各界对我国防灾减灾关注的诉求，另一方面也是提醒国民前事不忘，后事之师，更加重视防灾减灾，努力减少灾害损失。国家设立“防灾减灾日”，将使我国的防灾减灾工作更有针对性，更加有效地开展防灾减灾工作。

联合国公布的 20 世纪 10 项最具危害性灾难为：地震、水灾、风灾、火山喷发、海洋灾难、生物灾害、地质灾害、火灾、交通灾难、城市灾害新灾源。以上灾害中绝大部分与土木工程有关。土木工程是多种自然灾害的主要作用体。

作为土木工程从业人员，要重视不同灾害的成因和灾害对土木工程的影响，做到有效地指导土木工程的设计、施工和管理工作，从而为人类社会造福。

11.1.2 典型灾害

灾害一直是人类过去、现在、将来所面对的最严峻的挑战之一。20 世纪以来，随着现代工业突飞猛进的发展和社会财富的快速积累，灾害对人类社会所造成的危害也越发触目惊心，自然灾害或人为灾害给全球人类造成了不可估量的损失。如表 11-1 所示。

表 11-1 20 世纪世界及中国重大灾害

世界					中国			
序号	时间	地区	灾害种类	死亡	时间	地区	灾害种类	死亡
1	1902	西印度群岛	火山喷发	3.6 万人	1911	长江	洪水	10 万人
2	1908	意大利	地震	8.3 万人	1920	甘肃	地震	20 万人
3	1923	日本	地震	14.3 万人	1931	长江	洪水	14.5 万人
4	1939	智利	地震、海啸	2.8 万人	1938	黄河	洪水	50 万人
5	1960	巴基斯坦	旋风	1 万人	1943	河南	灾荒	20 万人
6	1970	孟加拉	旋风	30 万人	1949	重庆	火灾	1700 人
7	1985	日本	空难	520 人	1975	河南	暴雨洪灾	3 万人
8	1986	前苏联	核电站爆炸	17 人	1976	唐山	地震	242769 人
9	1995	日本阪神	地震	0.6 万人	1987	大兴安岭	火灾	200 人
10	1998	美国中部	飓风	1.1 万人	1998	长江、松花江	洪水	3600 人

21 世纪开端以来，世界各国伴随半个世纪的增温趋势与大环境的变异，一系列极端性的灾事，如飓风、暴雨、酷热、地震、海啸、洪水、滑坡、火灾等，频频发生在各大洲，发达国家和发展中国家多有巨灾发生。中国地处环太平洋及北半球中纬度两大严重自然灾害带的交汇处，除了活火山外，中国是世界上自然灾害种类繁多、受灾最严重的少数国家之一。2010 年是我国的地质灾害发生频繁的一年，据国家国土资源部相关数据显示，2010 年 1 ~7 月我国共发生地质灾害 26 009 起，其中滑坡 19 101 起、崩塌 4 756 起、泥石流 911 起、地面塌陷 332 起、地裂缝 161 起、地面沉降 36 起；造成人员伤亡的地质灾害 248 起，540 人死亡、303 人失踪、336 人受伤；直接经济损失达 33.44 亿元。与上年同期相比，发生数量、造成的死亡失踪人数和直接经济损失均增加。2010 年 8 月 7 日在甘肃舟曲发生的特大泥石流灾害，截至 8 月 21 日，舟曲特大泥石流灾害中遇难 1 434 人，失踪 331 人。如图 11.1 所示。面对严峻的灾害形势，逐步提高社会的防灾能力，有效减轻自然灾害损失，是经济和社会可持续发展的必然要求。

图 11.1　舟曲泥石流图片（来源：百度）

§11.2　地震灾害及抗震设防

地震是指因地球内部缓慢积累的能量突然释放而引起的地球表层的振动，地震灾害为群灾之首，地震具有突发性和不可预测性，能产生严重的次生灾害，对社会产生很大影响。

2008 年 5 月 12 日 14 时 28 分，在我国四川省汶川县（北纬 31 度，东经 103.4 度）发生了 8 级地震，地震重灾区绵竹市汉旺镇的钟楼永远记下了中华民族的这一悲情时刻，如图 11.2 所示。在那一瞬间，大地痉挛，山崩地裂，相当于 1000 颗广岛原子弹爆炸所产生的能量，在 10 万 km^2 的区域瞬间释放，波及四川、甘肃、陕西、重庆等 16 个省、市、自

图 11.2　绵竹市汉旺镇的钟楼

治区，许多城镇严重破坏，造成重大人员伤亡。这次特大地震灾害，其破坏之严重、人员伤亡之多、救灾难度之大，都是历史罕见的。如图 11.3、图 11.4 所示。

汶川地震中的伤亡绝大部分是由于建筑物倒塌而产生。面对成片的废墟，我们不得不沉思，提高建筑物的抗震能力，减少房屋倒塌，是我们不可推卸的责任。

图 11.3 地震断裂带位置之桥梁

图 11.4 地震后的映秀

11.2.1 地震的基本知识

1. 地震的类型

地震按其成因主要分为火山地震、陷落地震和构造地震。由于火山爆发而引起的地震称为火山地震；由于地表或地下岩层突然大规模陷落和崩塌而造成的地震称为陷落地震；由于地壳运动，推挤地壳岩层使薄弱部位发生断裂错动而引起的地震称为构造地震。火山地震和陷落地震的影响范围和破坏程度相对较小，而构造地震的分布范围广、破坏作用大，世界上的地震 90% 以上属于构造地震，建筑抗震设计中，仅限于讨论在构造地震作用下建筑物的设防问题。

2. 震源和震中

地层构造运动中，在地下岩层产生剧烈相对运动的部位，产生剧烈振动，造成地震发生的地方称为震源，震源正上方的地面位置称为震中。震中附近的地面震动最剧烈，也是破坏最严重的地区，称为震中区或极震区。地面某处至震中的水平距离称为震中距，如图 11.5 所示。把地面上破坏程度相同或相近的点连成的曲线称为等震线。震源至地面的垂直距离称为震源深度。按震源的深浅，地震又可以分为三类：一是浅源地震，震源深度在 70km 以内；二是中源地震，震源深度在 70 ~ 300km 范围；三是深源地震，震源深度超过 300km。由于深源地震所释放出的能量在长距离传播中大部分被损失掉，所以对地面上的建筑物影响很小。

3. 震级

震级是表示地震本身大小的尺度，是按一次地震本身强弱程度而定的等级。目前，国际上比较通用的是里氏震级。震级表示一次地震释放能量的多少，也是表示地震规模的指标，所以一次地震只有一个震级。震级每差一级，地震释放的能量将相差 32 倍。

一般认为，地震震级 $M<2$ 的地震，人们感觉不到，称为微震；$M=2\sim4$ 的地震，人

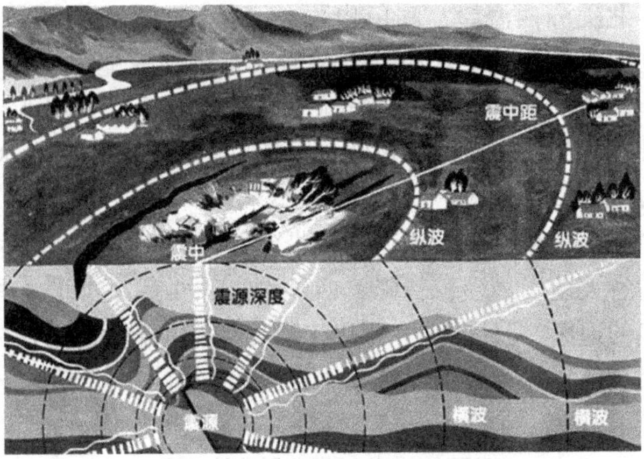

图 11.5　地震术语示意图

们可以感觉到，称为有感地震；$M>5$ 的地震，对建筑物要引起不同程度的破坏，统称为破坏性地震；$M>7$ 的地震称为强烈地震或大地震；$M>8$ 的地震称为特大地震。世界上记录到的最大一次地震是 1960 年 5 月 23 日发生在智利的 8.9 级地震。

4. 地震烈度

地震烈度是一次地震对某一地区的影响和破坏程度，简称为烈度。

对于一次地震，表示地震大小的震级只有一个，但地震震级对不同地点的影响是不一样的。一般来说，随距离震中的远近不同，地震烈度有所差异。距震中愈远，地震影响愈小，地震烈度就愈低；反之，距震中愈近，地震烈度就愈高。此外，地震烈度还与地震大小、震源深度、地震传播介质、表土性质、建筑物动力特性等许多因素有关。一次地震，只有一个震级；但一次地震，在不同地点具有不同的地震烈度，即一次地震有多个地震烈度。1999 年由国家地震局颁布实施的《中国地震烈度表》(GB/T 17742—1999)，采用将宏观烈度与地面运动参数建立起联系的地震烈度表，将地震烈度分成 12 度。

一般来说，震中烈度是地震大小和震源深度两者的函数。对于大量的震源深度在 10～30km 的地震，其震中烈度 I_0 与震级 M 的对应关系如表 11-2 所示。

表 11-2　　震中烈度与震级的大致对应关系

震级 M	2	3	4	5	6	7	8	>8
震中烈度 I_0	1～2	3	4～5	6～7	7～8	9～10	11	12

11.2.2　地震的活动性

1. 世界地震的活动性

据相关资料统计，地球上平均每年发生震级为 8 级以上、震中烈度 11 度以上的毁灭性地震 2 次；震级为 7 级以上、震中烈度在 9 度以上的大地震不到 20 次；震级在 2.5 级以上的有感地震在 15 万次以上。

地震并不遍及全世界，而是主要集中在两个地震带上：一是环太平洋地震带，环太平洋地震带沿南美洲、北美洲西海岸、阿留申群岛，转向西南到日本列岛，再经我国台湾省，达菲律宾、新几内亚和新西兰，约占全球所有地震释放能量76%的地震发生于这一地震带；二是欧亚地震带，欧亚地震带西起大西洋的亚速岛，经意大利、土耳其、伊朗、印度北部、我国西部地区和西南地区，过缅甸至印度尼西亚与上述环太平洋地震带衔接。

2. 我国地震的活动性

我国东临环太平洋地震带，南接欧亚地震带，是世界上多地震国家之一，地震分布相当广泛，如我国台湾省大地震最多，新疆、西藏次之，西南、西北、华北和东南沿海地区也是破坏性地震较多的地区。我国1970年以来有影响的地震如表11-3所示，这些大地震不但造成了大量的人员伤亡和巨大的经济损失，还给我国人民在精神上以重创。

表11-3　　我国1970年以来有影响的地震

序号	时间	地点	震级	伤亡人数
1	1970.01.05	云南通海	7.8	死亡15621人，伤19845人
2	1973.02.06	四川炉霍	7.6	死亡2175人，伤2756人
3	1975.02.04	辽宁海城	7.3	死亡1328人，伤16980人
4	1976.05.29	云南龙陵西	7.4	死亡98人，伤2442人
5	1976.07.28	河北唐山	7.8	死亡242769万人，重伤164000人
6	1976.08.16	四川松潘	7.2	死亡41人，伤756人
7	1996.02.03	云南丽江	7.0	死亡342万人，重伤3925人
8	1999.09.21	台湾南投	7.6	死亡2297多人，伤8700人
9	2008.05.12	四川汶川	8.0	死亡69227人，失踪17923人，伤37463人
10	2010.04.14	青海玉树	7.1	死亡2698人，失踪270人

我国主要地震带有两条：一是南北地震带，南北地震带北起贺兰山，向南经六盘山，穿越秦岭沿川西至云南省东北，纵贯南北。二是东西地震带，主要的东西构造带有两条，北面的一条沿陕西、山西、河北北部向东延伸，直至辽宁北部的千山一带；南面的一条，自帕米尔高原起经昆仑山、秦岭，直到大别山区。

据此，我国大致可以划分成6个地震活动区：①台湾及其附近海域；②喜马拉雅山脉活动区；③南北地震带；④天山地震活动区；⑤华北地震活动区；⑥东南沿海地震活动区。2008年5月12日发生的汶川地震处于南北地震带上，涉及地区包括从宁夏经甘肃东部、四川西部直至云南，属于地震密集带。

11.2.3　工程结构的抗震设防

1. 基本术语

抗震设防烈度：按国家规定的权限作为一个地区抗震设防依据的地震烈度。

抗震设防标准：衡量抗震设防要求的尺度，由抗震设防烈度和建筑使用功能的重要性确定。

地震作用：由地震动引起的结构动态作用、包括水平地震作用和竖向地震作用。

抗震措施：除地震作用计算和抗力计算以外的抗震设计内容，包括抗震构造措施。

抗震构造措施：根据抗震概念设计原则，一般不需计算而对结构和非结构各部分必须采取的各种细部要求。

2. 建筑抗震设防类别和抗震设防标准

2008 年汶川地震后，我国《建筑工程抗震设防分类标准》(GB 50223—2008) 对抗震设防分类进行了修订，进一步突出了设防类别划分是侧重于使用功能和灾害后果的区分，且更加强调体现对人员安全的保障，将建筑抗震设防类别分为四类。根据不同的抗震设防类别，各抗震设防类别建筑的抗震设防标准如表 11-4 所示。

表 11-4　建筑抗震设防类别和抗震设防标准

设防类别	抗震设防类别的内涵	抗震设防标准
特殊设防类（甲类）	使用上有特殊设施，涉及国家公共安全的重大建筑工程和地震时可能发生严重次生灾害等特别重大灾害后果，需要进行特殊设防的建筑。	应按高于本地区抗震设防烈度提高 1 度的要求加强其抗震措施；但抗震设防烈度为 9 度时应按比 9 度更高的要求采取抗震措施。同时，应按批准的地震安全性评价的结果且高于本地区抗震设防烈度的要求确定其地震作用。
重点设防类（乙类）	地震时使用功能不能中断或需尽快恢复的生命线相关建筑，以及地震时可能导致大量人员伤亡等重大灾害后果，需要提高设防标准的建筑。	应按高于本地区抗震设防烈度 1 度的要求加强其抗震措施；但抗震设防烈度为 9 度时应按比 9 度更高的要求采取抗震措施；地基基础的抗震措施，应符合有关规定。同时，应按本地区抗震设防烈度确定其地震作用。
标准设防类（丙类）	大量的除 1、2、4 款以外按标准要求进行设防的建筑。	应按本地区抗震设防烈度确定其抗震措施和地震作用，达到在遭遇高于当地抗震设防烈度的预估罕遇地震影响时不致倒塌或发生危及生命安全的严重破坏的抗震设防目标。
适度设防类（丁类）	使用上人员稀少且震损不致产生次生灾害，允许在一定条件下适度降低要求的建筑。	允许比本地区抗震设防烈度的要求适当降低其抗震措施，但抗震设防烈度为 6 度时不应降低。一般情况下，仍应按本地区抗震设防烈度确定其地震作用。

汶川地震中，中小学教学楼的大量倒塌和由此导致的众多中小学生的遇难，引起了社会各界的强烈反应，纷纷要求提高中小学教学楼的抗震设防等级，在上述建筑工程抗震设防分类标准中规定，教育建筑中，幼儿园、小学、中学的教学用房以及学生宿舍和食堂，抗震设防类别应不低于重点设防类，在措辞上采用“不低于”这样的词语，以表明教育建筑设计可以采用更高的设防标准，充分体现国家对未成年人的保护。

3. 建筑抗震设防目标

(1)“三水准”设计原则。

我国《建筑抗震设计规范》(GB50011—2001)(2008 年版) 中提出的建筑物抗震设防目标是：

第一水准：当遭受到低于本地区抗震设防烈度的多遇地震影响时，建筑物一般应不受损坏或不需修理可以继续使用；

第二水准：当遭受相当于本地区抗震设防烈度的地震影响时，建筑物可能损坏，经一般修理或不需修理仍可以继续使用；

第三水准：当遭受高于本地区抗震设防烈度预估的罕遇地震影响时，建筑物不致倒塌或发生危及生命的严重破坏。

上述抗震设防目标，简称为“三水准”设计原则。

(2) 二阶段设计方法。

《建筑抗震设计规范》(GB50011—2001) (2008 年版) 中提出了二阶段设计方法以实现“三水准”的抗震设防要求，即：

第一阶段设计：按多遇地震作用效应和其他荷载效应的基本组合验算构件截面抗震承载力，以及在多遇地震作用下验算结构的弹性变形。

第二阶段设计：在罕遇地震作用下验算结构的弹塑性变形。

对于大多数的结构，可以只进行第一阶段设计，而通过概念设计和抗震构造措施来满足第三水准的设计要求；对特殊要求的建筑物、地震时易倒塌的结构以及有明显薄弱层的不规则结构，还要进行结构薄弱层部位的弹塑性层间变形验算并采取相应的抗震构造措施，实现第三水准的设防要求。

概括起来，“三水准，二阶段”抗震设防目标的通俗说法是：“小震不坏，中震可修，大震不倒”。

§11.3 火灾及防火

火灾的实质是可燃物经过触发起燃后，与空气中的氧气发生激烈的作用而形成的一种燃烧现象。在燃烧过程中散发出大量的热量，使周围的空气和各种物质迅速升温，引发所在空间的可燃物相继燃烧，助长火势更旺。随着火焰和高温烟气流的流动，火灾将蔓延至相邻空间，甚至整幢建筑物。经过消防人员的扑救，或者建筑物内部可燃物的烧尽，氧气供应隔绝，火势将逐渐衰减，直至熄灭。

11.3.1 火灾的基本知识

1. 火灾的危害

在人类走向文明与进步以及社会发展过程中，火产生过巨大的推动作用。但是，火失控造成的火灾也给人类的生命财产带来了巨大的危害。火灾每年要夺走成千上万人的生命和健康，造成数以亿计的经济损失。据相关资料统计，全世界每年火灾经济损失可达整个社会生产总值的 0.2%。

1978 年，美国共发生火灾 307 万起，经济损失约为 44 亿美元。1980 年，日本发生火灾 6 万起，经济损失约 1460 亿日元。我国的火灾次数和经济损失也相当惊人。相关资料统计表明，我国火灾每年直接经济损失为：20 世纪 50 年代平均为 0.5 亿元，60 年代平均为 1.5 亿元，70 年代为 2.5 亿元，80 年代为 3.2 亿元，90 年代为 12.5 亿元。火灾除造成直接损失外，其引发的间接损失亦非常巨大。根据国外相关资料统计，火灾间接损失是直接损失的 3 倍左右。

1987 年 5 月 6 日至 6 月 2 日，爆发了震撼全国的大兴安岭特大森林大火，大火持续长达一个月，过火面积 101 万 km^2，烧死 193 人，伤 226 人，直接经济损失 5.2 亿元人民币。如图 11.6 所示。据国家公安部消防局统计，1999 年，全国发生的火灾（不含森林、草原等火灾）共有 18.86 万起，比前一年增长 4 成以上，造成 3021 人死亡，4404 人受伤，造成的直接经济损失高达 15.2 亿元。1991—2000 年 10 年间，全国共发生火灾 88 万起，致死 25 000 多人，伤 40 000 余人，10 年直接财产损失达 120 多亿元。

图 11.6　大兴安岭火灾（来源：百度）

常见的火灾有建筑火灾、露天生产装置火灾、可燃材料堆场火灾、森林火灾、交通工具火灾等，其中建筑火灾发生次数最多，损失最大，约占全部火灾的 80%。

2. 建筑火灾对结构的破坏

对于木结构，由于其组成材料为可燃材料，故发生火灾时，结构本身发生燃烧且不断削弱结构构件的截面，势必造成结构倒塌。对于钢筋混凝土结构和钢结构，虽然其材料本身并不燃烧，但火灾的高温作用将对结构产生以下不利影响：

（1）在高温下建筑材料的强度和弹性模量降低，造成截面破坏或变形较大而失效，致使建筑物倒塌。

（2）钢筋混凝土结构中的钢筋虽有混凝土保护，但在高温下其强度仍然有所降低，以致在初应力下屈服而引起截面破坏；混凝土强度和弹性模量随温度的升高而降低；构件内温度梯度的存在，造成构件开裂，弯曲变形；构件热膨胀，致使相邻构件产生过大位移。

3. 建筑火灾的发生和发展

建筑物起火的原因是多种多样的，极其复杂，在生产和生活中，有因为使用明火不慎引起的，有因为化学或生物化学的作用造成的，有因为用电电线短路引起的，也有因为恶意纵火破坏引起的。

火灾是火失去控制而蔓延的一种灾害燃烧现象。火灾的发生必须具备以下三个条件：

（1）存在能燃烧的物质。

（2）能持续地提供助燃的空气、氧气或其他氧化剂。

（3）有能使可燃物质燃烧的着火源。

若上述三个条件同时出现，就可能引发火灾。建筑物之所以容易发生火灾，就是因为上述三个条件同时出现的概率较大。

绝大部分的建筑火灾都是室内火灾。建筑物室内火灾的发展可以分为三个阶段，即初期增长阶段、全盛阶段及衰退阶段。在初期增长阶段和全盛阶段之间有一个标志着火灾发生质的转变的现象——轰燃现象出现，由于该现象持续时间很短，因此一般不把它作为一个独立的阶段来考虑。轰燃现象是建筑物室内火灾过程中一个非常重要的现象。

4. 影响火灾严重性的主要因素

建筑火灾的严重性是指建筑物中发生火灾的大小及危害程度。火灾严重性取决于火灾达到的最大温度和最大温度燃烧持续的时间，反映火灾对建筑物及结构造成损伤和对建筑物中生命财产造成危害的趋势。建筑物一旦失火成灾，就受两个条件影响：一是燃料；二是通风情况。当考虑建筑物室内火灾升温时，房间的热损失也是一个重要因素。影响火灾严重性的主要因素有可燃材料的燃烧性能、数量、分布，房屋的通风状况，房间的大小、形状和热工特性等。

5. 防火、耐火与抗火

防火、耐火与抗火，这三个名词既有联系，又有区别。

（1）防火。

当防火是指防止火灾时，主要用于建筑防火措施，如防火分区、消防设施布置等。当防火是指防火保护时，用于建筑物防护的有防护墙、防火门等，用于结构防护的有防火涂料、防火板等。

（2）耐火。

耐火主要是指建筑物在某一区域发生火灾时能忍耐多长时间而不造成火灾蔓延，以及结构在火灾中能耐多久而不破坏。一般根据建筑物与结构构件的重要性及危险性来确定建筑物的耐火等级，并以此为基础，同时考虑消防灭火的时间需要，确定建筑部件（如防火墙、柱、楼板、承重墙）的耐火时间。

（3）抗火。

火作为一种环境作用，建筑结构同样需要抵抗。建筑结构抗火一般通过对结构构件采取防火措施，使其在火灾中承载力降低不多而满足受力要求来实现。

可见，抗火主要用于建筑结构，即结构抗火。结构耐火与结构抗火的区别在于：结构耐火强调的是结构耐火时间，该时间只有在结构的荷载和约束状况确定的条件下才有意义；而结构抗火强调的是结构抵御火灾影响（包括温度应力、高温材性变化等），需要考虑荷载与约束条件。结构抗火设计，可以归结为设计结构防火保护措施，使其在承受确定外载条件下，满足结构耐火时间的要求。

11.3.2 建筑防火

1. 建筑抗火设计的意义

进行建筑防火设计的目的是减小火灾发生的概率，减小火灾的直接经济损失，避免或减少人员的伤亡。

建筑防火应理解为在建造房屋时为防止或限制火灾以及一旦失火保持房屋的稳定性所采取的一切必要措施。相关经验表明，建筑防火是防止在建筑物中火灾蔓延的一种特别有效的手段。为此各国都有自己的建筑防火规范，我国也不例外，如我国颁布的《建筑设计防火规范》(GB 50016—2006)、《高层民用建筑设计防火规范》(GB 50045—95) (2005年版)。

建筑防火的对策主要分为两类：一是预防失火，主要通过消防法规的贯彻执行、消防安全检查、防火宣传教育等手段来达到防火的目的；二是一旦失火，争取初期灭火，使其不致成灾，尽可能减小人民生命财产损失。在建筑防火方面主要采取以下技术措施：

(1) 从城市规划抓起，合理布置建筑总平面，特别是高层建筑密集的区域，做好消防通道、消防水源的设计，以利于发生火灾时消防扑救工作的正常进行。

(2) 合理设计建筑空间及平面，划分防火分区，设置有效的防火分隔，从而控制火灾的蔓延。

(3) 合理选定建筑材料及建筑构配件的耐火极限，以保证建筑物的耐火能力。

(4) 做好构造防火设计，特别是穿越墙体、楼板的管道及孔洞的封堵，以及幕墙、竖井的防火措施，做到有效控制火势的蔓延。

(5) 各专业设计密切配合，采用的消防设备、火灾报警系统及消防自控系统等均应启停灵活，信息传输迅速、准确，便于及时掌握火情，及时组织扑救。

2. 耐火等级和耐火极限

建筑耐火等级，是衡量建筑物耐火程度的标准，建筑耐火等级是由组成建筑物构件的燃烧性能和耐火极限的最低值所决定的，划分建筑物耐火等级的目的，在于根据建筑物的不同用途提出不同的耐火等级要求，做到既有利于安全，又有利于节约投资。火灾实例证实，耐火等级高的建筑物，发生火灾时烧坏、倒塌的很少，造成的损失也小；而耐火等级低的建筑物，发生火灾时不耐火，燃烧快，损失也大。因而，在建筑防火设计中，首先应按建筑物的使用性质确定其耐火等级。我国民用建筑的耐火等级是按高层建筑及多层建筑来划分的。高层建筑分为一、二级，多层建筑分为一至四级。工业厂房及库房的耐火等级，按生产类别及储存物品类别的火灾危险性特征确定。

所谓耐火极限，即规定的火灾升温曲线，对建筑构件进行耐火试验，从受到火的作用时起，到失掉支撑能力或发生穿透裂缝或背火一面温度升高到220℃为止的时间，这段时间称为耐火极限，用小时 (h) 表示。

建筑物的耐火等级是由所选用的建筑构件的耐火极限来体现的，而一幢建筑物有梁、板、柱等许多构件组成。如何确定不同耐火等级的建筑物各构件的耐火极限，通用的方法是以楼板为标准首先确定楼板的耐火极限，其余构件，以其重要程度在楼板的基础上给予增减。我国一级耐火建筑物的楼板的耐火极限规定为1.5h，二级耐火建筑物的楼板的耐火极限为1h，三级、四级建筑物的耐火极限则分别为0.5h和0.25h。支承柱、承重墙、楼梯间墙其重要程度高于楼板，故其耐火极限在一级耐火建筑物中规定为3h，二级、三级耐火建筑物中其耐火极限规定为2h，其余构件则基本上按这个思路类推。

3. 防火分隔与疏散

防火设计最重要的原则或者说是两个基本要求，就是分隔和疏散。分隔以杜绝火势蔓延；疏散以减少伤亡和损失。

（1）防火分隔。

火势的蔓延和传播，一般是通过可燃构件的直接燃烧、热传导、热辐射和热对流几种途径，减少火势的蔓延自然应设法阻断这些途径，最常用也是最有效的手段之一，就是分隔。防火分隔包含防火间距和防火分区。

防火间距是一幢建筑物着火后，火灾不致蔓延到相邻建筑物的空间间隔。我国建筑设计防火规范中规定有明确的防火间距，通过对建筑物进行合理布局和设置防火间距，防止火灾在相邻建筑物之间相互蔓延，合理利用和节约土地，并为人员疏散、消防人员的救援和灭火提供条件，减少火灾建筑对邻近建筑及其居住者的强辐射和烟气的影响。

在建筑物内划分防火分区的目的，就是把火势控制在局部范围内，阻止火势蔓延，减少火灾损失。防火分区的划分，既要从限制火势蔓延、减少损失方面考虑，又要顾及到平时使用管理，以节省投资。用于分隔的构件，有防火墙、防火门、防火卷帘等，按照建筑物的不同等级和部位选择不同的分隔构件。

（2）防火疏散。

一旦发生火灾，合理且迅速的疏散，是减少人员伤亡，降低损失的重要措施之一，特别对公共建筑物，尤其重要。

建筑物发生火灾后，人员能否安全疏散主要取决于两个时间：一是火灾发展到对人构成危险所需要的时间，二是人员疏散到安全地带所需要的时间。如果人员能在火灾达到危险状态之前全部疏散到安全区域，便可以认为该建筑物对于火灾中人员疏散是安全的。

起火后要提供人员疏散的时间，这个时间是很短的，是根据起火后足以导致人员无法自由行动来大致推定的，如烟气中毒、高热、缺氧等均可使人员丧失意识而不能逃离现场。据相关统计资料分析，我国规定对一级、二级耐火等级的公共建筑物，允许疏散时间为6min，三级、四级耐火等的建筑物，则仅为2～4min。

安全出口逃设计上最重要的两项指标，其一是距离；其二是数量和宽度，这两项指标均应服从允许疏散时间的要求，亦即人员逃向安全出口和从安全出口逃出火灾建筑物，必须在允许时间内完成。

起火后人员疏散都是在很紧张、很拥挤甚至十分混乱的情况下进行的，必须有一系列引导保证措施，如楼梯和楼梯间要有保护墙，楼梯不宜过窄，亦不宜过宽，过宽则中间应加设扶手栏杆，出入口及拐角处要设置指示灯及疏散标志等。

11.3.3 结构抗火

1. 结构抗火设计的意义

（1）减轻结构在火灾中的破坏，避免结构在火灾中局部倒塌而造成灭火及人员疏散的困难。

（2）避免结构在火灾中整体倒塌而造成人员伤亡。

(3) 减少火灾后结构的修复费用，缩短火灾后结构功能恢复周期，减小间接损失。

2. 结构抗火设计的目标

结构构件抗火设计的目标是，确定适当的构件防火被覆，使其在规定的耐火时间范围内，满足承载能力的要求。如果抗火设计方法定位于直接求取防火被覆厚度，则需先求出构件临界温度，然后再根据临界温度与防火被覆厚度和耐火时间的关系，确定防火被覆厚度。然而，确定构件的临界温度一般需要求解非线性方程，实际应用不方便。为便于工程应用，进行构件抗火设计时，可以采取初定防火被覆厚度的方式，验算其在规定的耐火时间极限范围内，是否满足承载能力要求。

3. 钢结构抗火设计的一般步骤

(1) 确定一定的防火被覆。

(2) 计算构件在耐火时间条件下的内部温度。

(3) 采用高温下的材料参数，计算结构构件在外荷载和温度作用下的内力。

(4) 进行荷载效应组合。

(5) 根据构件和受载的类型，进行构件耐火承载力极限状态验算。

(6) 当设定的防火被覆厚度不合适时（过小或过大），可以调整防火被覆厚度，重复上述(1) ~ (5) 步骤。

4. 钢筋混凝土结构抗火设计的一般步骤

对于钢筋混凝土结构，若按常温条件设计的构件不满足耐火稳定性条件，应进行补充设计，重新验算。补充设计可以采取下列方法：

(1) 原设计无面层的构件，增加耐火面层，如对梁、板、柱的受火面抹灰，屋架等其他构件喷涂防火材料等。

(2) 加大钢筋净保护层以降低其温度。

(3) 改变配筋方式，如双层布筋，把粗钢筋布置在里层或中部，细钢筋布置在下层或角部。

(4) 轴心受压构件和小偏心受压构件可以提高混凝土强度等级。

(5) 加大截面宽度或配筋量。

(6) 加大建筑物房间开口内面积，以减小当量标准升温时间。

§11.4 工程结构检测鉴定

我国《建筑结构可靠度设计统一标准》(GB50068—2001)（以下简称《统一标准》）中规定，结构在规定的设计使用年限内应满足以下各项功能的要求：

(1) 在正常施工和正常使用时，能承受可能出现的各种作用；

(2) 在正常使用时具有良好的工作性能；

(3) 在正常维护下具有足够的耐久性能；

(4) 在设计规定的偶然事件发生时及发生后，仍能保持必需的整体稳定性。

结构的可靠性是指结构在规定的时间内，在规定的条件下，具备完成预定功能的能力。工程结构鉴定也称为工程结构可靠性鉴定或可靠性诊断。

由于结构在建造阶段可能发生的各种失误，使用阶段可能出现的自然灾害和人为灾害，以及老化阶段可能产生的各种损伤积累，结构在种种不利因素的作用下，将逐渐损坏，直至丧失其功能。

工程结构的检测与鉴定就是对现存结构的损伤情况进行诊断。为了正确分析结构的损伤原因，需要对事故现场和损伤结构进行实地调查，运用仪器对受损结构或构件进行检测。现存结构的鉴定与新建结构的设计是不同的，新建结构设计可以自由确定结构形式，调整构件断面，选择结构材料，而现存结构鉴定只有通过现场调查和检测才能获得结构的相关参数。因此，现存结构的可靠性鉴定和耐久性评估，必须建立在现场调查和结构检测的基础上。

11.4.1 工程结构检测方法

利用仪器对结构进行现场检测可以测定工程结构所用材料的实际性能，由于被测结构在试验后一般均要求能够继续使用，所以现场检测必须以不破坏结构本身的使用性能为前提，目前多采用非破损检测方法，常用的检测内容和检测手段有以下几种：

1. 混凝土强度检测

非破损检测混凝土强度的方法是在不破坏结构混凝土的前提下，通过仪器测得混凝土的某些物理特性，如测得硬化混凝土表面的回弹值或声速在混凝土内部的传播速度等，按照相关关系推算出混凝土强度指标。目前实际工程中应用较多的有回弹法、超声法、超声—回弹综合法，并已制定出相应的技术规程。半破损检测混凝土强度的方法是在不影响结构构件承载力的前提下，在结构构件上直接进行局部微破坏试验，或者直接取样试验获取数据，推算出混凝土的强度指标。目前使用较多的有钻芯取样法和拔出法，并已制定出相应的技术规程。

利用超声仪还可以进行混凝土缺陷和损伤检测。混凝土结构在施工过程中因浇捣不密实会造成蜂窝、麻面甚至孔洞，在使用过程中因温度变化和荷载作用会产生裂缝。当混凝土内部存在缺陷和损伤时，超声脉冲通过缺陷时产生绕射，传播的声速发生改变，并在缺陷界面产生反射，引起波幅和频率的降低。根据声速、波幅和频率等参数的相对变化，可以评判混凝土内部的缺陷状况和受损程度。

2. 混凝土碳化及钢筋锈蚀检测

混凝土结构暴露在空气中会产生碳化，当碳化深度到达钢筋时，破坏了钢筋表面起保护作用的钝化膜，钢筋就有锈蚀的危险。因此，评价现存混凝土结构的耐久性时，混凝土的碳化深度是重要依据。混凝土碳化深度可以利用酚酞试剂检测，在混凝土构件上钻孔或凿开断面，涂抹酚酞试液，根据颜色变化情况即可确定碳化深度。

钢筋锈蚀会导致保护层胀裂剥落，削弱钢筋截面，直接影响结构的承载能力和使用寿命。混凝土中钢筋锈蚀是一个电化学过程。钢筋锈蚀会在表面产生腐蚀电流，利用仪器可以测得其电位变化情况，再根据钢筋锈蚀程度与测量电位之间的关系，可以判断钢筋是否锈蚀及锈蚀程度。

3. 砌体强度检测

砌体强度检测可以采用实物取样试验，在墙体适当部位切割试件，运至实验室进行试压，确定砌体的实际抗压强度。近些年，原位测定砌体强度技术有了较大发展，原位测定实际上是一种小破损或半破损的方法，试验后砌体稍加修补便可以继续使用。例如：顶剪法，利用千斤顶对砖砌体作现场顶剪，量测顶剪过程中的压力和位移，即可求得砌体抗剪及抗压强度；扁顶法，采用一种专门用于检测砌体强度的扁式千斤顶，插入砖砌体灰缝中，对砌体施加压力直至破坏，根据加压的大小，确定砌体抗压强度。

4. 钢材强度测定及缺陷检测

为了解已建钢结构钢材的力学性能，最理想的方法是在结构上截取试样进行拉压试验，但这样会损伤结构，需要补强。钢材的强度也可以采用表面硬度法进行无损检测，由硬度计端部的钢球受压时在钢材表面留下的凹痕推断钢材的强度。钢材和焊缝缺陷可以采用超声波法检测，其工作原理与检测混凝土内部缺陷相同。由于钢材密度比混凝土密度大得多，为了能够检测钢材或焊缝中较小的缺陷，要求选用较高的超声频率。

11.4.2　工程结构可靠性鉴定方法

1. 传统经验法

传统经验法是依赖有经验的技术人员，进行现场调查、目测调查以及必要的结构验算分析，根据其拥有的专业知识和工程经验评定结构的可靠性。该方法一般不采用现代检测手段和测试技术，而是依靠工程技术人员的专业知识和工程经验对结构作定性评价，由于缺乏统一的鉴定标准，其鉴定结论往往因人而异，特别是对较为重大且复杂的建筑物鉴定时，鉴定人员为了避免承担风险，鉴定结果有时会显得过于保守，其后果是可能会增加一定的加固维修费用。该方法尽管有不足之处，但由于鉴定程序少，而且可以节约鉴定时间和费用，对易于鉴定的工程结构仍是可取的。

2. 实用鉴定法

实用鉴定法是在传统经验法的基础上发展起来的。其特点是利用测试技术和现代检测手段，测定材料的强度，找出结构的缺陷，从而判断结构的损伤程度。该方法的特点是对鉴定结构，根据实际调查确定作用荷载大小，根据检测结果确定材料强度，然后对测试数据运用数理统计方法加以处理，依据相关规范进行理论分析，从而判断鉴定结构与实际结构存在的差异程度。实用鉴定法需对鉴定结构多次调查、分项检验、逐项评价并综合评定，其鉴定结果较为准确，是目前最常用的结构鉴定方法。

实用鉴定法可以理解为《民用建筑可靠性鉴定标准》(GB 50292—1999) 和《工业厂房可靠性鉴定标准》(GBJ 144—90) 所采用的方法，也称为近似概率极限状态鉴定法。

3. 概率法

概率法又称为全概率法。其特点是要求对结构的各种基本变量分别采用随机变量或随机过程描述，并且对结构进行精确的概率分析，从而计算出实效概率。由于影响工程结构的作用效应和结构抗力的因素多，数据庞大，所以概率法目前尚未进入实用阶段。

§11.5　工程结构加固

我国从 20 世纪 80 年代以来，由于加固工程的急剧增加，在大量科研技术人员和工程技术人员的共同努力下，逐渐形成了结构工程的一门分支学科即结构加固学。结构加固学是研究使受损建筑物重新恢复安全正常使用的学科，其涉及的内容非常广泛，包括检测学、材料学、结构损伤学、加固理论、加固技术等，其实质是研究结构在服役期间的动态可靠度及后续使用年限的综合学科。

11.5.1 工程结构加固的原则

工程结构的加固应遵循以下原则：

1. 坚持先鉴定后加固的原则

结构加固方案确定前，必须对已有结构进行检测和可靠性鉴定分析，全面了解已有结构的材料性能、结构构造、结构体系以及结构缺陷和损坏程度等信息，为加固方案的确定奠定可靠的基础，避免在加固工程中留下隐患，影响加固质量。

2. 加固需考虑对整体结构性能的影响原则

不能采用局部损坏就加固局部的处理办法，要考虑加固后对整体结构性能的影响。例如，对房屋的某一层柱子或墙体的加固，有时会改变整个结构的动力特性，从而产生薄弱层，对抗震带来很不利的影响。再如，由于增强结构构件的承载力往往伴随着其刚度也随之增大，这时各构件或楼层之间的内力将进行重新分配。因此，在制定加固方案时，应从建筑物总体考虑，避免出现由于局部加固而对整体结构受力产生不利的影响。

3. 优化加固方案的原则

选用哪种加固方案应权衡多方面因素来确定，优化的因素主要有：结构加固方案应技术可靠、经济合理、方便施工。结构加固方案的选择应充分考虑已有结构的实际现状和加固后结构的受力特点，采用多种方案比较，保证加固后结构体系传力路线明确，结构可靠。在确定加固方法时，应保证新旧结构或材料的可靠连接。另外，考虑加固施工的具体特点和技术水平，尽量做到方便施工、缩短工期，同时采取有效措施减少对使用环境和相邻建筑物结构的影响。

4. 尽量不拆除或少拆除原有结构构件的原则

在确定加固方案时，本着经济的原则，应尽可能利用原结构的承载力，尽量减少对原有结构构件的损伤和更换；对于无继续利用价值的结构构件，若更换比加固修复的费用更为低廉，对该结构构件必须报废拆除。

5. 加强加固过程中原结构的跟踪检查工作，随时消除隐患的原则

由于加固工程的复杂性，即便对原结构已进行了全面的检测和鉴定，但对已有结构的现存状况及结构损伤是无法完全掌握的。因此，在加固实施过程中，工程技术人员应加强对实际结构的跟踪检查工作，发现与鉴定结论不符或检测鉴定时未发现的结构缺陷和损伤，需及时采取措施消除隐患，从而保证加固的效果和结构的可靠性。

6. 对于特殊使用环境的处理原则

有些工程结构，在使用中由于高温、高湿、低温、冻融、化学腐蚀和振动等不利因素引起的原结构损坏，在加固方案中应提出行之有效的措施，以消除上述因素的影响。对结构可以采取隔热、防腐和减振等措施，确保加固后的结构安全可靠并能正常使用。

11.5.2 工程结构加固方法

建筑物的加固方法很多，各有其优缺点和适用范围，分别适用于不同的工程结构，归纳起来可分为直接加固法和间接加固法两大类。

1. 直接加固法

直接加固法是通过一些技术措施，直接提高构件截面的承载力和刚度等，目前常用的直接加固法有以下几种。

（1）增大截面加固法。

增大截面加固法是用增大结构构件截面面积进行加固的一种方法，该方法不仅可以提高加固构件的承载力，而且还可以增大截面刚度。这种加固方法广泛用于加固混凝土结构梁、板、柱，钢结构中的梁柱及屋架，砌体结构的墙和柱等，是一种工艺较简单，使用经验丰富、受力可靠、加固费用相对较低的传统的加固方法，但增大截面尺寸会减小使用空间，有时会受到使用上的限制。

（2）置换混凝土加固法。

置换混凝土加固法是将原结构、构件中的破损混凝土凿除至密实部位，用高出原构件混凝土强度等级的新混凝土浇灌置换，使新旧部分粘合成一体共同工作。该方法适用于钢筋混凝土承重构件受压区混凝土强度偏低或有严重缺陷的局部加固。

（3）外包型钢加固法。

外包型钢加固法是在结构构件四周包以型钢的加固方法，这种方法可以在基本不增大构件截面尺寸的情况下增加构件的承载力，提高构件的刚度和延性。该方法的优点是适用面广，施工周期相对较短；但用钢量较大，加固费用较高，一般多用于需要大幅度提高承载力和抗震能力的钢筋混凝土梁、柱的加固。

（4）粘贴钢板加固法。

粘贴钢板加固法是一种用胶粘剂把钢板粘贴在构件外部进行加固的方法。这种加固方法施工周期短、施工方便、对环境影响不大，加固后几乎不改变构件外形，却能较大幅度地提高构件的承载能力和正常使用阶段性能。目前，该方法不仅在房屋建筑上使用，而且在公路桥梁上也普遍使用。

（5）粘贴纤维复合材加固法。

在结构加固市场上，目前最热门的加固技术是纤维复合材粘贴加固，纤维复合材主要是碳纤维、玻璃纤维和芳纶纤维。该加固技术是利用树脂类胶粘剂将纤维复合材粘贴于结构或构件表面，与结构或构件变形协调、共同工作，利用纤维的高强度和高弹性模量达到提高结构的承载力或延性的目的。纤维复合材具有的优点是：轻质、高强、高弹模、良好的粘合性、耐腐蚀、抗疲劳、厚度薄、可以自由裁剪及施工简便等。该方法应用范围广，不仅大量用于房屋建筑各种结构，而且在桥梁、水利、隧道等工程中也应用较为广泛。

（6）化学灌浆加固法。

化学灌浆加固法是用压送设备将化学浆液灌入结构裂缝的一种修补方法。灌入的化学浆液能修复裂缝，防锈补强，提高构件的整体性和耐久性。

（7）地基加固与纠偏。

对已有结构物的地基和基础进行加固称为基础托换，基础托换方法可以分为四类：加大基底面积的基础扩大技术、新做混凝土墩或砖墩加深基础的坑式托换技术、增设基桩支承原基础的桩式托换技术、采用化学灌浆固化地基土的灌浆托换技术。基础纠偏主要有两条途径：其一是在基础沉降小的部位采取措施促沉，将结构物纠正；其二是在基础沉降大的部位采取措施顶升，达到纠偏的目的。

2. 间接加固法

间接加固法是根据已有建筑物的结构方案和结构构件的布置情况，采取改变结构的传力途径或改变构件的内力分布等有效技术措施的加固法。目前常用的间接加固法有以下几种。

(1) 预应力加固法。

预应力加固法采用外加预应力钢拉杆或撑杆对结构进行加固，这种方法不仅可以提高构件的承载能力，减小构件挠度，增大构件抗裂度，而且还能消除和减缓后加杆件的应力滞后现象，使后加部分有效地参与工作。预应力加固法广泛运用于混凝土梁、板等受弯构件以及混凝土柱的加固，还运用于钢梁和钢屋架的加固，是一种很有前途的加固方法。

(2) 改变传力途径加固法。

改变传力途径加固法是通过增设支点或采用托梁拔柱的方法来改变结构受力体系的一种加固方法。增设支点可以减小构件的计算跨度，降低结构的内力和变形，大幅度提高结构及构件的承载力；托梁拔柱是在不拆或少拆上部结构的情况下，拆除或更换柱子的一种处理方法，适用于要求改变房屋使用功能或增大空间的建筑物改造。

(3) 其他加固法。

可以采用改变结构构件的刚度比值来使原结构的内力得到调整，并使结构按设计需要进行内力重分配，改变结构构件的受力情况，从而达到加固的目的。该方法一般用于提高原结构抗水平作用力的场合。

用轻质材料替换已有较重的隔墙和装饰材料等，通过采用减少结构自重来提高结构的可靠度也是一种行之有效的加固方法，该方法适用于结构或构件承载力略低于规定要求的多层框架结构房屋。

目前，我国的建筑物加固改造具有巨大的潜在市场，如果能够通过合理的加固使大量的老建筑物能继续发挥其结构功能和使用功能，对于缓解住房危机、节省建设资源，具有极其重要的经济意义和现实意义，也必将对我国的现代化建设产生深远的影响。

复习与思考题 11

1. 什么是灾害？土木工程防灾的意义是什么？课外查阅 21 世纪以来国内外重大灾害。
2. 试简述抗震设防“三水准两阶段设计”的基本内容。
3. 建筑的抗震设防类别分为哪几类？分类的作用是什么？
4. 建筑火灾对结构的破坏是什么？试简述影响火灾严重性的主要因素。
5. 建筑防火的对策是什么？建筑防火有哪些技术措施？试结合建筑物做案例分析。
6. 什么是工程结构的检测与鉴定？其具体的方法有哪些？
7. 试简述工程结构加固的原则和方法。
8. 除了地震灾害链和火灾灾害链，其他灾害还有哪些链式反应？

第 12 章　土木工程数字化技术应用与发展前景

土木工程发展三要素：材料，设计理论，施工技术。只有这三个方面都取得质的突破，土木工程才能得到迅速的发展。如由于混凝土材料自身的重量太大，而无法跨越太大的跨度，使其使用受到限制，才有了钢结构；理论上可以设计出数千米高的建筑，但是没有相应的材料及施工条件，还是无法完成。随着层数更高，体型更大，结构更复杂，人工计算已经无法完成，如高次超静定问题，要解数百个甚至更多的方程，人工根本无法完成，只有借助电子计算机才能完成。随着电子计算机技术的飞速进步，土木工程数字化技术的实现有了可能，本章简单介绍电子计算机技术在土木工程三要素方面的应用。

§12.1　技 术 应 用

12.1.1　材料方面的应用

首先是用于新材料的设计："材料设计"的设想始于 20 世纪 50 年代、是指通过理论与计算预报新材料的组分、结构与性能，或者是通过理论设计来"订做"具有特定性能的新材料，按生产要求"设计"最佳的制备和加工方法；20 世纪 80 年代，随着计算机技术的飞速发展，实现这一目标的条件渐趋成熟。利用计算机对真实的系统进行模拟"实验"，提供实验结果，指导新材料研究，是材料设计的有效方法之一。材料设计中的计算机模拟对象遍及从材料研制到使用的全过程，包括合成、结构、性能、制备和使用等。随着计算机技术的进步和人类对物质不同层次的结构及动态过程理解的深入，可以用计算机精确模拟的对象日益增多。在许多情况下，用计算机模拟比进行真实的实验要快、要省，因此可以根据计算机模拟结果预测有希望的实验方案，以提高实验效果。计算机模拟是一种根据实际体系在计算机上进行的模型实验。通过将模拟结果与实际体系的实验数据进行比较，可以检验模型的准确性，也可以检验由模型导出的解析理论所作的简化理论是否成功。在模型体系上获得的微观信息常常比在实际体系上所做的实验更为详细。在某些情况下，计算机模拟可以部分地代替实验。此外，计算机模拟对于理论的发展也具有重要的意义，计算机模拟为现实模型和实验室中无法实现的探索模型作详细的预测而提供方法，如材料的极端压力或温度下经历相变的四维体系，材料科学中一些发展极快的过程，用现有的测试技术无法监测的问题，也可以借助计算机模拟技术进行详尽的研究，从而超越过去只能根据过程的最终状态的测试结果进行推论的传统研究方法的局限。

其次是计算机在材料加工工艺过程中进行优化控制。如在计算机模拟和对工艺过程的数字模拟进行研究的基础上，可以用计算机对渗碳、渗氮全过程进行控制，可以用计算机精密技术控制注塑机的注射速度。计算机技术和微电子技术、自动控制技术相结合，使工艺设备、检测手段的准确性和精确度等大大提高。以在热处理中的应用为例，计算机首先应用于炉温控制，其后迅速扩展到气氛控制，真空热处理控制，气体渗碳、渗氮控制，离子化学热处理控制，激光热处理的控制，渗碳、淬火、清洗和回火的整个生产过程的控制等。控制技术也由最初的简单顺序控制发展到数学模型在线控制和统计过程控制，由分散的个别设备的控制发展到计算机综合管理与控制，控制水平提高，可靠性得到充分保证。

再次计算机用于数据和图像处理：材料科学研究在实验中可以获得大量的实验数据，这是材料科学研究中获得的第一手、也是非常重要的原始数据。借助计算机的存储设备，可以保存大量的数据，同时又特别方便后续用计算机对数据进行处理（计算、绘图、拟合分析等）和快速查阅。目前，用于数据管理、分析以及绘图的软件很多，有些软件的功能非常强大，有的软件虽相对简单，但比较专业化。

材料科学是一门综合性的学科，材料科学所涉及的领域几乎涵盖整个科学研究的所有基础领域。借助 Internet，从事研究材料的科学工作者可以相互交流，及时了解材料科学的发展动向。阅读各种相关杂志的电子版，查阅已发表的论文，建立 Web 页面介绍自己的研究成果等。这种新的研究手段正成为材料科技工作者手中的一种工具，可以极大地简化文献检索的繁琐，更快、更准确地获得需要的材料科学研究信息。

12.1.2 设计理论方面的应用

计算机在设计理论上的应用主要有四个方面：建筑设计，建筑功能，结构计算和有限元分析。

1. 建筑设计

主要是 CAD 及在其平台上开发的相关软件可以进行三维造型，自动生成平面、立面、剖面施工图，渲染图可以表现光影、质感和纹理，我国自行开发的建筑设计软件有：HOUSE 建筑 CAD 软件包、AUTOBUELDING（ABD）建筑绘图软件，PKPM 中的 APM 建筑模块等。国外引进的图形处理软件有 3D Studio、3DMAX、Adobe Photoshop 和 CorelDraw 等。

2. 建筑功能的应用

通过计算机与室内建筑设备的联网实施控制，按人们的要求调整办公室的环境。例如，43 层香港汇丰银行大楼配备有与主机连接的 5 000 余个终端，由计算机控制的采光系统可以将任何角度的阳光引入各楼层的中庭；夜间照明系统可以为上夜班的人员提供犹如白昼的光照效果。我国许多宾馆已基本实现了用计算机自动控制的防火用警报系统及自动喷淋系统，电梯运行的控制系统等。

3. 结构计算

我国工程设计领域引用 CAD 技术进行工程设计、计算机绘图，相对而言还是比较晚的，经过 10 余年的引进开发，目前我国已有若干商品化应用软件在设计、教学、科研、施工等领域得到广泛应用。随着计算机硬件技术和软件技术的突飞猛进，近年来工程设计计算机环境有了很大的改善，应用水平也得到了很大的提高。

在诸多工程设计软件中，中国建筑科学研究院推出的 PKPM 系列 CAD 软件率先占领了工程设计市场。经过 10 余年的不断改进、提高以及推广使用，现已形成一个包括建筑、结构、设备全过程的大型建筑工程综合 CAD 系统，并正向集成化和智能化的方向发展。

国外的软件有 SAP2000 以及大型通用有限元软件 ANSYS、ADINA 等。下面将主要介绍软件 PKPM 与 ANSYS 的主要功能。

PKPM 结构系列软件采用独特的人机交互模型输入方式，配有先进的结构分析软件包，具有丰富和成熟的结构施工图设计功能，可以进行框架、排架、钢结构、连续梁、结构平面、楼板配筋、节点大样、各类基础、楼梯、剪力墙等项目的设计。主要模块与功能：PMCAD 平面辅助设计软件，该模块为整个结构计算软件的核心，是其他模块的重要接口，主要是建立工程结构模型，为其他结构模块提供几何数据和荷载数据并绘制结构平面图；SATWE 高层建筑结构空间有限元分析软件，主要用于多层、高层的钢筋混凝土框架、框架—剪力墙和剪力墙结构以及高层钢结构或钢—混凝土混合结构的分析计算，对作用于结构主体的各类静载、活载、风荷载、地震荷载、吊车荷载等都能进行组合计算；JCCAD 基础设计软件，接力 PM 数据和 TAT、SATWE 或 PMSAP 数据，JCCAD 软件可以对柱下独立基础、墙下条形基础、筏板基础、桩基础等进行设计、计算、配筋、绘图；STS 钢结构设计和绘图软件，可以建立多层、高层钢框架、门式刚架、桁架、支架、排架、框排架等结构的三维模型，然后通过 SATWE 或 PMSAP 软件进行结构内力分析，再返回来用 STS 软件进行节点设计，最后完成钢结构施工图；JLQ 剪力墙结构设计软件用来进行设计剪力墙平面模板尺寸，墙分布筋，边框柱、端柱、暗柱、异型柱、墙梁的配筋计算和绘制剪力墙施工图；LTCAD 楼梯设计软件用于单跑、二跑、三跑、四跑板式或梁式楼梯和螺旋、悬挑等各种异形楼梯的设计计算、配筋和绘图；PMSAP 是一个线弹性组合结构有限元分析程序，该程序适合于广泛的结构形式和相当大的结构规模。该程序能对结构做线弹性范围内的静力分析、固有振动分析、里程响应分析和地震反应谱分析，并依据相关规范对混凝土构件、钢构件进行配筋设计或应力验算。对于多层、高层建筑物中的剪力墙、楼板、厚板转换层等关键构件提出了基于壳元子结构的高精度分析方法，并可以做施工图模拟分析、温度应力分析、预应力分析、活荷载不利布置分析等。与一般通用专业程序不同，PMSAP 中提出了“二次位移假定”的概念并加以实现，使得结构分析的速度与精度得到兼顾。

ANSYS 作为有限元领域的大型通用程序，以其多物理场耦合分析的先进技术和理念，在工业领域和研究方向都具有广泛且深入的应用，如航空航天、医疗、物理、机械、土木工程等。具有结构、流体、热、电磁及其相互耦合分析的功能。本节只能重点介绍该程序在土木工程中的应用：既可以模拟整体结构，还可以对结构细部进行局部应力应变分析。在钢筋混凝土问题中可以模拟混凝土板和梁柱的受力分析，可以模拟混凝土的浇筑施工过程和使用阶段开裂，还可以分析预应力混凝土；在桥梁工程中用于桁架桥悬索桥的受力分析，移动荷载作用下桥梁的动态响应，三维仿真分析；在隧道及地下工程中，可以对地铁明挖隧道进行力学分析，还可以对双线铁路隧道施工过程仿真分析，及地铁盾构隧道掘进过程数值模拟分析；在房屋建筑工程中可以对三维刚架，及高层框架房屋结构的三维仿真分析；在基础工程中，可以对房屋建筑桩基础及房屋建筑刚性基础三维仿真分析，及桥梁全桩基础受力分析；在边坡工程中，可以分析边坡的受力及稳定性；在水工工程中可以对重力坝进行三维仿真分析，而且还能对水工工程进行优化分析等。经过 30 多年的发展，经典的 ANSYS 界面已经不能满足广大各种层次用户的需要，因此，相关学者对 ANSYS 程序开发了新一代的 CAE 仿真平台 ANSYS Workbench Design Simulation，优化变分技术

Design Xplorer VT 等。ANSY Workbench 作为新一代的仿真模拟环境，有 WINDOWS 风格的优化易用的界面，直接参数化尺度驱动的 CAD 接口，能直接读入所有常用的 CAD 格式，其易用性、灵活性和强大的功能都达到了分析软件的一个新高度。

除以上两种常用软件外，还有 SAP2000，ETABS，ADINA 等软件，感兴趣的同学可以查阅相关资料，做进一步的了解和学习。

12.1.3 施工方面的应用

土木工程的招投标、造价分析、工程量计算、施工网络进度计划、施工项目管理、施工平面设计以及施工技术等是土木工程建设项目实施中必不可少的环节。对这些过程进行计算机化，对加快工程进度、提高工程质量等可以起到不可估量的作用。因此人们在基本完成了设计分析阶段的计算机辅助系统后，开始将注意力集中到这些环节上来。

对许多发达国家的相关统计表明，计算机在土木工程企业管理中的工作量已占总工作量的 70% 以上。我国也取得了很大的进展。在工程概算（budgetary estimate）、预算（budget）、成本核算（cost accounting）、工程量的计算、工程分析以及设备与材料管理、人员管理方面都已广泛应用了计算机，并已在提高效率与效益方面显示了计算机技术的优越性。

在制定建筑工程计划时，可以运用计算机编制网络计划，在网络图中可以确切地表明各工作之间的逻辑关系，计算出各项工作最早或最晚开始的时间，从而找出工程的关键工作和关键路线，通过不断改善网络计划可以求得各种优化方案。在工程实施中，可以随时调整网络计划，使得计划始终处于切合实际的最佳状态，从而使工程以最小的消耗，取得最大的经济效益。

在工程项目的招标与投标中，采用计算机辅助系统，可以发挥极为重要的作用。以国际工程投标报价计算机辅助系统为例，可以对分项工程定额、材料价格、人工单价、机械台班费单价等建立起数据库，并可以随时调整；用定额估算法，计算机可以根据定额号自动搜寻定额库，自动与上述各数据库建立匹配关系，计算出直接费；在投标报价的最后阶段，视实际情况，可以及时调整价格；投标者在历次投标中积累的经验和数据，可以随时调用并为本次投标服务。

计算机技术除在土木工程的招投标、造价分析、工程量计算、施工网络进度计划、施工项目管理、施工平面设计以及施工技术等方面已得到广泛应用外，在施工的过程中现在也越来越离不开计算机了。因为使用计算机技术对施工企业进行现代化科学管理，不仅可以快速、有效、自动、系统地存储、修改、查阅及处理大量的数据，而且对施工过程中发生的施工进度的变化及可能的工程事故能够进行跟踪，以便迅速查明原因，采取相应处理措施。计算机技术的应用水平直接反映了管理水平的高低，是提高施工企业管理水平的有效途径之一。

计算机技术除了在土木工程三要素方面的应用之外，在土木工程的其他方面，计算机技术都有着广泛的应用，特别是计算机模拟仿真技术在土木工程中的应用及智能化建筑方面。

12.1.4 计算机模拟仿真技术在土木工程中的应用

计算机模拟仿真技术是利用计算机对自然现象、系统功能以及人脑思维等客观世界进行逼真的模拟。这种模拟仿真技术是数值模拟的进一步发展。计算机模拟仿真技术在土木工程中的应用主要体现在以下几个方面：

1. 模拟结构试验

工程结构在各种作用下的反应，特别是破坏过程和极限承载力，是人们关心的问题。当结构形式特殊、荷载及材料特性十分复杂时，人们常常借助于结构的模型试验来检测其受力性能。但模型试验往往受到场地和设备的限制，只能做小比例模型试验，难以完全反映结构的实际情况。若采用计算机模拟仿真技术，在计算机上做模拟试验，则可以进行足尺寸的试验，还可以方便地修改试验参数。此外有些结构难以进行直接试验，采用计算机模拟仿真技术就更能体现出其优越性，如汽车高速碰墙的检测试验，地震作用下构筑物倒塌分析等，只有采用计算机模拟仿真分析才能大量进行。又如在高速荷载作用下，结构反应很快，人们在真实实验中只能观察到最终结果，而不能观察试验的全过程。如果采用计算机模拟仿真试验，则可以观察其破坏的全过程，便于人们对破坏机理的研究。对于长期的徐变过程则可以模拟加快其变化过程，让人们在很短的时间内清楚地看到结构或材料在几年甚至几十年内才能完成的渐变过程。

2. 工程事故的反演分析

计算机模拟仿真技术可以用于工程事故的反演，以便寻找事故的原因。如核电站、海洋平台、高坝等大型结构，一旦发生事故，损失巨大，又不可能做真实试验来重演事故。计算机模拟仿真技术则可以用于反演，从而确切地分析事故原因。如对美国纽约世界贸易中心大楼飞机撞击后的倒塌过程进行了仿真分析，说明世界贸易中心大楼倒塌的直接原因是火灾导致的钢材软化和楼板塌落冲击荷载引起的连锁反应，仿真结果与真实倒塌过程非常接近。

3. 用于防灾工程

由于自然灾害的原型重复实验几乎是不可能的，因此计算机模拟仿真技术在这一领域的应用就更有意义。例如洪水泛滥淹没区的洪水发展过程演示系统。该系统预先存储了泛滥区的地形、地貌和地物，只要输入灌水标准（如百年一遇的洪水）及预定河堤决口位置，计算机就可以根据水量、流速区域面积及高程数据计算出不同时刻的淹没地区，并在显示器和大型屏幕上显示出来。人们从屏幕上可以看到水势从低处向高处逐渐淹没的过程，这样对防洪规划以及遭遇洪水时指导人员疏散是很有作用的。又如在火灾方面，对森林火灾的蔓延，建筑物中火灾的传播，均已开发出相应的模拟仿真系统，这对消防工程具有极好的指导作用。

4. 施工过程的模拟仿真

许多大型工程如超高层建筑、大坝、大桥的施工是相当复杂的，工程质量要求很高，技术难度很大，稍有不慎就可能造成巨大损失。利用计算机模拟仿真技术可以在屏幕上把这类工程施工的全过程预演出来，模拟仿真中可能发生的风险、技术难点以及许多原来预想不到的问题就能够形象且逼真地暴露出来，便于人们制定相应的有效措施，使对工程施工的质量、进度和投资的控制更加可靠。例如在长江三峡大坝的混凝土浇筑施工中，就成功的应用了计算机模拟仿真技术。

5. 在岩土工程中的应用

岩土工程处于地下，往往难以直接观察，而计算机模拟仿真技术则可以将受力后的内部变化过程展现出来。例如，地下工程开挖时经常发生塌方冒顶事故，造成严重损失。计算机模拟仿真技术可以根据开挖工程的工程地质资料及岩体的物理力学性能，将其在外力和重力作用下发生的各种内部变化过程在显示器和大型屏幕上显示出来，最终可以让人们看到塌方的区域及范围，这就为支护提供了可靠依据。

§12.2 土木工程的发展前景与方向

土木工程的发展离不开其三要素（材料、设计理论和施工）的发展。其发展在取决于这三方面的同时，由于人们对建筑功能的要求越来越高，其发展方向将为向高空，向地下，向海洋，向沙漠，向太空发展。

12.2.1 土木工程材料的发展前景

土木工程材料向轻质、高强、多功能化发展近百年来，土木工程的结构材料主要还是钢材、混凝土、木材和砖石。21 世纪在土木工程材料方面有希望获得较大突破。

1. 传统材料的改性

混凝土材料应用很广，且耐久性好，但其缺点是强度低，韧性差，自重大，易开裂；目前混凝土强度常用 C50 ~ C60，特殊工程可达 C80 ~ C100。今后高强混凝土、高性能混凝土、轻质混凝土、纤维混凝土、绿色混凝土将会有广阔的发展空间，使混凝土材料的性能大为提高，应用范围更加广泛。

钢材的主要问题是易锈蚀，耐火性能差。今后耐火钢、耐锈蚀钢将会更多地应用于土木工程，高效防火涂料的研制和应用也将提高钢结构的防火安全性。

2. 化学合成材料的应用

目前化学合成材料主要用于门窗、管材、装饰材料，今后的发展方向是向大面积围护材料及结构骨架材料发展。一些化工制品具有耐高温、保温隔声、耐磨、耐压等优良性能，用于制造隔板等非承重功能构件是很理想的建筑材料。玻璃纤维、碳纤维等材料，具有轻质、高温、耐腐蚀等优点，在土木工程中有着很好的应用前景。

12.2.2 土木工程设计方法精确化、设计工作自动化

19 世纪至 20 世纪，人们建立了力学分析的基本原理和相关微分方程，用于指导土木工程设计取得了巨大成功。但是由于土木工程结构的复杂性和人类计算能力的局限，人们对土木工程的设计计算还是比较粗糙，一些设计计算还主要依靠经验。三峡大坝，用数值法分析其应力分布，其方程组可达几十万甚至上百万个，靠人工计算显然是不可能的。快速电子计算机的出现，使这一计算得以实现。类似的海上采油平台，核电站，摩天大楼，海底隧道等巨型工程，有了计算机的帮助，便可以合理地进行数值分析和安全评估。计算机技术的进步，使设计由手工走向自动化，这一进程在 21 世纪将进一步发展和完善。

12.2.3　土木工程的发展方向

1. 向高空延伸

现在人工建筑物最高的为波兰 Gabin227kHz 长波台钢塔，高 646m，由 15 根钢纤绳锚拉。日本拟在东京建造高 800.7m 的千年塔，该塔建在距海约 2km 的大海中，是将工作、休闲、娱乐、商业、购物等融于一体的抗震竖向城市，其中居民可达 5 万人。中国拟在上海附近的 1.6km 宽、200m 深的人工岛建造一栋高 1 250m 的仿生大厦，其用途为公寓、办公楼、宾馆、商务、娱乐、运动的综合体，其中居民可达 10 万人。日本早些年还提出建造 21 世纪超级摩天大楼，高 4 000m，如图 12.1 所示，该建筑后面为在云霭中的富士山，可见其高度超过富士山（海拔 3776m），实为“空中城市”。城市活动安排在 2000m 以下，其上部一半将为自然和空间观察中心、能源厂和空中全景眺望处等场所，有效面积 (5000 ~ 7000) $\times 104m^2$，其中居民可达500 000 ~ 700 000。被人们称之为“一个工程师之梦”。

图 12.1　21 世纪超级摩天大楼设想

2. 向地下发展

1991 年在日本东京召开的城市空间国际学术会议通过了《东京宣言》，提出了“21 世纪是人类开发利用地下空间的世纪”。

建造地下建筑将有着改善城市拥挤、节能和减少噪声污染等优点。

日本于 20 世纪 50 年代末至 70 年代大规模开发利用浅层地下空间，到 20 世纪 80 年代末已开始研究 50 ~ 100m 深层地下空间的开发利用问题。

日本于 1993 年 9 月在东京都江东区修建新丰洲地下变电所，该变电所为圆形混凝土结构，其直径为 146.5m，地下深达 70m，上部（GL—44m）壁厚 2.4m，下部（GL—44 ~ 70m）厚 1.2m，预计 30 年建成。此前日本建成的地下液化天然气储柜，直径为 64m，深度达 44m，为世界上最大的地下容器之一。世界上共修建有水电站地下厂房约

350座，总装机容量达4000万kW以上。已建成最大的加拿大格朗德高级水电站，长490m，宽26.3m，高47.2m，总装机容量为532.8kW。我国也建有水电站地下厂房，如龚咀水电站地下水电厂，长106m，宽24.5m。该水电站共7台机组，单机容量为10万kW，总装机容量为70万kW，地下3台，装机容量为30万kW。

我国城市地下空间开发尚处于初级阶段。一般高层建筑地下设有地下室，地下室达3~5层，多用做停车或商场。也建有部分地下停车库，如北京最大的地下全智能化仓储式立体停车库近日将在北京朝阳区团结湖小区动工兴建。大城市中过街地道也兼做商场用。如成都利用旧护城河挖掘建设成地下商场。

我国现已在北京、天津、上海、香港、广州、南京、台北等城市建有地铁，也属地下空间的范例。

3. 向海洋拓宽

为了防止机场噪声对城市居民的影响，节约使用陆地。2000年8月4日，日本一座长1 000m的漂浮机场已试飞成功。预计今后日本将会出现越来越多类似的人造陆地，日本大阪利用18亿土方围海建造的关西机场，如图12.2所示，机场距大阪海岸约5km。

图12.2 日本人工岛上的关西机场

上海是我国人口最密集的城市，根据1992年底的统计在这块6 340.5km^{2}的土地上，居住着1289.3万人口，每平方公里人口平均密度达2034人，是全国人口平均密度的20倍，而市区人口密度高达每平方公里为1.03万人。在《上海海上人工岛可行性研究》中表明上海应向海要地，建设人工岛。人工岛建于近海，建成后，即可得到深水泊位，且四周水域全可利用。至于建岛的建材问题，可利用经处理的城市民用垃圾、钢渣、煤灰等，长江每年4.72亿吨泥砂也有相当一部分可以利用。尽管建造这种人工岛费用很大，但从人工岛所能解决的问题来看，其投入产生的效益也是十分吸引人的，如海上机场、海上垃圾场、港口等都适合建在离城市不远的近海。从20世纪60年代至今，我国已经建成了鸡骨礁人工岛和张巨河人工岛。

向海洋拓宽还包括对海底的探测和开发。探测海底可以了解深海油、气分布和矿藏，以及生物情况等。关于海底油气资源的勘探与开采在国内外已经实现。大约有20%石油来自海底，最近10~20年中可望达到50%。

4. 向沙漠进军

全世界约有$\frac{1}{3}$陆地为沙漠，每年约有 600 万 km^2 耕地被侵蚀。这将影响成亿人口的生活。沙漠中一天气候变化剧烈，日差可达 50℃以上。空中水汽很少，故云雨少见，太阳辐射很强，夏季最高温度有时达 60 ~70℃，夜间冷得很快，有时尚有霜冻。

中国科学院调查表明我国土地自然沙漠化，其中自然变化（如气候变干和风力作用下沙丘前移入侵等)，引起的沙漠化仅占 5.5%，而人为沙漠化占 94.5%（如过度农垦、过度放牧、过度樵采、水资源利用不当和工矿交通和城市建设)。照上述沙漠化的比例推算，中国人为沙漠化土地将为 13.8 万 km^2。

我国沙漠地区建设新绿洲的实践经验是：全面规划、兴修水利、平整土地、植树造林、防止风沙、改良土壤是沙漠地区开垦荒地、发展农业生产的科学程序，在这方面已取得很大的成绩。

我国沙漠输水工程试验成功。我国自行修建的第一条长途沙漠输水工程——甘肃民勤调水工程已经全线建成试水，顺利地将黄河水引入河西走廊的民勤县红崖山水库。民勤县地处河西走廊石洋河下游，三面被沙漠包围。近年来，由于石羊河上游用水量不断增加，民勤县来水量不断减少，地下水从过去的 3m 左右下降到 100 多 m，全县许多地区水资源枯竭，土地沙化，生态环境急剧恶化，当地生活和经济发展受到严重影响。该工程从景泰县景电工程末端开始，到民勤县红崖山水库为止，全长 260km，其中有 99.04km 从腾格里沙漠穿过。民勤调水工程历时 5 年建成，工程设计流量为每秒 $6m^3$，年可调水 6100 万 m^3。这一工程可使民勤县新增灌溉面积 13.2 万亩，现有的 66.77 万亩灌溉面积得以维持，并缓解民勤绿洲生态环境恶化趋势。

复习与思考题 12

1. 计算机技术在土木工程中的应用主要体现在哪些方面？
2. 计算机模拟仿真技术在土木工程中的应用主要体现在哪些方面？
3. 试列举土木工程的发展方向。

参考文献

[1]中国大百科全书编写组编，中国大百科全书．土木工程卷．北京：中国大百科全书出版社，1986.
[2]中国大百科全书编写组编，中国大百科全书．水利工程卷．北京：中国大百科全书出版社，1986.
[3]丁大钧，蒋永生编．土木工程概论．北京：中国建筑工业出版社，2003.
[4]何晖，赵敏，赛云秀编．土木工程概论．西安：陕西科学技术出版社，2004.
[5]刘瑛主编．土木工程概论．北京：化学工业出版社，2005.
[6]陈学军主编．土木工程概论．北京：机械工业出版社，2006.
[7]霍达主编．土木工程概论．北京：科学出版社，2007.
[8]沈祖炎主编．土木工程概论．北京：中国建筑工业出版社，2005.
[9]罗福午．土木工程概论[M]．第3版．武汉：武汉理工大学出版社，2005.
[10]叶志明．土木工程概论[M]．第3版．北京：高等教育出版社，2009.
[11]中国土木工程学会．注册岩土工程师专业考试复习教程[M]．北京：中国建筑工业出版社，2007.
[12]顾晓鲁、钱鸿缙、刘惠珊、汪时敏．地基与基础[M]．第3版．北京：中国建筑工业出版社，2003.
[13]华南理工大学、东南大学、浙江大学、湖南大学．地基及基础[M]．北京：中国建筑工业出版社，1998.
[14]刘瑾瑜、周清．土木工程专业课程设计指导[M]．长春：吉林大学出版社，2005.
[15]王钊．基础工程原理[M]．武汉：武汉大学出版社，2001.
[16]龚晓南．地基处理技术发展与展望[M]．北京：中国水利水电出版社、知识产权出版社，2004.
[17]郑俊杰．地基处理技术[M]．武汉：华中科技大学出版社，2004.
[18]钱力航．高层建筑箱形与筏形基础的设计计算[M]．北京：中国建筑工业出版社，2003.
[19]王成华．基础工程学[M]．天津：天津大学出版社，2002.
[20]包承纲、周小文．20世纪土力学的回顾和未来发展趋势的预测[J]．武汉：长江科学院院报，2000年4月.
[21]中华人民共和国国家标准．建筑地基基础设计规范(GB50007—2002)[S]．北京：中国建筑工业出版社，2002.
[22]中华人民共和国国家标准．岩土工程勘察规范(GB50021—2001)[S]．北京：中国建筑工业出版社，2002.

[23]中华人民共和国行业标准．建筑桩基技术规范(JGJ 94—2008)[S]．北京：中国建筑工业出版社，2008.
[24]中华人民共和国行业标准．建筑地基处理技术规范(JGJ 79—2002)[S]．北京：中国建筑工业出版社，2002.
[25]中华人民共和国行业标准．高层建筑箱形与筏形基础技术规范(JGJ 6—99)[S]．北京：中国建筑工业出版社，1999.
[26]张志清主编．道路工程概论．北京：北京工业大学出版社，2007.
[27]于书翰主编．道路工程．武汉：武汉工业大学出版社，2000.
[28]方守恩主编．高速公路．北京：人民交通出版社，2002.
[29]王连威主编．城市道路设计．北京：人民交通出版社，2002.
[30]北方交通大学运输管理工程系编．铁道概论．第4版．北京：中国铁道出版社，2002.
[31]钱仲侯编著．高速铁路概论．北京：中国铁道出版社，1994.
[32]王午生等编著．铁道与城市轨道交通工程．上海：同济大学出版社，2003.
[33]李亚东主编．桥梁工程概论．成都：西南交通大学出版社，2006.
[34]邵旭东主编．桥梁工程．第2版．北京：人民交通出版社，2007.
[35]朱永全，宋玉香主编．隧道工程．第2版．北京：中国铁道出版社，2007.
[36]关宝树，杨其新编．地下工程概论．成都：西南交通大学出版社，2001.
[37]陶龙光，巴肇伦编．城市地下工程．北京：科学出版社，1999.
[38]林继镛．水工建筑物(第四版)．北京：中国水利水电出版社，2004.
[39]王增长主编．建筑给水排水工程．第4版．北京：中国建筑工业出版社，1998.
[40]高明远主编．建筑设备技术．北京：中国建筑工业出版社，1998.
[41]钱炳华等著．机场规划设计与环境保护．北京：中国建筑工业出版社，2000.
[42]舒秋华著．房屋建筑学(第三版)．武汉：武汉理工大学出版社(武汉工业大学)，2006.
[43]崔艳秋，吕树俭主编．房屋建筑学．武汉：中国电力出版社，2005.
[44]林宗凡主编．建筑结构原理及设计．北京：高等教育出版社．2002.
[45]沈满生主编．混凝土结构设计．北京：高等教育出版社．2005.
[46]李书全主编．土木工程施工．上海：同济大学出版社．2004.
[47]张国联，王凤池主编．土木工程施工．北京：中国建筑工业出版社．2005.
[48]宋伟、刘岗主编．工程项目管理．北京：科学出版社，2006.
[49]石振武主编．建设项目管理．北京：科学出版社．2005.
[50]李世蓉、邓铁军主编．建设项目管理．武汉：武汉理工大学出版社．2002.
[51]丁世昭主编．工程项目管理．北京：中国建筑工业出版社，2006.
[52]中国建设监理协会组织编写．建设工程监理概论．北京：知识产权出版社．2010.
[53]全国一级建造师执业资格考试用书编写委员会编写．建设工程法规及相关知识．北京：中国建筑工业出版社．2010.
[54]邓铁军主编．土木工程建设监理．武汉：武汉理工大学出版社．2003.
[55]詹炳根，殷为民主编．工程建设监理．北京：中国建筑工业出版社．2008.

[56]朱宏亮主编．建设法规．武汉：武汉理工大学出版社，2008.
[57]丁烈云主编．房地产开发．北京：中国建筑出版社．2002.
[58]范如国主编．房地产投资与管理．武汉：武汉大学出版社．2004.
[59]李杰主编．房地产估价．北京：人民交通出版社．2007.
[60]李岫，朱珊主编．房地产法规．北京：人民交通出版社．2007.
[61]薛姝，周云主编．房地产经济．北京：人民交通出版社．2008.
[62]黄安永编著．现代房地产物业管理．南京：东南大学出版社．2003.
[63]李爱群、高振世．工程结构抗震与防灾[M]．南京：东南大学出版社，2003.
[64]郭继武．建筑抗震设计[M]．第2版．北京：中国建筑工业出版社，2006.
[65]江见鲸、王元清、龚晓南、崔京浩．建筑工程事故分析与处理[M]．第3版．北京：中国建筑工业出版社，2006.
[66]黄兴棣．建筑物鉴定加固与增层改造[M]．北京：中国建筑工业出版社，2008.
[67]柳炳康、吴胜兴、周安．工程结构鉴定与加固改造[M]．北京：中国建筑工业出版社，2008.
[68]中华人民共和国国家标准．建筑工程抗震设防分类标准(GB50223—2008)[S]．北京：中国建筑工业出版社，2008.
[69]中华人民共和国国家标准．建筑抗震设计规范(GB50011—2001)[S]．2008年版．北京：中国建筑工业出版社，2008.
[70]中华人民共和国国家标准．建筑结构可靠度设计统一标准(50068—2001)[S]．北京：中国建筑工业出版社，2001.
[71]靳玉芳．图释建筑防火设计[M]．北京：中国建材工业出版社，2008.
[72]金磊、徐兰．初论中国减灾的新世纪发展战略[J]．北京：科学学研究，1999年3月.
[73]许鑫华、叶卫平．计算机在材料科学中的应用．北京：机械工业出版社，2003年4月.
[74]李星荣王柱宏编．PKPM结构系列软件应用与设计实例．北京：机械工业出版社，2008年3月.
[75]欧新新等编．建筑结构设计与PKPM系列程序应用．北京：机械工业出版社，2008年1月.
[76]小飒工作室编．最新经典ANSYS及workbench教程．北京：电子工业出版社，2004年6月.
[77]李红云，赵社戌，孙雁编著．ANSYS10.0基础及工程应用．北京：机械工业出版社，2008年6月.
[78]李围等编．ANSYS土木工程应用实例．北京：中国水利水电出版社，2007年1月第2版.
[79]阎兴华，黄新主编．土木工程概论．北京：人民交通出版社，2005年9月.
[80]陆新征，江见鲸．世界贸易中心飞机撞击后倒塌过程的仿真分析，土木工程学报，2001.
[81][印度]M.S.帕拉理查米著．土木工程概论．英文版．原书第三版．北京：机械工业出版社，2005.
[82]http：//image.baidu.com/.